AF537775

Thieme

Pareto-Reihe Radiologie

Pareto-Reihe Radiologie

Gastrointestinales System

Hans-Jürgen Brambs

256 Abbildungen

Georg Thieme Verlag
Stuttgart · New York

Bibliografische Information der Deutschen Nationalbibliothek

Die Deutsche Nationalbibliothek verzeichnet diese Publikation in der Deutschen Nationalbibliografie; detaillierte bibliografische Daten sind im Internet über http://dnb.d-nb.de abrufbar.

Wichtiger Hinweis: Wie jede Wissenschaft ist die Medizin ständigen Entwicklungen unterworfen. Forschung und klinische Erfahrung erweitern unsere Erkenntnisse, insbesondere was Behandlung und medikamentöse Therapie anbelangt. Soweit in diesem Werk eine Dosierung oder eine Applikation erwähnt wird, darf der Leser zwar darauf vertrauen, dass Autoren, Herausgeber und Verlag große Sorgfalt darauf verwandt haben, dass diese Angabe dem **Wissensstand bei Fertigstellung des Werkes** entspricht.

Für Angaben über Dosierungsanweisungen und Applikationsformen kann vom Verlag jedoch keine Gewähr übernommen werden. **Jeder Benutzer ist angehalten,** durch sorgfältige Prüfung der Beipackzettel der verwendeten Präparate und gegebenenfalls nach Konsultation eines Spezialisten festzustellen, ob die dort gegebene Empfehlung für Dosierungen oder die Beachtung von Kontraindikationen gegenüber der Angabe in diesem Buch abweicht. Eine solche Prüfung ist besonders wichtig bei selten verwendeten Präparaten oder solchen, die neu auf den Markt gebracht worden sind. **Jede Dosierung oder Applikation erfolgt auf eigene Gefahr des Benutzers.** Autoren und Verlag appellieren an jeden Benutzer, ihm etwa auffallende Ungenauigkeiten dem Verlag mitzuteilen.

Rüdigerstraße 14
D-70469 Stuttgart
Telefon: +49/0711/8931-0
Homepage: www.thieme.de

Printed in Germany

Umschlaggestaltung:
Thieme Verlagsgruppe
Satz: Ziegler + Müller, Kirchentellinsfurt
Druck: Druckhaus Götz, Ludwigsburg

ISBN 978-3-13-137191-1 1 2 3 4 5 6

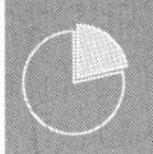

Der Name der Pareto-Reihe leitet sich ab von Vilfredo Pareto (geb. 1848 in Paris, gest. 1923 am Genfer See), der u. a. als Professor für politische Ökonomie an der Universität Lausanne tätig war.

Ihm fiel bei der Betrachtung der Verhältnisse in der Wirtschaft auf, dass viele Fälle vorkommen, in denen keine statistische Normalverteilung herrscht, sondern besonders häufig eine 80 : 20-Quote zu finden ist.

Dieses „80/20-Pareto-Prinzip“ kann man auch in anderen Bereichen des Lebens wiedererkennen. Mit 20% des Aufwands erreicht man in der Regel 80% eines Ergebnisses. Dabei ist es aber relevant, die wichtigsten 20% aller möglichen Aktivitäten oder Mittel korrekt zu identifizieren und sich dann konsequent auf diese zu konzentrieren.

Wir übertragen das Pareto-Prinzip auf die Klinik: 20% aller denkbaren Diagnosen machen 80% Ihres radiologischen Alltags aus. Die Pareto-Reihe ist eine Sammlung der wichtigsten Diagnosen aus jedem Spezialgebiet und soll Ihnen bei der Routinearbeit die nötige Sicherheit geben, damit Sie sich entspannt den ungewöhnlichen Fällen widmen können.

In den Pareto-Bänden finden Sie das Maximum an erforderlichem Wissen in kürzester Zeit und mit minimalem Aufwand. Setzen Sie Ihre persönlichen Ressourcen zum Nutzen Ihrer Patienten sinnvoll ein.

Wir wünschen Ihnen viel Erfolg bei der täglichen Arbeit.

Ihr Georg Thieme Verlag

PS: Für Vorschläge, Tipps und Anregungen zu unserer Pareto-Reihe wären wir Ihnen sehr verbunden. Bitte schreiben Sie an pareto@thieme.de. Vielen Dank.

Anschrift

Brambs, Hans-Jürgen, Prof. Dr. med.
Radiologische Universitätsklinik
und Poliklinik
Abteilung für diagnostische und
interventionelle Radiologie
Steinhövelstraße 9
89075 Ulm

Meinen Söhnen
Benedikt, Florian und Sebastian

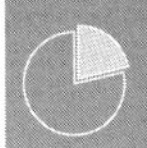

AFP	alpha-Fetoprotein
AIDS	aquired immuno deficiency syndrome
ASA	Aminosalizylsäure
CO_2	Kohlendioxid
COPD	chronic obstructive pulmonary disease
CRP	C-reaktives Protein
CT	Computertomographie/ -tomogramm
DD	Differenzialdiagnose
DSA	digitale Subtraktions-angiographie
ERCP	endoskopische retrograde Cholangio-Pankreatico-graphie
FDG	2-[18F]Fluor-2-desoxy-p-glucose
FNH	fokal noduläre Hyperplasie
FSE	fast spin echo
GE	Gradienten-Echo
GIST	gastrointestinaler Stromatumor
HASTE	half Fourier single shot turbo spin echo
HCC	hepatozelluläres Karzinom
HE	Hounsfield-Einheiten
HELLP	hemolysis, elevated liver enzymes, low platelet count
HIV	human immunodeficiency virus
IPMN	intraduktale papilläre muzinöse Neoplasie
KM	Kontrastmittel
LDH	Lactatdehydrogenase
MDCT	Multidetektor-Computer-tomographie
MDP	Magen-Darm-Passage
MIP	maximum intensity projection
MRC	MR-Cholangiographie
MRCP	MR-Cholangiopankreatiko-graphie
MRT	Magnetresonanz-tomographie, -tomogramm
NSAR	nichtsteroidale Antirheumatika
PAS	Paraaminosalizylsäure
PET	Positronenemissions-tomographie
PSC	primär sklerosierende Cholangitis
PTC	perkutane transhepatische Cholangiographie
RARE	rapid acquisition with relaxation enhancement
RES	retikuloendotheliales System
RI	resistive index
SPIO	superparamagnetic iron oxide
TACE	transarterielle Chemoembolisation
TAE	transarterielle Embolisation
TIPS	transjugulärer intrahepa-tischer portosystemischer Shunt
VIBE	volume interpolated breath-hold examination
WHO	World Health Organisation

Kurzdefinition

Chronische Lebererkrankung mit Zerstörung der Läppchenarchitektur • Bindegewebsvermehrung • Regeneratknoten und Nekrosen.

- **Epidemiologie**
  Häufiger bei Männern • Meist im mittleren bis höheren Lebensalter.
- **Ätiologie/Pathophysiologie/Pathogenese**
  Häufigste Ursache sind langjähriger Alkoholabusus und Virushepatitis • Seltenere Ursachen sind chronische Cholestase, Autoimmunerkrankungen, Behinderung des hepatovenösen Blutflusses (Budd-Chiari-Syndrom) und Stoffwechselerkrankungen (α1-Antitrypsinmangel, Hämochromatose, Morbus Wilson, Glykogenose).

Zeichen der Bildgebung

- **Methode der Wahl**
  Sonographie • CT
- **Pathognomonische Befunde**
  Vergrößerte oder verkleinerte Leber • Verplumpte Form • Hypertrophie des Lobus caudatus • Höckerige Oberfläche • Knotige Struktur (feinknotige Form häufiger bei Alkoholschädigung, grobknotige Form häufiger bei Hepatitis B) • Kompression der intrahepatischen Venen und Pfortadergefäße • Weite Pfortader und Milzvene • Splenomegalie.
  Komplikationen: portale Hypertension (Varizen im Bauchraum und im Ösophagus, Rekanalisierung der Nabelvene) • Aszites • HCC.
- **Sonographie-Befund**
  Primäres Untersuchungsverfahren bei Zirrhose und kombiniert mit AFP-Bestimmung Screeningverfahren für HCC • Höckerige Kontur • Verformtes Organ • Gemischt echoarme und echoreiche Parenchymstruktur • Im Farbdoppler prominente Leberarterie mit erhöhtem Fluss • Umkehr des Pfortaderflusses.
- **CT-Befund**
  Bei Frühformen in 25% normales CT-Bild • Höckerige Oberfläche • Heterogenes Parenchym mit Knoten unterschiedlicher Größe • Bei erhöhtem Eisengehalt können Knoten hyperdens wirken • Sehr heterogene KM-Anreicherung.
- **MRT-Befund**
  T1w sehr früh hypointense fibrotische Veränderungen (verbreitertes Periportalfeld und netzartige Strukturen) • In T2w zeigt das entzündliche fibrotische Gewebe meist ein vermehrtes Signal • Regeneratknoten sind in T1w hypo- bis hyperintens, in T2w iso- bis hypointens • Nach KM-Gabe zeigen sie im Vergleich zum umgebenden Lebergewebe ein geringeres Signal • Dysplastische Knoten sind oft hyperintens in T1w und hypointens in T2w • Heterogenes Anreicherungsmuster nach KM-Gabe • Kleinere Knoten (< 20 mm) sind ausschließlich in der früharteriellen Phase zu sehen (Prävalenz um 30%) – sie entsprechen meist arterioportalen Shunts und auch Regeneratknoten (unter 10% allerdings auch HCC) • Nach SPIO oft bessere Abgrenzung der fibrotischen Bänder, die T2w hyperintens bleiben • Bester Nachweis des HCC mit Doppelkontrast (Gadolinium + SPIO) • Indikation für Doppelkontrast: z. B. vor Lebertransplantation.

Leberzirrhose

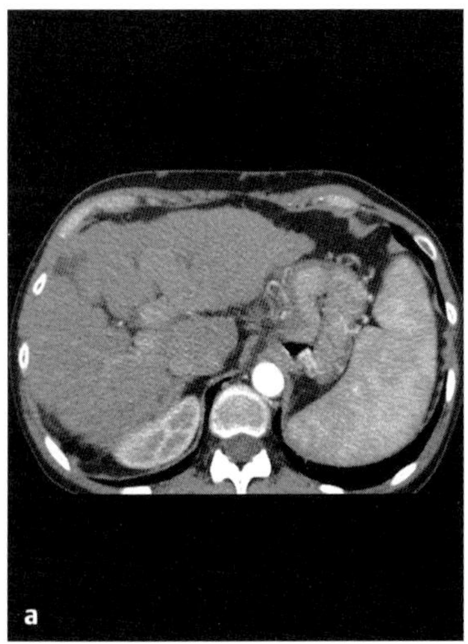

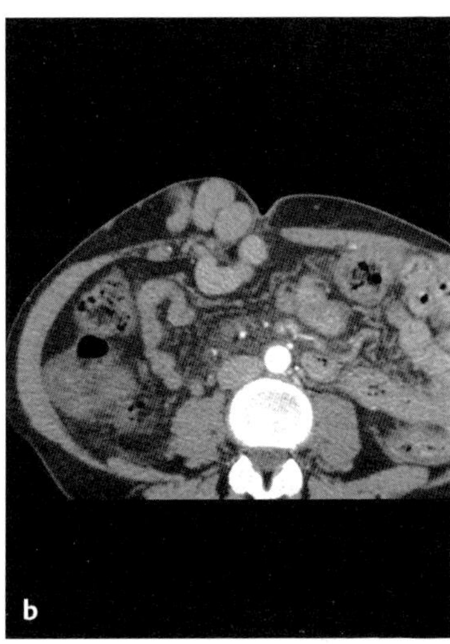

Abb. 1 a, b Leberzirrhose. CT, früharterielle Phase.
a Verplumpte Leber mit höckeriger Oberfläche und Splenomegalie.
b Massive Varikosis der Bauchdeckenvenen bei offener Nabelvene.

Klinik

- **Typische Präsentation**
  Beschwerden uncharakteristisch • Leistungsminderung • Gewichtsverlust • Ikterus • Derbe Leber • Splenomegalie • Spider naevi • Petechiale Blutungen • Gynäkomastie • Enzephalopathie.
- **Therapeutische Optionen**
  Behandlung der Grundkrankheit • Beseitigung der Noxen • Lebertransplantation.
- **Verlauf und Prognose**
  Abhängig von der Genese der Zirrhose, dem Ausmaß der Leberfunktionseinschränkung und der Lebensweise (z. B. Alkoholabstinenz) • 1-Jahres-Mortalität bei Child A gering, bei Child B 30% und bei Child C 50%.
- **Was will der Kliniker von mir wissen?**
  Ausprägung der Komplikationen (Aszites und Varizen) • Entwicklung eines HCC.

Differenzialdiagnose

Budd-Chiari-Syndrom	– verschlossene Lebervenen – fleckiges Anreicherungsmuster nach KM-Gabe
diffuse Metastasierung	– Lobus caudatus normal groß – keine atrophischen Segmente – keine Umgehungskreisläufe

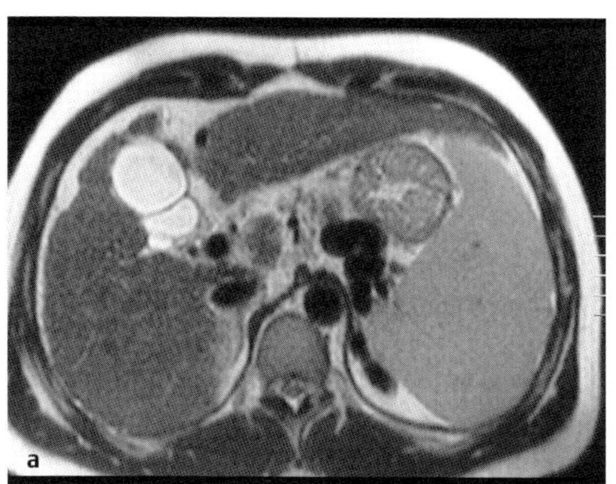

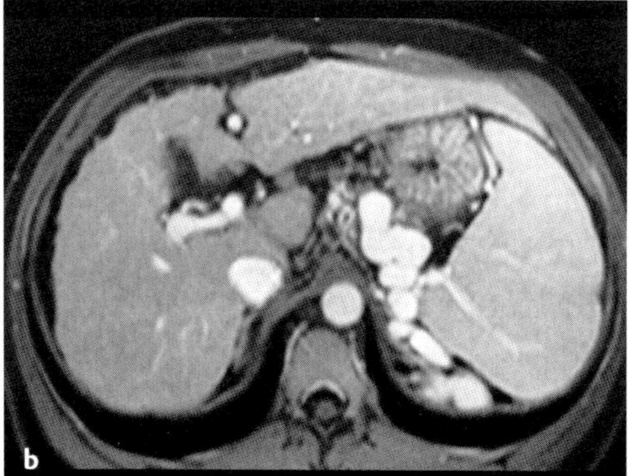

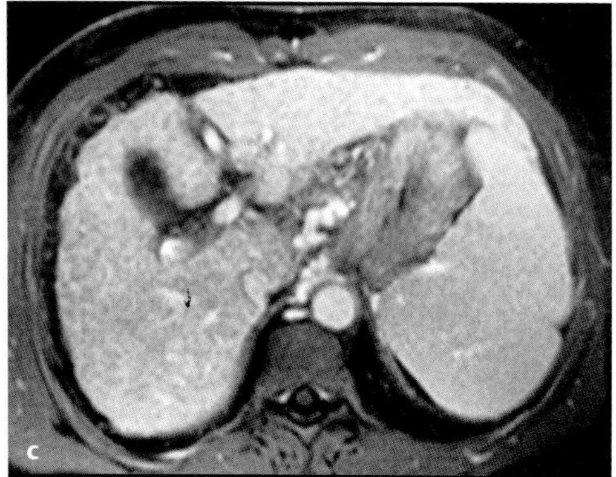

Abb. 2a–c Leberzirrhose. MRT.
a T2w. Leicht höckerige Leberoberfläche, Spenomegalie und variköse Milzvenen.
b T1w, nach KM-Gabe, arterielle Phase. Stark variköse Milzvenen.
c T1w, nach KM-Gabe, späte portalvenöse Phase. Höckerige Leberoberfläche mit gesprenkeltem Parenchym durch Regeneratknoten. Erweiterte Coronaria-ventriculi-Venen und Ösophagusvenen.

Typische Fehler

Verwechslung von Regeneratknoten oder dysplastischen Knoten mit HCC.

Ausgewählte Literatur

Danet IM et al. MR imaging of diffuse liver disease. Radiol Clin North Am 2003; 41: 67 – 87
Dodd GD et al. Spectrum of imaging findings of the liver in end-stage cirrhosis: Part I, gross morphology and diffuse abnormalities. AJR 1999; 173: 1031 – 1036
Holland AE et al. Importance of small (< 20 mm) enhancing lesions seen only during the hepatic artertial phase at MR imaging of the cirrhotic liver: evaluation and comparison with the whole explanted liver. Radiology 2005; 237: 938 – 944

Kurzdefinition

Einzelne oder mehrere angeborene, mit Flüssigkeit gefüllte Raumforderungen im Leberparenchym.

- **Epidemiologie**
  Inzidenz bei gesunder Leber 2 – 7% • In höherem Alter zunehmende Inzidenz • Häufiger bei Frauen • Die autosomal dominante polyzystische Erkrankung ist in 40% mit zahlreichen Zysten in der Leber vergesellschaftet.
- **Ätiologie/Pathophysiologie/Pathogenese**
  Entwicklungsgeschichtlich bedingte Veränderungen ohne Kommunikation zu den Gallenwegen.

Zeichen der Bildgebung

- **Methode der Wahl**
  Sonographie • MRT
- **Pathognomonische Befunde**
  Einzelne oder mehrere flüssigkeitsgefüllte Hohlräume unterschiedlicher Größe • Von einer dünnen Kapsel umgeben • Scharfe Abgrenzung vom Parenchym • Die dünne Wand nimmt kein KM auf • Lebervergrößerung (bei polyzystischer Erkrankung).
- **Sonographie-Befund**
  Echofreie kugelige Raumforderungen mit deutlicher Schallverstärkung.
- **MRT-Befund**
  T1w sehr niedriges, T2w sehr hohes Signal • Nach Einblutung T1w starkes Signal • Verdickte Wand mit KM-Aufnahme bei infizierten Zysten.
- **CT-Befund**
  Nativ hypodens mit Dichtewerten, die Wasser entsprechen (0 – 10 HE) • Nach Einblutungen im Nativbild hyperdens • Gelegentlich diskrete Verkalkungen in der Zystenwand • Nach KM-Gabe keine Anreicherung in der Wand oder der Umgebung der Zyste (außer infizierte Zysten).

Klinik

- **Typische Präsentation**
  Asymptomatisch • Zufallsbefund • Bei großen solitären Zysten und polyzystischer Nierenerkrankung Hepatomegalie.
- **Therapeutische Optionen**
  Bei einfachen Leberzysten keine Therapie erforderlich • Bei großen Zysten operative Fenestrierung • Selten ist eine perkutane Punktion und Sklerosierung indiziert.
- **Verlauf und Prognose**
  Bei polyzystischer Erkrankung können Leberzysten einbluten, infizieren oder rupturieren.
- **Was will der Kliniker von mir wissen?**
  Abgrenzung von zystischen Metastasen oder Abszessen. Komplikation durch Einblutung oder Infektion.

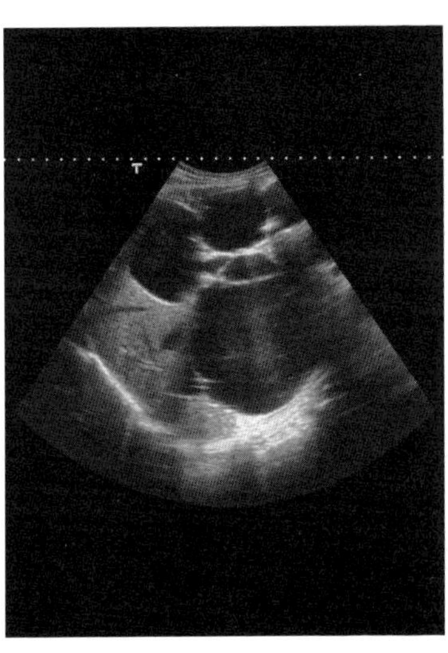

Abb. 3 Zystenleber. Sonographie. Mehrere große echofreie Raumforderungen.

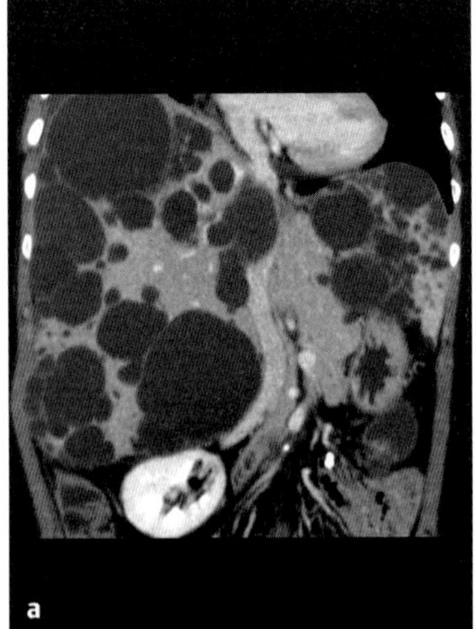

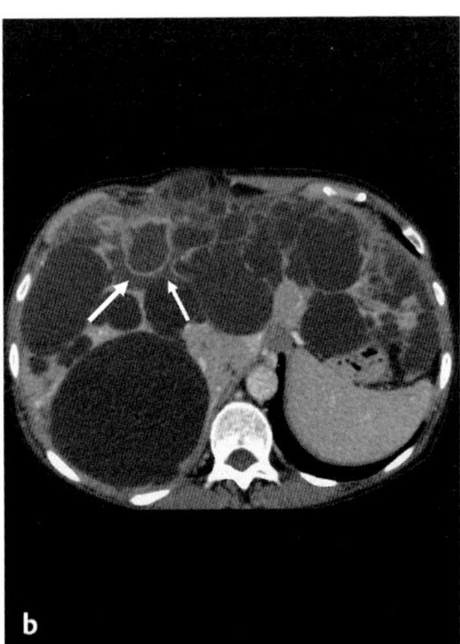

Abb. 4 a, b Zystenleber und Zystenmilz. CT (**a**). Infizierte Zyste mit verdickter und vermehrt kontrastmittelaufnehmender Wand (Pfeile) (**b**).

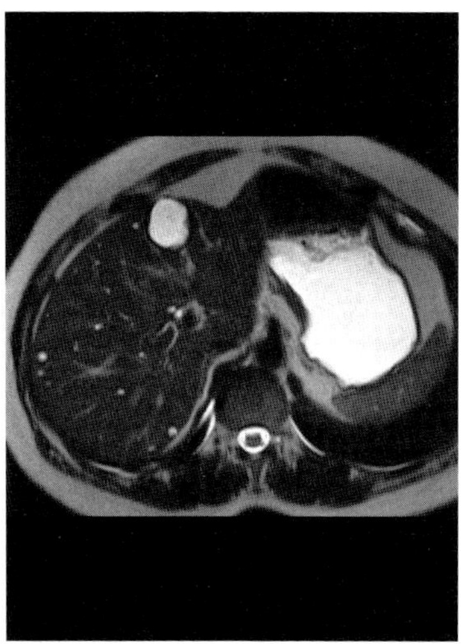

Abb. 5 Leberzysten. MRT, T2w. Mehrere, überwiegend kleine Leberzysten.

Differenzialdiagnose

Abszess	– dicke Kapsel, die KM aufnimmt – Fieber
Echinokokkuszyste	– Verkalkungen in der Kapsel – Nachweis einer Cuticula bei rupturierten Lamellen
Zystadenom	– septierter Tumor
zystisch zerfallender Tumor	– häufig mit Arealen soliden Gewebes, das unterschiedlich KM aufnimmt
Metastasen	– zentrale oder ringförmige KM-Anreicherung – Metastasen zystischer Tumoren können oft nicht unterschieden werden

Typische Fehler

Fehldeutung als Metastase oder Abszess.

Ausgewählte Literatur

Brancatelli G et al. Fibropolycystic liver disease: CT and MR imaging findings. RadioGraphics 2005; 25: 659 – 670

Mathieu D et al. Benign liver tumors. Magn Reson Imaging Clin N Am 1997; 5: 255 – 288

Mortele KJ et al. Cystic focal liver lesions in the adult: differential CT and MR imaging features. Radiographics 2001; 21: 895 – 910

Biliäre Hamartome (von-Meyenburg-Komplexe)

Kurzdefinition

Gutartige Malformationen der Gallenwege.

- **Epidemiologie**
  Inzidenz 1–3%.
- **Ätiologie/Pathophysiologie/Pathogenese**
  Wahrscheinlich Malformation mit Proliferation von Gallengängen (zystisch dilatierte Gallenwege, die bisweilen amorphes Material enthalten) • Auskleidung mit kubischem Epithel • Eingebettet in fibröses Stroma • Keine Kommunikation mit den Gallenwegen • Makroskopisch weiß-graue Knoten.

Zeichen der Bildgebung

- **Methode der Wahl**
  Sonographie • MRT
- **Pathognomonische Befunde**
  Multipel verstreute kleine Knötchen (0,5–1,5 cm) in den Schnittbildverfahren • Selten einzelne Herde • Bevorzugt subkapsulär • Diskrepanz zwischen MRT und Sonographie (multiple kleine Zysten in der MRT, kein Zystennachweis in der Sonographie) • Meist keine KM-Aufnahme (wenn die zystische Komponente überwiegt) • KM-Aufnahme nur, wenn die solide Komponente überwiegt (sehr selten) • Bei wiederholten Untersuchungen keine Änderung der Zahl und Größe der Läsionen.
- **MRT-Befund**
  Gut abgrenzbar • Gering hypointens in T1w und hyperintens in T2w (weniger als Zysten) • Nach KM-Gabe ringförmige Kontrastierung um die Knötchen in allen Phasen • In der MRC zystische Veränderungen ohne Gallenganganschluss.
- **Sonographie-Befund**
  Heterogene Struktur des Leberparenchyms • Echoarme bis echoreiche kleine Knoten.
- **CT-Befund**
  Hypodense Knötchen, die sich nach KM-Gabe besser vom umgebenden Lebergewebe abheben.

Klinik

- **Typische Präsentation**
  Keine klinischen Symptome • Meist Zufallsbefund • Keine pathologischen Laborbefunde.
- **Therapeutische Optionen**
  Keine.
- **Verlauf und Prognose**
  Eine maligne Transformation wurde in wenigen Fällen beschrieben.
- **Was will der Kliniker von mir wissen?**
  Abgrenzung zu Metastasen.

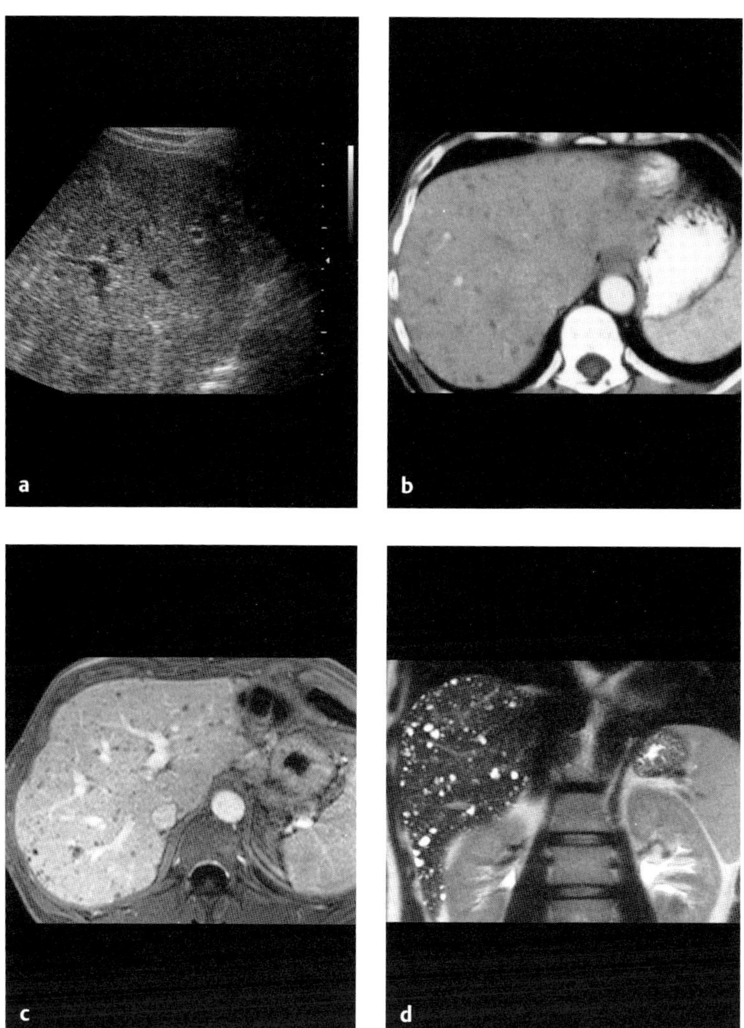

Abb. 6a–d Biliäre Hamartome.

a Sonographie. Inhomogenes Bild, in dem kleine echoarme Herde nur unscharf auszumachen sind.

b CT nach KM-Gabe. Mehrere kleine hypodense Areale, die kein KM aufnehmen.

c MRT nach KM-Gabe. Mehrere kleine hypointense Herde ohne KM-Aufnahme.

d MRT, HASTE. Mehrere hyperintense Herde, die zystisch imponieren.

Differenzialdiagnose

Leberzysten	– insbesondere sonographisch als solche zu erkennen – häufig größer als 1,5 cm
Caroli-Syndrom	– Anschluss an das Gallengangsystem – häufig größere zystische Erweiterungen – mit Konkrementen und Neigung zu Infektionen
Metastasen	– selten rein zystisch (Ausnahme GIST!) – nehmen je nach Primärtumor KM auf

Typische Fehler

Verwechslung mit Metastasen, sowohl in der Bildgebung als auch bei Laparoskopien und Operationen.

Ausgewählte Literatur

Lev-Toaff AS et al. The radiologic and pathologic spectrum of biliary hamartomas. AJR 1995; 165: 309–313

Semelka RC et al. Biliary hamartomas: solitary and multiple lesions shown on current MR techniques including gadolinium enhancement. J Magn Reson Imaging 1999; 10: 196–201

Zheng RQ et al. Imaging findings of biliary hamartomas. World J Gastroenterol 2005; 13: 6354–6359

Kurzdefinition

Einzelne oder mehrere Ansammlungen von Eiter im Leberparenchym.

- **Epidemiologie**
  Besondere Formen wie Amöbenabszess sind endemisch in Afrika, Südostasien und lateinamerikanischen Ländern.
- **Ätiologie/Pathophysiologie/Pathogenese**
  In 20–40% lässt sich keine Ursache finden • Häufigste nachweisbare Ursache sind Infektionen der Gallenwege bei Steinen oder obstruierenden Erkrankungen • Seltener aufsteigende abdominale Infektionen (Appendizitis, Divertikulitis, entzündliche Darmerkrankungen) • Nach Interventionen wie Radiofrequenzablation (< 2%) und transarterieller Chemoembolisation • Erhöhte Anfälligkeit bei Immunsuppression • Meist enthält der Abszess ein Gemisch von Keimen.

Zeichen der Bildgebung

- **Methode der Wahl**
  Sonographie • CT
- **Pathognomonische Befunde**
  Multiple kleine oder einzelne große Herde • Anfänglich oft reichlich Debris • Mit zunehmender „Reifung" verflüssigt sich der Inhalt • Umgeben von einem unterschiedlich breiten Randsaum, der KM aufnimmt • Aussehen teils von der Besiedlung abhängig, z. B. multiple kleine Abszesse (< 5 mm) bei Candida.
- **Sonographie-Befund**
  Meist echoarme bis echofreie rundliche Raumforderung • Kann vor Einschmelzung auch echoreich sein • Bisweilen irreguläre Wand erkennbar • Wirkt gelegentlich septiert und enthält Debris • Gas erscheint als sehr echodicht mit Schallschatten.
- **CT-Befund**
  Nativ hypodens • Nach KM-Gabe unterschiedlich breiter Saum, der KM aufnimmt • Bei kleinen Candida-Abszessen zeigt die arterielle Phase mehr Herde als die portalvenöse Phase.
- **MRT-Befund**
  T1w sehr niedriges, T2w sehr hohes Signal • Kapsel von unterschiedlicher Dicke, nimmt KM auf • Mit MRCP Nachweis einer biliären Ursache.

Klinik

- **Typische Präsentation**
  Pyogener Leberabszess meist mit schleichendem Beginn, Fieberspitzen und Schmerzen im rechten Oberbauch • Amöbenabszess eher mit akuter Symptomatik • Hepatomegalie • Druckschmerz über der Leber.
- **Therapeutische Optionen**
  Punktion und Drainage • Bei biliärer Genese Beseitigung der Ursache.

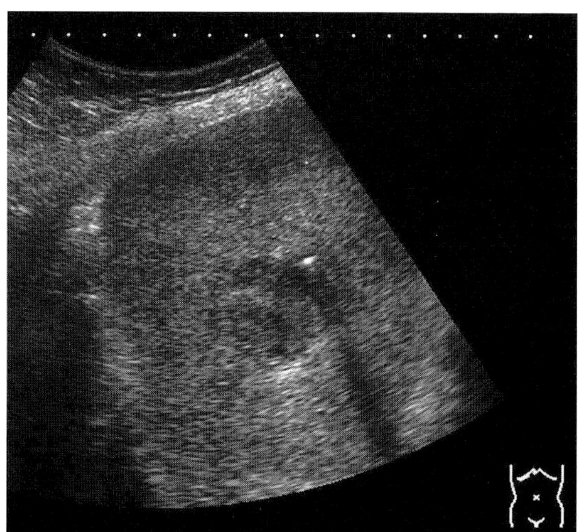

Abb. 7 Leberabszess. Sonographie. Inhomogen echoarme Raumforderung der Leber bei noch nicht vollständig eingeschmolzenem Leberabszess.

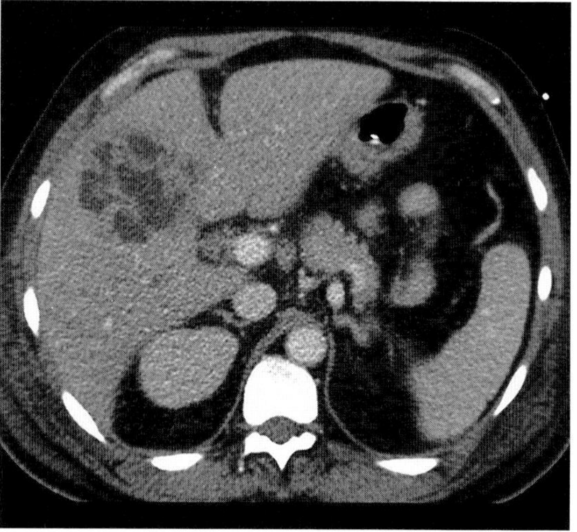

Abb. 8 Leberabszess. CT. Konfluierende hypodense Areale bei noch nicht vollständig eingeschmolzenem Leberabszess.

- **Verlauf und Prognose**
  Bei adäquater Drainage und Beseitigung der Ursache sowie antibiotischer Therapie meist Heilung möglich • Mortalität 8% • Schlechtere Prognose bei Pilzinfektionen und bei Malignomen • Eine Operation ist nur noch selten indiziert.
- **Was will der Kliniker von mir wissen?**
  Frühzeitige Erkennung eines Abszesses • Angabe der zugrunde liegenden Erkrankung.

Differenzialdiagnose

Zyste	– hat keine Kapsel, die KM aufnimmt – kein Fieber
Echinokokkuszyste	– Verkalkungen in der Kapsel – Nachweis einer Cuticula bei rupturierten Lamellen
Zystadenom	– septierter Tumor – kein Fieber – sehr selten
zystisch zerfallender Tumor	– häufig mit Arealen soliden Gewebes, das unterschiedlich KM aufnimmt
Metastasen	– kein Fieber – kleine Metastasen mit ringförmiger Anreicherung sind morphologisch nicht zu unterscheiden

Typische Fehler

Fehldeutung als gewöhnliche Zyste, zystisch zerfallender Tumor oder Metastasen.

Ausgewählte Literatur

Balci NC et al. MR imaging of infected liver lesions. Magn Reson Imaging Clin N Am 2002; 10: 121 – 135

Giorgio A et al. Pyogenic liver abscesses: 13 years of experience in percutaneous needle aspiration with ultrasound guidance. Radiology 1995; 195: 122 – 124

Metser U et al. Fungal liver infection in immunocompromised patients: depiction with multiphasic contrast-enhanced helical CT. Radiology 2005; 235: 97 – 105

Zystische Echinokokkose

Kurzdefinition

Parasitäre Infektion durch Echinococcus granulosus.

- **Epidemiologie**
  Endemisch in Gegenden mit Schaf- und Rinderzucht • Schafe und Rinder sind Zwischenwirte.
- **Ätiologie/Pathophysiologie/Pathogenese**
  Infektion durch Hundebandwurm im Larvenstadium • Infektion durch Kontakt mit dem Endwirt (Hund), über kontaminiertes Wasser oder Nahrungsmittel • Die Embryonen wandern durch die Darmschleimhaut und gelangen über die Pfortader in die Leber, wo sie zunächst kleine Zysten bilden, die 2 – 3 cm pro Jahr wachsen • Leber und Lunge sind die häufigsten Lokalisationen.

Zeichen der Bildgebung

- **Methode der Wahl**
  Sonographie • CT
- **Pathognomonische Befunde**
  Kleine Echinokokkuszysten imponieren wie gewöhnliche Zysten • Große Zysten bilden Tochterzysten und Membranen, die sich ablösen oder platzen können • „Hydatidensand“, wenn Skolices von der inneren Schicht abfallen • In späten Stadien Verkalkungen in der äußeren Lamelle.
- **Sonographie-Befund**
  Echofreie Zysten mit Membranen, die sich undulierend bewegen lassen • Verkalkungen • Bei intakter Kapsel evtl. Doppellinie (Ektozyste und Perizyste).
- **CT-Befund**
  Zyste mit Tochterzysten, Membranen und Verkalkungen.
- **MRT-Befund**
  In T1w und T2w perizystischer Randsaum mit niedriger Signaldichte („rim sign“) • In T1w und T2w hypointense flottierende Membranen • In T2w stark signalgebende Zysten mit Membranen • Verkalkungen können im fibrösen Gewebe oft nicht unterschieden werden.
- **Direkte Zystographie**
  Zystische Raumforderung, manchmal mit Kommunikation zum Gallengangsystem.

Klinik

- **Typische Präsentation**
  Häufig asymptomatisch und nur durch Zufall entdeckt • Bisweilen Druckgefühl im Oberbauch • Schwerste Komplikation: anaphylaktischer Schock • Echinokokkustiter bei Leberbefall sehr zuverlässig.
- **Therapeutische Optionen**
  Operative Entfernung mit Spülung der Zystenhöhle • Punktion und Drainage mit Zurückhaltung (anaphylaktischer Schock!) • Medikamentös Mebendazol.

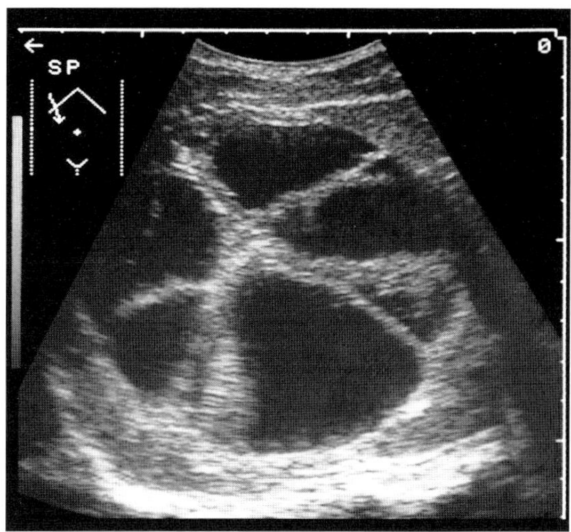

Abb. 9 Echinococcus cysticus. Sonographie. Echinokokkuszyste mit radspeichenförmigen Septierungen.

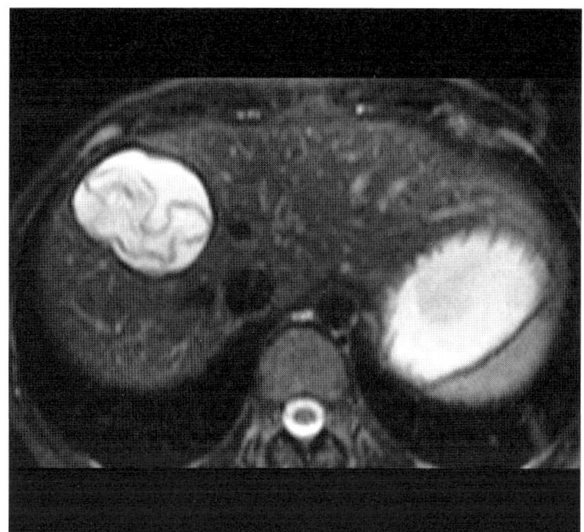

Abb. 10 Echinococcus cysticus. MRT, T2w. Gute Darstellung der abgelösten Cuticula in der Echinokokkuszyste.

- **Verlauf und Prognose**
  Schlechte Prognose • Weniger als 20% sind resezierbar • Schwerste Komplikation: Zystenruptur in die Bauchhöhle.
- **Was will der Kliniker von mir wissen?**
  Abgrenzung zur gewöhnlichen Zyste.

Differenzialdiagnose

einfache Zysten	– keine Membranen und meist homogene Flüssigkeit – keine Verkalkungen
zystische Tumoren	– meist dickere Wand, die KM aufnimmt
Metastasen von zystischen Tumoren	– meist kleiner und multipel

Typische Fehler

Punktion ohne Titerbestimmung • Spülung mit Alkohol oder Silbernitratlösung ohne Ausschluss einer nicht seltenen Kommunikation der Zyste mit dem Gallengangsystem.

Ausgewählte Literatur

Czermak BV et al. Echinococcus granulosus revisited: radiologic patterns seen in pediatric and adult patients. AJR 2001; 177: 1051 – 1056

Oto A et al. Focal inflammatory diseases of the liver. Eur J Radiol 1999; 32: 61 – 75

Pedrosa I et al. Hydatid disease: Radiologic and pathologic features and complications. RadioGraphics 2000; 20: 795 – 817

Kurzdefinition

Parasitäre Infektion durch Echinococcus multilocularis.

► **Epidemiologie**
Endemisch in Zentraleuropa (Schwäbische Alb, Österreich, Schweiz und Elsaß), dem mittleren Westen der USA, Alaska, Kanada und Teilen von Russland • Wilde Nagetiere sind Zwischenwirte.

► **Ätiologie/Pathophysiologie/Pathogenese**
Infektion durch Fuchsbandwurm im Larvenstadium • Infektion durch Kontakt mit dem Endwirt (meist Fuchs, seltener Katzen und Hunde) oder über kontaminiertes Wasser oder Nahrungsmittel • Die Embryonen wandern durch die Darmmukosa und gelangen über die Pfortader oder Lymphgefäße in die Leber, wo sie kleine Zysten bilden (3 – 20 mm) • Keine fibröse Hülle • Infiltrative Ausbreitung • Leber und Lunge sind die häufigsten Lokalisationen.

Zeichen der Bildgebung

► **Methode der Wahl**
Sonographie • CT

► **Pathognomonische Befunde**
Solide und infiltrierende Raumforderung • In der Hälfte der Fälle Ausbreitung im Leberhilus mit Erweiterung der intrahepatischen Gallenwege und Infiltration der Pfortader (führt bisweilen zu einer Minderperfusion und Atrophie) • Große Herde zeigen zentrale Nekrosen • In Spätstadien amorphe Verkalkungen.

► **Sonographie-Befund**
Einzelne oder mehrere unscharf begrenzte, echoreiche Raumforderungen („Hagelsturm") mit Verkalkungen • Große Herde haben zentral echoarme Areale (Nekrosen).

► **CT-Befund**
Hypodense Raumforderung, die wie ein Tumor oder eine Metastase aussieht • Nach KM-Gabe geringfügige Anreicherung • Mit hoher Auflösung sind evtl. kleine Zysten und diskrete eierschalenartige Verkalkungen der Septen erkennbar.

► **MRT-Befund**
In T2w solide Komponente und multiple kleine Zysten oder größere irreguläre Zysten • Zentrale Nekrosen in großen Herden sind T2w signalreich • Verkalkungen haben eine niedrige Signalintensität • Nach KM-Gabe geringe Kontrastierung • In der MRCP Einengung der zentralen Gallenwege.

► **PET**
Einzige bildgebende Methode, mit der die Vitalität bestimmt werden kann • Zeigt das Ansprechen auf die Therapie • Geeignet zum Nachweis von Rezidiven und „Metastasen".

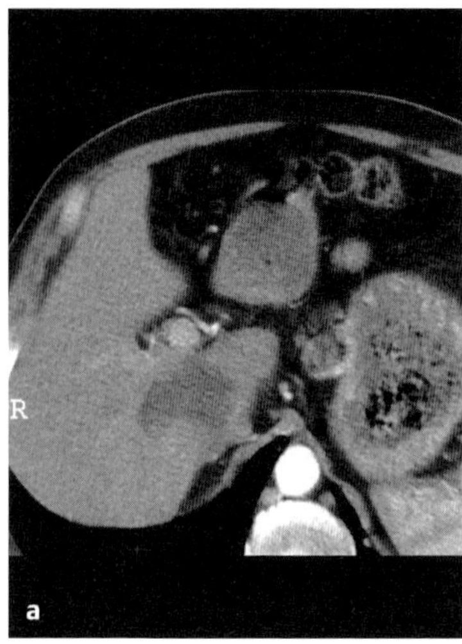

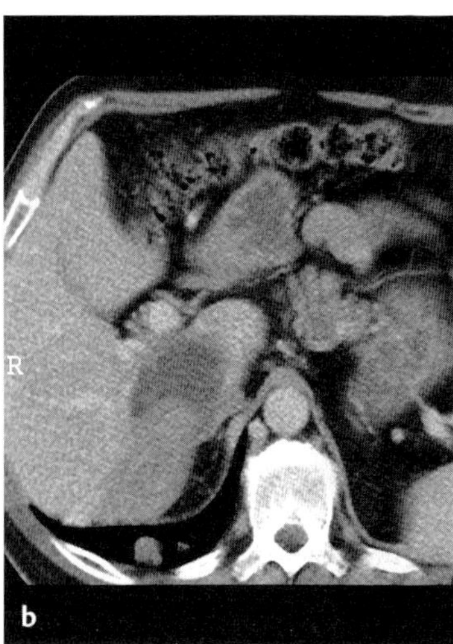

Abb. 11 a, b Echinococcus alveolaris. MRT nach KM-Gabe. Teils zystisch, teils tumorartig solide imponierender Befall mit Echinococcus alveolaris, früharterielle (**a**) und venöse Phase (**b**).

Klinik

- **Typische Präsentation**
  Unspezifische Bauchschmerzen • Gewichtsverlust • Abgeschlagenheit • Ikterus • Echinokokkustiter bei Leberbefall sehr zuverlässig.
- **Therapeutische Optionen**
  Resektion und Transplantation • Medikamentöse Therapie mit Mebendazol.
- **Verlauf und Prognose**
  Schlechte Prognose • Zum Zeitpunkt der Diagnose meist nicht mehr resezierbar.
- **Was will der Kliniker von mir wissen?**
  Abgrenzung von malignen Tumoren • Resektabilität?

Differenzialdiagnose

Cholangiozelluläres Karzinom	– Einziehung der Leberkapsel relativ typisch – meist späte KM-Anreicherung (10 Minuten) – in 20% Verkalkungen
HCC	– meist in zirrhotischer Leber – häufiger Infiltration in die Gefäße – AFP erhöht
Metastasen	– meist kein Galleaufstau – konfluierende Metastasen eines kolorektalen Karzinoms können sehr ähnlich aussehen

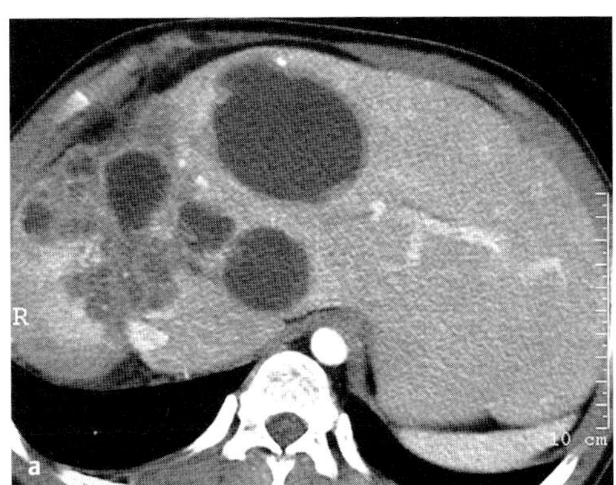

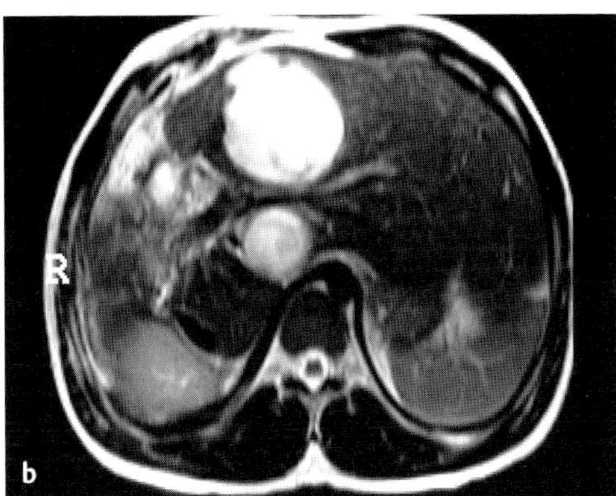

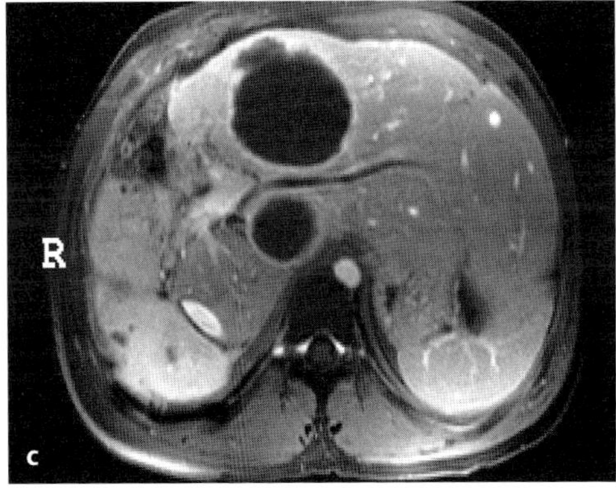

Abb. 12 a–c Echinococcus alveolaris nach Leberteilresektion. CT und MRT. Teils solide, teils zystische Veränderungen bei Echinococcus alveolaris mit diskreten Verkalkungen, die lediglich in der CT zu erkennen sind.

Typische Fehler

Fehlinterpretation als maligner Tumor.

Ausgewählte Literatur

Bresson-Hadni S et al. A twenty-year history of alveolar echinococcosis: analysis of a series of 117 patients from eastern France. Eur J Gastroenterol Hepatol 2000; 12: 327–336

Kodama Y et al. Alveolar echinococcosis: MR findings in the liver. Radiology 2003; 228: 172–174

Reuter S et al. Structured treatment interruption in patients with alveolar echinococcosis. Hepatology 2004; 39: 509–517

Kurzdefinition

Gutartiger mesenchymaler, schwammartig aufgebauter Tumor der Leber • Schwammartiger Knoten mit blutgefüllten Hohlräumen, die durch zahlreiche Septen voneinander getrennt sind • Größere Hämangiome haben fibrotische Areale.

- **Epidemiologie**
  Tritt sporadisch auf • Häufiger mit FNH assoziiert • Häufigster gutartiger Tumor der Leber • Bei 5 – 7 % der Bevölkerung • Häufiger bei Frauen • Kommt in allen Altersstufen vor • Größe von wenigen Millimetern bis 20 cm.

Zeichen der Bildgebung

- **Methode der Wahl**
  Sonographie • MRT
- **Pathognomonische Befunde**
  Gut abgrenzbare Raumforderung, die eine charakteristische irisblendenartige KM-Anreicherung zeigt, die wegen des trägen Flusses lange anhält • Kleine Hämangiome (< 1 cm) können sehr rasch und kurzzeitig KM aufnehmen (kapilläre Hämangiome) • Große Hämangiome können partiell thrombosieren und fibrosieren • Verkalkungen sind sehr selten.
- **Sonographie-Befund**
  Gut abgrenzbare, homogen echoreiche Raumforderung • Oft mit leichter Schallverstärkung • Im Power-Doppler manchmal unspezifische Flussphänomene.
- **MRT-Befund**
  In T1w homogen hypointens, in T2w (insbesondere in späten T2w Phasen) hyperintens • Sehr früh beginnende, von peripher nach zentral fortschreitende intensive Kontrastierung, die oft erst in sehr späten Phasen komplett ist • Große Hämangiome können Aussparungen aufweisen • Nach Gabe eines gallegängigen KM in späten Phasen (1 – 3 h) hypointens • Kleine Hämangiome können sehr rasch, intensiv und kurzzeitig KM aufnehmen.
- **CT-Befund**
  Nativ meist leicht hypodens • Kontrastierung wie in MRT.
- **Angiographie**
  Typischer „Cotton-wool"-Aspekt • Spielt diagnostisch keine Rolle mehr.

Klinik

- **Typische Präsentation**
  Meist Zufallsbefund • Sehr große Hämangiome können ein Druckgefühl verursachen • Bei Unfällen etwas erhöhte Blutungsneigung.
- **Therapeutische Optionen**
  Bei Symptomen evtl. Embolisation oder Resektion.

Kavernöses Hämangiom

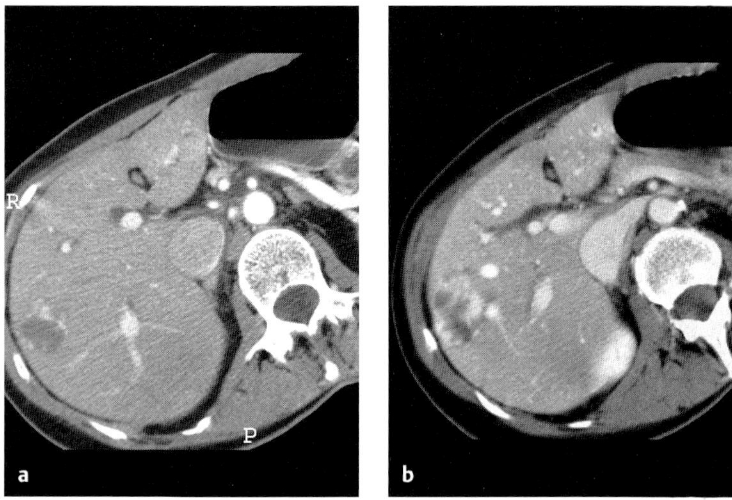

Abb. 13 a, b Kavernöses Hämangiom. CT, früharterielle (**a**) und portalvenöse (**b**) Phase. In der früharteriellen Phase lediglich periphere Anreicherung des Hämangioms, in der portalvenösen Phase läuft die Kontrastierung nodulär zu.

- **Verlauf und Prognose**
  Gelegentlich kann bei größeren Hämangiomen ein Wachstum beobachtet werden • Keine maligne Entartung.
- **Was will der Kliniker von mir wissen?**
  Unterscheidung von Metastasen oder malignen Tumoren.

Differenzialdiagnose

FNH	– bei kleinen Läsionen meist nicht möglich (und nicht nötig)
Adenom	– keine zentrale „Narbe" – sonographisch nicht echoreich
HCC	– meist in zirrhotischer Leber – rasche Auswaschung des KM – sonographisch nicht so echoreich – AFP erhöht
hypervaskularisierte Metastasen	– meist multiple und kleinere Herde – sonographisch meist nicht echoreich

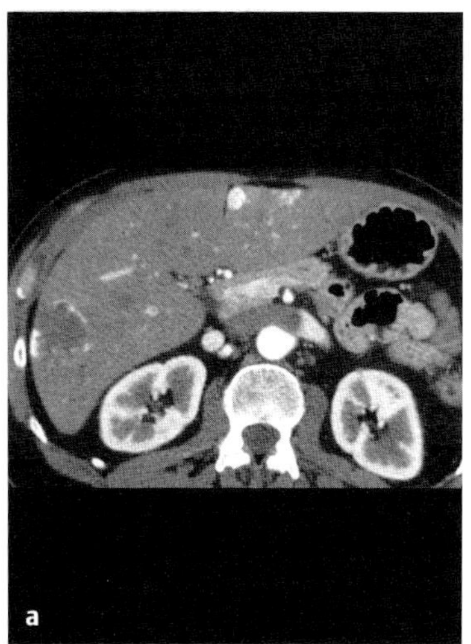

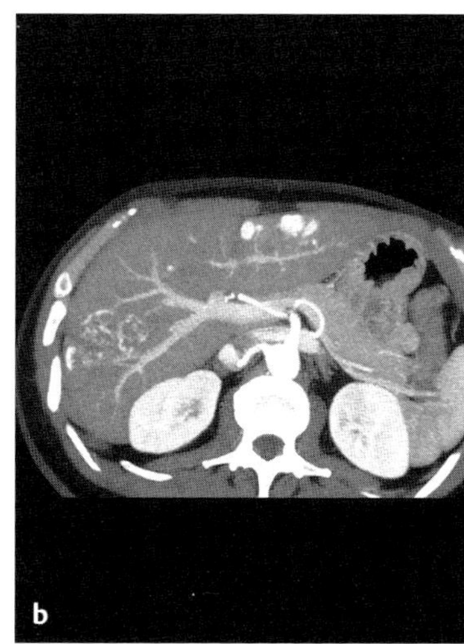

Abb. 14 a, b Kavernöses Hämangiom. CT, früharterielle Phase (**a**) und MIP-Rekonstruktion (**b**). Während sich das kleinere Hämangiom im linken Leberlappen in der arteriellen Phase sofort auffüllt, kommt es beim größeren Hämangiom im rechten Leberlappen zunächst nur zu einer peripheren KM-Anreicherung. In der portalvenösen Phase sehr kontrastreiche Darstellung der kleinen Hämangiome im linken Leberlappen und zunehmende girlandenförmige Kontrastierung des großen Hämangioms im rechten Leberlappen (**b**).

Typische Fehler

Zuviel Diagnostik (bei fraglichen Fällen im CT oder MRT ist Sonographie sinnvoll; bei fraglichen Fällen im Ultraschall oder CT dynamisches MRT einschließlich spätem T2w).

Ausgewählte Literatur

Danet IM et al. Giant hemangioma of the liver: MR imaging characteristics in 24 patients. Magn Reson Imaging 2003; 21: 95 – 101

Kim T et al. Discrimination of small hepatic hemangiomas from hypervascular malignant tumors smaller than 3 cm with three-phase helical CT. Radiology 2001; 219: 699 – 706

Leslie DF et al. Distinction between cavernous hemangiomas of the liver and hepatic metastases on CT: value of contrast enhancement patterns. AJR 1995; 164: 625 – 629

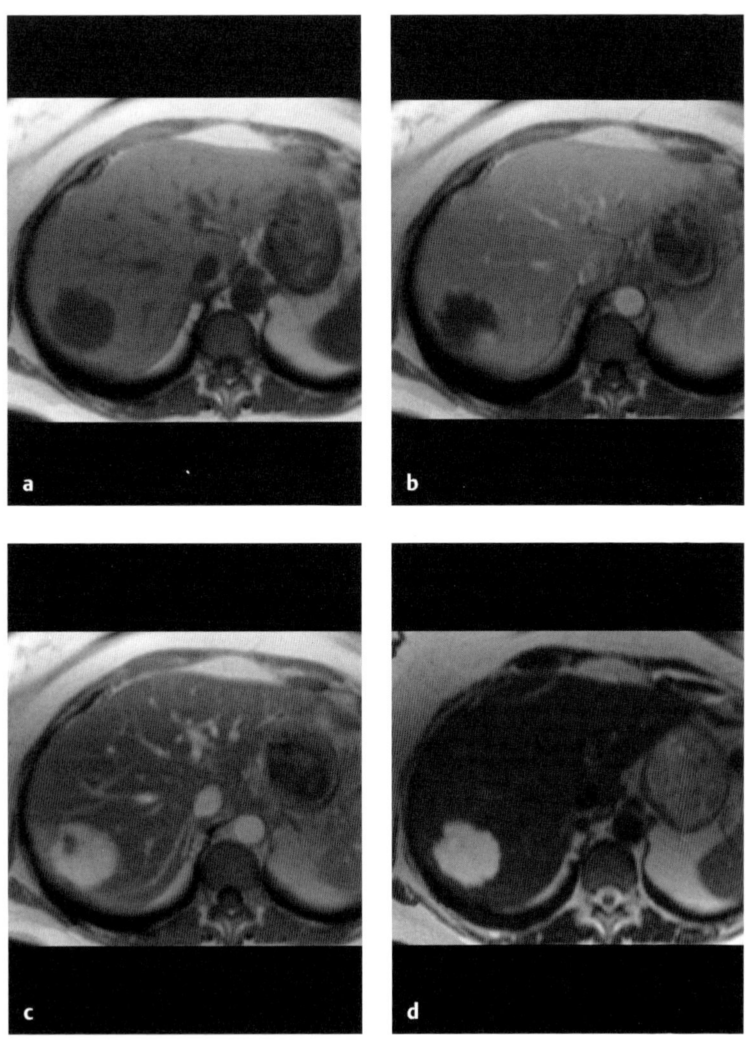

Abb. 15 a–d Kavernöses Hämangiom. MRT. In der Nativphase hypointens (**a**). Peripheres z. T. noduläres Anreicherungsmuster in der früharteriellen Phase (**b**). Fast vollständige Kontrastierung in der spätvenösen Phase (**c**). Im T2-Bild relativ homogen hyperintens mit glatten Konturen (**d**).

Fokal noduläre Hyperplasie (FNH)

Kurzdefinition

Abundant vaskularisierter, gutartiger Tumor der Leber • Abnorme knotige Binnenstruktur (wie Zirrhoseknoten), Gefäßmalformationen und Gallengangregenerate • In unterschiedlichem Ausmaß sind Kupffer-Zellen enthalten.

► **Epidemiologie**
Zweithäufigster gutartiger Tumor der Leber • Durchschnittsalter 30–50 Jahre • Bei Frauen 4- bis 8-mal häufiger als bei Männern • In 20% gleichzeitig multiple FNH und Hämangiome.

► **Ätiologie/Pathophysiologie/Pathogenese**
Vermutlich hyperplastische Reaktion auf eine arterielle Malformation • Wachstum und Vaskularisierung möglicherweise von weiblichen Hormonen beeinflusst • Etwa 80% der Tumoren werden als klassisch eingeordnet, 20% sind atypisch (meist teleangiektatische Formen, die morphologisch, molekulargenetisch und klinisch zwischen FNH und Adenomen liegen).

Zeichen der Bildgebung

► **Methode der Wahl**
MRT mit gallegängigem KM • Mehrphasiges CT

► **Pathognomonische Befunde**
Gut abgrenzbare, stark vaskularisierte, knotige Herde (meist < 5 cm) • Nach KM-Gabe fast ausschließliche arterielle Anreicherung • Häufig mit sternförmiger „Narbe" • Die „Narbe" und die fibrotischen Züge enthalten dysplastische Arterien und Gallengangregenerate.

► **MRT-Befund**
In T1w iso- oder hypointens, in T2w isointens oder leicht hyperintens • Die zentrale „Narbe" ist in T2w fast immer hyperintens • Noduläre homogene Kontrastierung in der arteriellen Phase mit raschem Auswaschen des KM • „Narbe" kontrastiert sich in späteren Phasen • SPIO wird in das RES aufgenommen (Signal wird meist nicht ganz so stark gemindert wie in der normalen Leber) • Mit gallegängigen Gadoliniumverbindungen ist zusätzlich auf späten Aufnahmen (1–3 h) eine kräftige Kontrastierung zu erkennen.

► **CT-Befund**
Nativ gleiche oder etwas geringere Dichte als die umgebende Leber • Sehr intensive noduläre Kontrastierung in der arteriellen Phase mit raschem Abfluss des KM in späteren Phasen • In späten Phasen kontrastiert sich die zentrale „Narbe".

► **Sonographie-Befund**
Oft schlecht abgrenzbar • Meist leicht hyperechoisch • Mit KM sehr gute Darstellung der Gefäßmalformationen (radspeichenartig) und der stark perfundierten Raumforderung, die (im Gegensatz zur CT und MRT) in der portalvenösen Phase eine Reperfusion aufweist.

► **Hepatobiliäre Sequenz-Szintigraphie**
Spielt keine Rolle mehr.

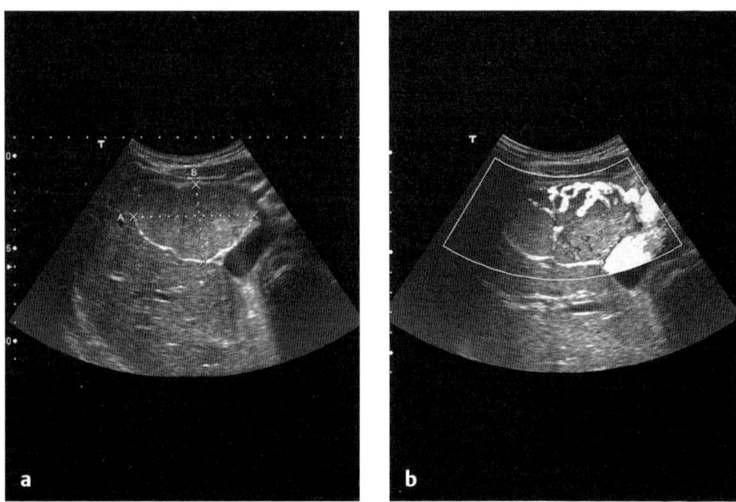

Abb. 16 a, b FNH. Sonographie (**a**): Ähnliche Echotextur wie die Leber. Abgrenzung durch eine Pseudokapsel. Im Farb-Doppler (**b**) radspeichenartige Hypervaskularisation.

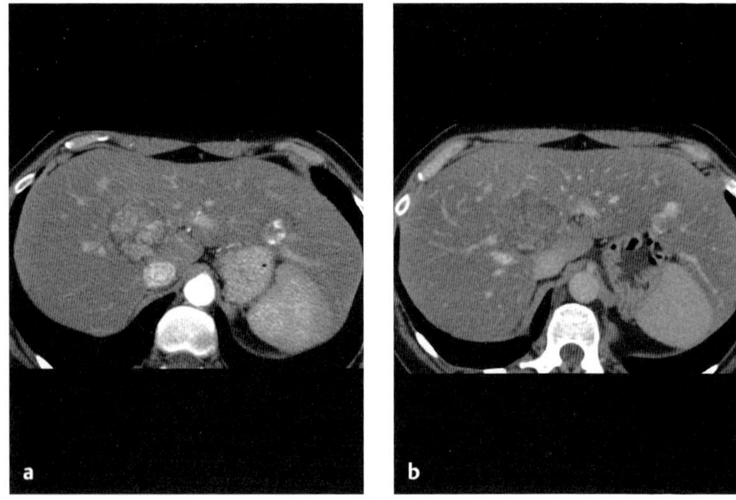

Abb. 17 a, b FNH. CT.

a Früharterielle Phase. Kräftige noduläre KM-Anreicherung.

b Portalvenöse Phase. Deutlich geringere KM-Anreicherung. Zusätzlich Hämangiom im linken Leberlappen.

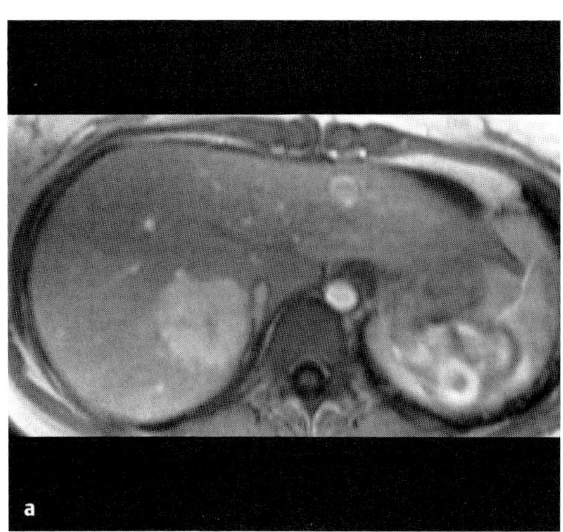

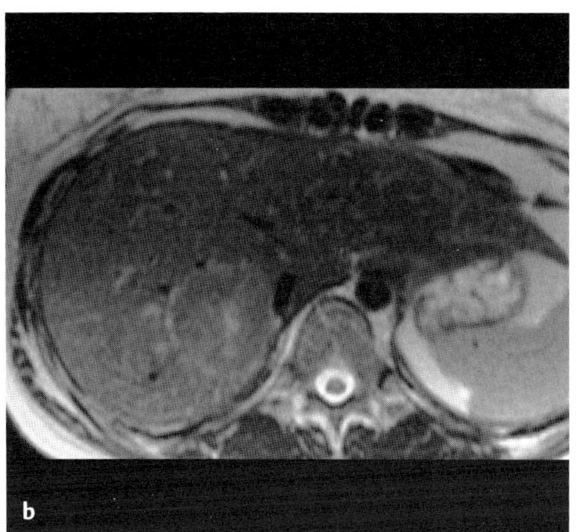

Abb. 18 a, b FNH. MRT. Diagnostisch spezifische Phänomene: Hypervaskulärer Tumor in der früharteriellen Phase (**a**) und fast isointenser Tumor ca. 2 h nach Gabe von Eisenpartikeln (**b**).

Fokal noduläre Hyperplasie (FNH)

Klinik

- **Typische Präsentation**
  Meist Zufallsbefund • Bei großen Raumforderungen Druckgefühl.
- **Therapeutische Optionen**
  Absetzen von Hormonen empfohlen • Bei großen und symptomatischen Raumforderungen operative Entfernung oder transarterielle Embolisation • Bei fehlender Abgrenzbarkeit zu anderen Tumoren (atypische FNH) Resektion.
- **Verlauf und Prognose**
  Keine maligne Entartung • Hämorrhagien kommen wahrscheinlich nur bei den teleangiektatischen Formen vor • Diagnostische Punktion ist bei Ausschöpfung der diagnostischen Möglichkeiten in der Regel nicht mehr indiziert.
- **Was will der Kliniker von mir wissen?**
  Unterscheidung von anderen hypervaskularisierten Tumoren oder Veränderungen.

Differenzialdiagnose

Adenom	– etwas geringere KM-Anreicherung – keine zentrale „Narbe“ – keine Speicherung gallegängiger Gd-Verbindungen in der Spätphase (1 – 3 h) – bei größeren Tumoren Zeichen frischer oder älterer Einblutungen
Hämangiom	– irisblendenartige Füllung mit KM – hohes Signal in T2w – sehr kleine Hämangiome können gleich aussehen
fibrolamelläres HCC	– meist große Tumoren mit nekrotischen Arealen und Verkalkungen und Metastasen – enthält richtige Narben mit niedriger Signalintensität in T2w, die kein KM aufnehmen – keine Speicherung gallegängiger Gd-Verbindungen in der Spätphase
HCC	– meist in zirrhotischer Leber – AFP erhöht – Speicherung gallegängiger Gd-Verbindungen nur bei hochdifferenzierten Tumoren
hypervaskularisierte Metastasen	– meist multiple Herde – oft mit unscharfem Rand und zentralen Nekrosen – keine Speicherung gallegängiger Gd-Verbindungen in der Spätphase

Typische Fehler

Uniphasisches Untersuchungsprotokoll: In der MRT und CT ist der stark hypervaskularisierte Charakter der FNH in der portalvenösen Phase evtl. schon nicht mehr nachweisbar.

Ausgewählte Literatur

Grazioli L et al. Accurate differentiation of focal nodular hyperplasia from hepatic adenoma at gadobenatedimeglumine-enhanced MR imaging: prospective study. Radiology 2005; 236: 166 – 177

Hussain SM et al. Focal nodular hyperplasia: findings at state-of-the-art MR imaging, US, CT, and pathologic analysis. RadioGraphics 2004; 24: 3 – 19

Nguyen BN et al. Focal nodular hyperplasia of the liver: a comprehensive pathologic study of 305 lesions and recognition of new histologic forms. Am J Surg Pathol 1999; 23: 1441 – 1454

Vogl HJ et al. Superparamagnetic iron oxide-enhanced versus gadolinium-enhanced MR imaging for differential diagnosis of focal liver lesions. Radiology 1996; 198: 881 – 887

Leberzelladenom

Kurzdefinition

Primäre gutartige, hormoninduzierte Neoplasie der Leber.

▸ **Epidemiologie**

Meist bei Frauen im 3.–4. Lebensjahrzehnt • Sehr selten bei Männern • Kommt fast ausschließlich nach langjähriger Einnahme von Antikonzeptiva vor – es besteht eine Korrelation zwischen der Dauer der Einnahme und dem Risiko, ein Adenom zu entwickeln • Seltener nach Anabolikaabusus und bei Glykogenspeicherkrankheit.

▸ **Ätiologie/Pathophysiologie/Pathogenese**

Besteht fast ausschließlich aus gleichförmigen Leberzellen, die zu Strängen angeordnet sind und erweiterte Sinusoide umgeben • Keine Gallenwege und keine Pfortadergefäße • Enthalten Kupffer'sche Sternzellen • Spezielle Form: Adenomatose der Leber mit multiplen Adenomen (histologisch und radiologisch identisch).

Zeichen der Bildgebung

▸ **Methode der Wahl**

MRT • CT (bei akuten Blutungen)

▸ **Pathognomonische Befunde**

Glatt abgrenzbarer, hypervaskularisierter Tumor • Durchschnittliche Größe 5–10 cm • Häufig mit Kapsel und erhöhtem Fettanteil • Verkalkungen sind selten (7%) • Ab einer Größe von 5 cm Neigung zu Hämorrhagien und Nekrosen (25–40%).

▸ **CT-Befund**

Nativ oft nicht abzugrenzen, solange keine Blutungen stattfanden • Starke und homogene Kontrastierung in den Arealen, in denen keine Einblutung, Nekrose oder fettige Degeneration zu erkennen ist • Bei akuter Blutung nativ hyperdens und häufig perihepatische Flüssigkeit.

▸ **MRT-Befund**

Nativ in T1w und T2w hyperintens wegen des erhöhten Fettgehalts (in bis zu 75%) • Homogene und intensive Kontrastierung in den nicht nekrotischen und nicht eingebluteten Arealen • Rasche Auswaschung in der portalvenösen und Äquilibriumphase • Nach Gabe eines hepatozytenspezifischen KM in der Spätphase keine KM-Anreicherung, da keine Gallengänge vorliegen • Nach SPIO Signalabfall in T2w, da in unterschiedlichem Ausmaß RES vorhanden ist.

▸ **Sonographie-Befund**

Iso- oder hyperechogen • Nach KM-Gabe intensive Kontrastierung ausschließlich in der arteriellen Phase.

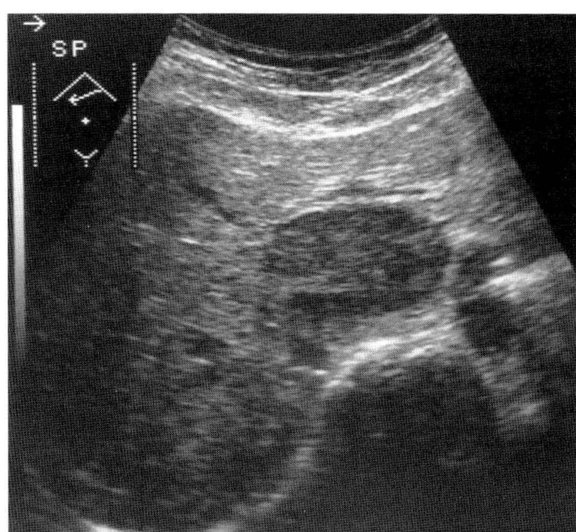

Abb. 19 Leberadenom. Sonographie. Inhomogen echoarmer inhomogener Tumor der Leber in unmittelbarer Nachbarschaft der Vena cava.

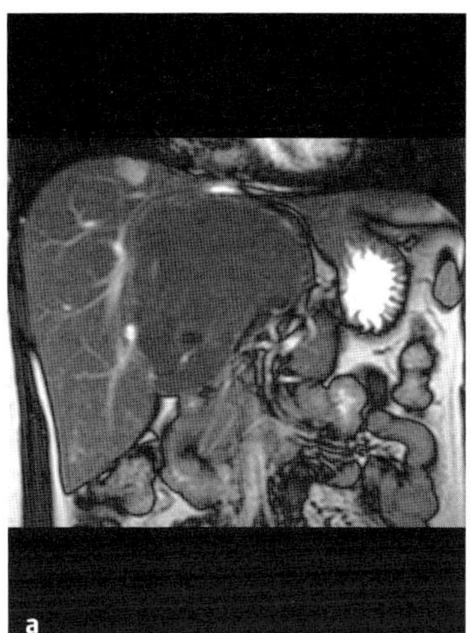

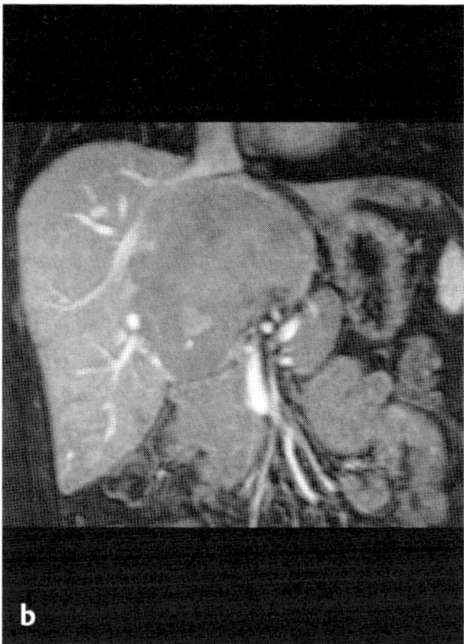

Abb. 20 a, b Leberadenom. MRT. Im T2-gewichteten Bild etwas weniger signalintens als das umgebende Lebergewebe. Lebervenen und Portalgefäße werden verdrängt. Nebenbefundlich an der Leberkuppel Hämangiom (**a**). Nach KM-Gabe leicht inhomogene Kontrastierung, die geringer als in der gesunden Leber erscheint (**b**).

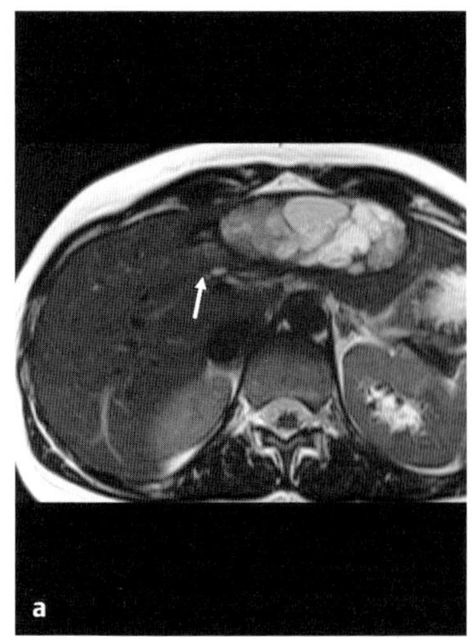

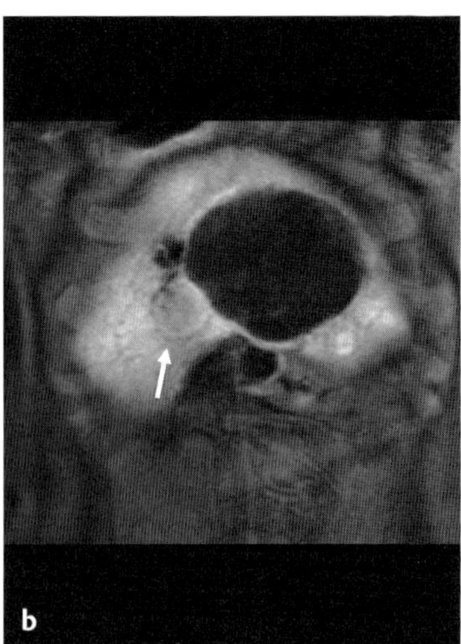

Abb. 21 a, b Eingeblutetes Leberadenom. MRT.

a T2w. Inhomogenes Bild nach Einblutung in ein Leberadenom, das am linken Rand der Einblutung unscharf zu erkennen ist (Pfeil).

b Nach KM-Gabe ist das Adenom (Pfeil) etwas besser von der umgebenden Leber abzugrenzen. Daneben eine große signallose Zone, die der Einblutung entspricht.

Klinik

- **Typische Präsentation**
  Bei größeren Tumoren Druckgefühl • Häufig primär durch Hämorrhagie auffällig.
- **Therapeutische Optionen**
  Operative Entfernung • Evtl. perkutane Radiofrequenzablation bei kleinen Adenomen (unter 4 cm) • Antikonzeptiva absetzen.
- **Verlauf und Prognose**
  Maligne Entartung ist umstritten • Erhöhte Neigung zu Blutungen bei größeren Tumoren (> 5 cm) mit relativ hoher Mortalität (9 – 21 %).
- **Was will der Kliniker von mir wissen?**
  Unterscheidung von FNH und HCC.

Differenzialdiagnose

FNH	– intensivere und knotige KM-Anreicherung – zentrale „Narbe", die KM aufnimmt – Speicherung von gallegängigen Gd-Verbindungen in der Spätphase (1 – 3 h)
Hämangiom	– irisblendenartige Füllung mit KM – hohes Signal in T2w
cholangiozelluläres Karzinom	– Einziehung der Leberkapsel relativ typisch – oft späte KM-Anreicherung – meist Erweiterung von Gallengängen
HCC	– meist in zirrhotischer Leber – häufiger Infiltration in die Gefäße – Verkalkungen sind selten – AFP erhöht
hypervaskularisierte Metastasen	– meist multiple und kleinere Herde

Typische Fehler

Fehldeutung als FNH oder HCC.

Ausgewählte Literatur

Dietrich CF et al. Differentiation of focal nodular hyperplasia and hepatocellular adenoma by contrast-enhanced ultrasound. Brit J Radiol 2005; 78: 704 – 707

Grazioli L et al. Accurate differentiation of focal nodular hyperplasia from hepatic adenoma at gadobenate dimeglumine-enhanced MR imaging: prospective study. Radiology 2005; 236: 166 – 177

Ichikawa T et al. Hepatocellular adenoma: multiphasic CT and histopathologic findings in 25 patients. Radiology 2000; 214: 861 – 868

Hepatozelluläres Karzinom

Kurzdefinition

- **Epidemiologie**
  Häufigster primärer maligner Tumor der Leber • Häufigkeit nimmt zu • Erhöhte Inzidenz in Südostasien und Afrika • Vorwiegend bei älteren Menschen (50 – 70 Jahre) • Bei Männern 4-mal häufiger als bei Frauen.
- **Ätiologie/Pathophysiologie/Pathogenese**
  Auf dem Boden einer Zirrhose oder einer chronischen Hepatitis B oder C • Meist Entwicklung über Regeneratknoten und dysplastische Knoten • Parallel dazu Abnahme der portalvenösen Durchblutung und Zunahme der arteriellen Durchblutung • 3 Wachstumsformen: solitär, nodulär oder multifokal bzw. diffus • Wichtige Merkmale des primären Tumors sind seine Größe, die Zahl und Lage der Herde, die vaskuläre Infiltration und die Ausdehnung in die Gallenwege • Metastasierung in die regionalen Lymphknoten, Lunge und Skelett.

Zeichen der Bildgebung

- **Methode der Wahl**
  Dynamisches MRT (mit gallegängigen KM) • Mehrphasiges CT • Zum Screening Kombination aus Sonographie und AFP-Bestimmung.
- **Pathognomonische Befunde**
  Solitäre Tumoren oft mit Kapsel • Bei großen Tumoren meist Nekrosen • Diffuse Tumoren in Zirrhose oft sehr schwer abgrenzbar • Infiltration in die Gefäße • Häufig Lymphknotenbefall (50 – 70%) • Meist starke KM-Aufnahme in der arteriellen Phase (insbesondere bei undifferenzierten Tumoren) • Rasche KM-Auswaschung • Einige Tumoren werden erst in der Spätphase sichtbar • Vergrößerte Lymphknoten • Lungen- und Knochenmetastasen.
- **MRT-Befund**
  In T1w homogen hypointens, bisweilen auch hyperintens (durch Fett, Kupfer und Blut) • In T2w häufig hyperintens (evtl. nimmt mit zunehmender Entdifferenzierung die Intensität in T2w zu) • In dynamischer MRT starke KM-Anreicherung in der arteriellen Phase und rasche Auswaschung • Kombination von Gadolinium und SPIO führt zu etwas besserer Genauigkeit • Gallegängige KM können von hochdifferenzierten Tumoren aufgenommen werden.
- **CT-Befund**
  Nativ etwas geringere Dichte als die umgebende Leber • Im mehrphasigen CT (arterielle Phase 20 – 30 Sekunden, Parenchymphase 40 – 55 Sekunden und portalvenöse Phase 70 – 80 Sekunden) rasche KM-Aufnahme in der früharteriellen Phase und rasche Auswaschung.
- **Sonographie-Befund**
  Kleine (< 3 cm) und differenzierte Tumoren meist echoarm • Häufig auch sehr gemischtes Echomuster • Mit KM Genauigkeit wie MRT und CT • Gut geeignet für diagnostische Punktionen.

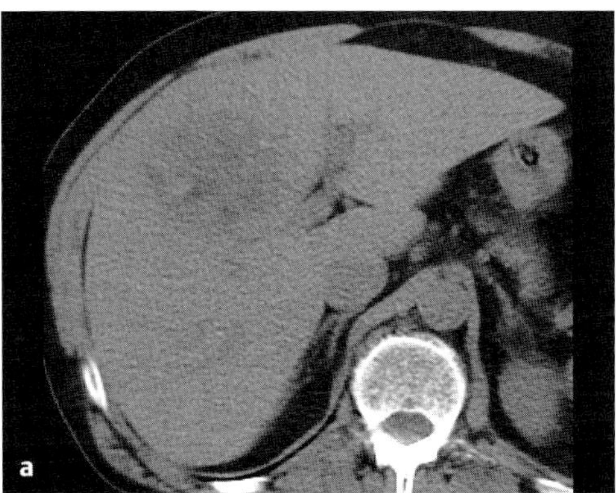

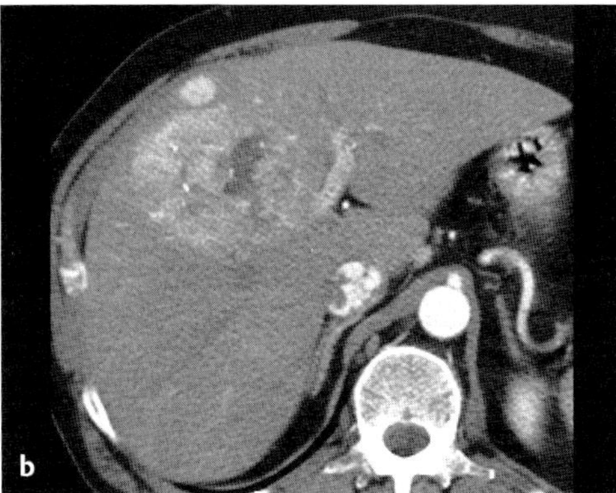

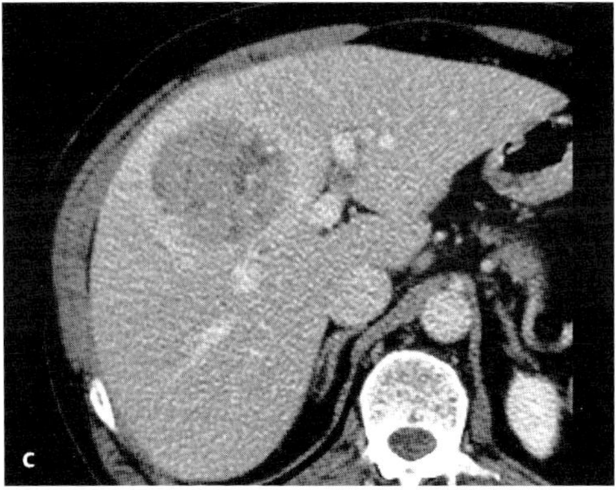

Abb. 22a–c Hepatozelluläres Karzinom. MRT.
a Nativ. Der Tumorherd ist hypointens und schlecht abgrenzbar.
b Früharterielle Phase. Kleiner, stark hypervaskularisierter Satellitenknoten. Der größere Knoten weist nekrotische Veränderungen auf, die kein KM aufnehmen.
c In der portalvenösen Phase Auswaschung des KM, sodass der kleine Satellitenknoten nicht mehr nachweisbar ist. Der größere, degenerativ veränderte Knoten ist hypodens.

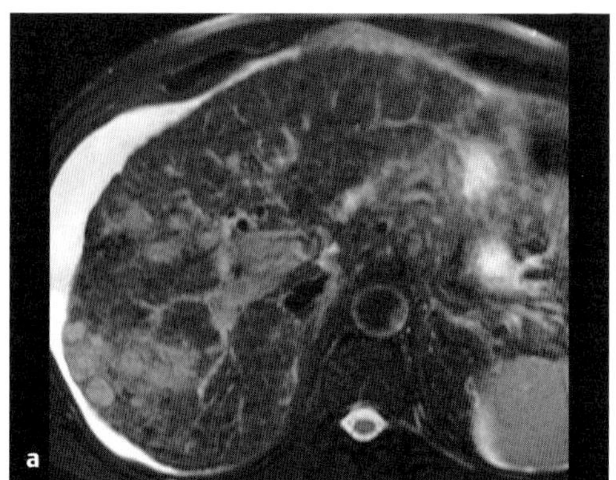

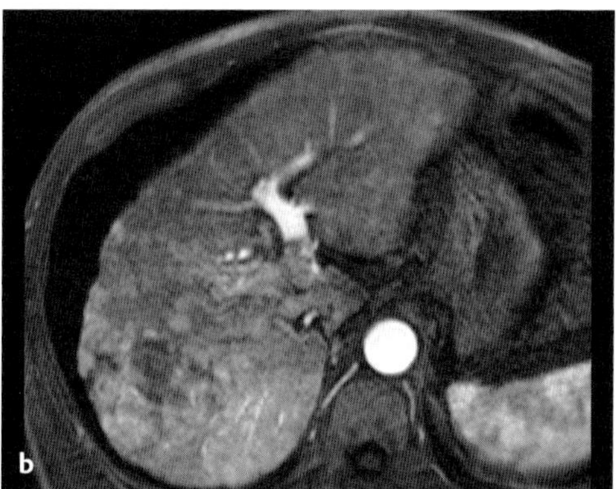

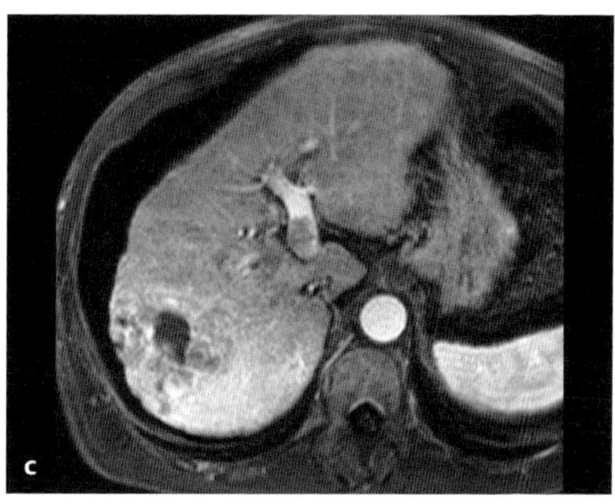

Abb. 23 a–c Diffus wachsendes HCC mit Pfortadereinbruch. MRT.
a T2w. Hyperintense konfluierende Knoten.
b Früharterielle Phase. Teilweise KM aufnehmende Knoten.
c Portalvenöse Phase. Knoten jetzt überwiegend hypointens. Nekrotischer Zerfall, der als hypointense zentrale Zone imponiert.

- **Angiographie und Szintigraphie**
  Spielen für die Diagnostik keine Rolle mehr.
- **PET**
  Bei HCC in den meisten Fällen negativ.

Klinik

- **Typische Präsentation**
  Bei zugrunde liegender Zirrhose oder chronischer Hepatitis lange Zeit klinisch stumm • Hepatomegalie mit tastbarer Raumforderung und Splenomegalie • Bauchschmerzen (60–95%) • Gewichtsverlust (35–70%) • Anorexie (25%) • AFP-Erhöhung (Sensitivität 70–80%, Spezifität 90%).
- **Therapeutische Optionen**
  Abhängig von Tumorgröße, Lage und Ausmaß der zugrunde liegenden Erkrankung • Resektion oder Transplantation, wobei nur in 20% eine operative Therapie möglich ist • Transarterielle Embolisation oder Chemoembolisation (TAE oder TACE) • Radiofrequenzablation (auch Kombination).
- **Verlauf und Prognose**
  Überlebensrate ohne Therapie meist unter 1 Jahr • Durch frühe Diagnostik und aktiveres therapeutisches Vorgehen zunehmende Verbesserung der Prognose • 5-Jahres-Überlebensrate nach Transplantation 60–75%, nach Resektion 40–50%, nach Radiofrequenzablation um 50%, nach transarterieller Chemoembolisation 5–20%.
- **Was will der Kliniker von mir wissen?**
  Frühe Diagnostik eines Tumors • Staging • Unterscheidung von Pseudoläsionen.

Differenzialdiagnose

FNH	– intensivere knotige KM-Anreicherung – zentrale „Narbe“, die KM aufnimmt – Speicherung von hepatobiliären KM in der Spätphase (1–3 h)
Adenom	– in gesunder Leber nach jahrelanger Hormoneinnahme – häufig Einblutungen – kann SPIO aufnehmen
Hämangiom	– irisblendenartige KM-Anreicherung – hohe Signalintensität in T2w
cholangiozelluläres Karzinom	– Einziehung der Leberkapsel relativ typisch – meist späte KM-Anreicherung (10 Minuten) – in 20% Verkalkungen – meist mit Erweiterung von Gallengängen
hypervaskularisierte Metastasen	– meist multiple und kleinere Herde

Typische Fehler

Relativ hoher Prozentsatz falsch negativer Befunde (da sich in der gestörter Leberarchitektur Tumoren schlecht abgrenzen lassen) und falsch positiver Befunde (bedingt durch Regeneratknoten, arterioportale Shunts und atypische Hämangiome).

Ausgewählte Literatur

Bhartia B et al. HCC in cirrhotic livers: double-contrast thin section MRI with pathologic correlation of explanted tissue. AJR 2003; 180: 577 – 584

Iannaccone R et al. Hepatocellular carcinoma: role of unenhanced and delayed phase multi-detector row helical CT in patients with cirrhosis. Radiology 2005; 234: 460 – 467

Szklaruk J et al. Imaging in the diagnosis, staging, treatment, and surveillance of hepatocellular carcinoma. AJR 2003; 180: 441 – 454

Valls C et al. Pretransplantation diagnosis and staging of hepatocellular carcinoma in patients with cirrhosis: value of dual-phase helical CT. AJR 2004; 182: 1011 – 1017

Kurzdefinition

Spezielle Form des hepatozellulären Karzinoms, die in einer gesunden Leber wächst • Knotige Binnenstruktur mit ausgeprägten Strängen von fibrösem Gewebe, die sich häufig (wie bei FNH) sternförmig darstellen (bis 60%) • Oft gut differenziert • In 10–20% mit Satellitenknoten.

- **Epidemiologie**
  Seltenes primäres Malignom der Leber • Macht 1–9% aller HCC aus (bis zu 35% aller HCC bei Individuen unter 50 Jahren und ohne zugrunde liegende Lebererkrankung) • Durchschnittsalter 20–30 Jahre • Keine Bevorzugung eines Geschlechts.
- **Ätiologie/Pathophysiologie/Pathogenese**
  Tritt ohne zugrunde liegende Lebererkrankung auf • Spezifische Risikofaktoren sind nicht bekannt.

Zeichen der Bildgebung

- **Methode der Wahl**
  Dynamisches MRT • Mehrphasiges CT
- **Pathognomonische Befunde**
  Große, gut abgrenzbare, hypervaskularisierte Tumoren (5–20 cm) • Mit breiten, avaskulären (!) fibrotischen Bändern, die eine sternförmige Narbe bilden können • Häufig nekrotische Areale und Verkalkungen (35–55%) • Keine Kapsel • Tumoren wachsen meist solitär • Satellitenknoten in 10–15% • Infiltration in die Gefäße eher ungewöhnlich • Häufig Lymphknotenbefall (50–70%).
- **MRT-Befund**
  In T1w homogen hypointens, in T2w heterogen und hyperintens • Die Bindegewebestränge bzw. die Narben sind in allen Sequenzen hypointens • Inhomogene KM-Anreicherung in der arteriellen und portalvenösen Phase • Narbe kontrastiert sich nicht und hebt sich in späteren Phasen am besten ab • Keine Aufnahme von SPIO in das RES.
- **CT-Befund**
  Nativ etwas geringere Dichte als die umgebende Leber • Verkalkungen gut darstellbar • Deutliche, aber inhomogene Kontrastierung in der arteriellen und portalvenösen Phase • Keine Kontrastierung der fibrösen Anteile (und Narben).
- **Sonographie-Befund**
  Sehr gemischtes Echomuster • Gut erkennbare Verkalkungen • Narbe echoreich.
- **Angiographie und Szintigraphie**
  Spielen keine Rolle mehr.

Klinik

- **Typische Präsentation**
  Bei großen Tumoren Druckgefühl und Schmerz im Oberbauch • Hepatomegalie mit tastbarer Raumforderung • Gewichtsabnahme • Ikterus ist selten (5%) • AFP nur selten erhöht • Häufig leichte Erhöhung der Transaminasen.

Fibrolamelläres Karzinom

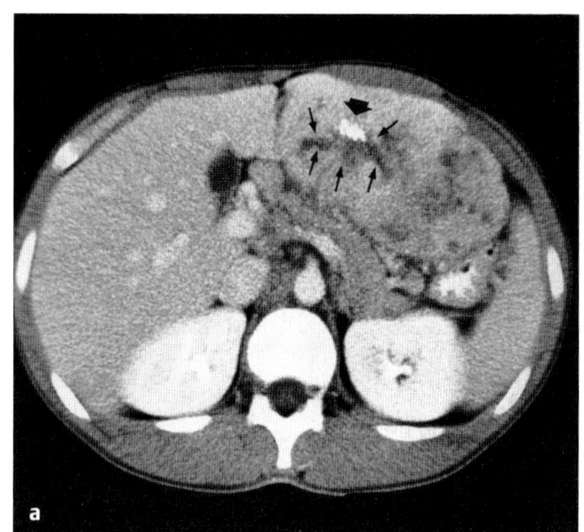

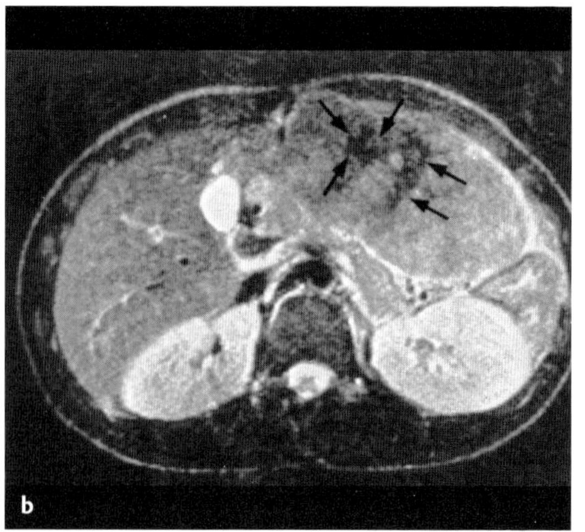

Abb. 24 a, b Fibrolamelläres Karzinom.
a CT. Inhomogener Tumor des linken Leberlappens, der geringfügig mehr KM aufnimmt als der unauffällige rechte Leberlappen. Verkalkung (dicker Pfeil) und narbige Veränderungen im Tumor (kleine Pfeile).
b MRT, T2w. Der große Lebertumor zeigt eine hyperintense Pseudokapsel und eine deutlich inhomogene Struktur mit hypointensen Zonen in den narbigen Veränderungen.

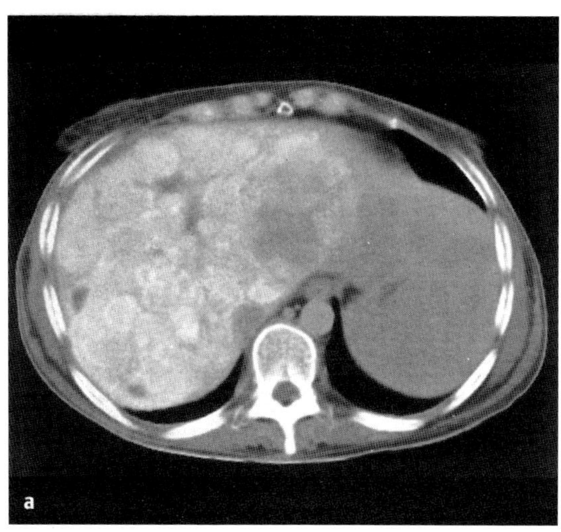

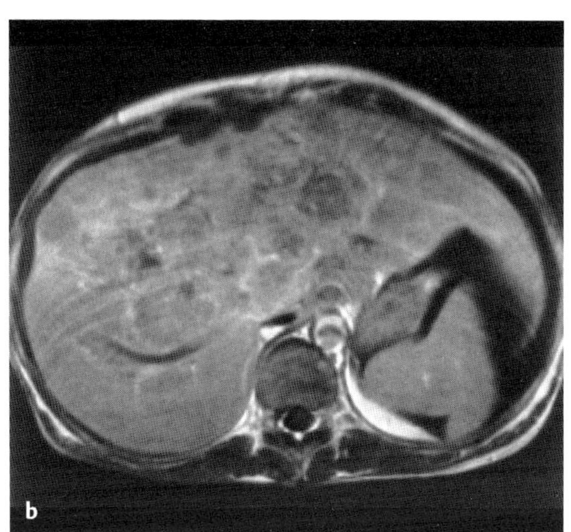

Abb. 25 a, b Fibrolamelläres Karzinom.
a CT. Großer, teilweise knotig kontrastierender Tumor des rechten Leberlappens.
b MRT, nativ T1w. Inhomogen knotiger Tumor.

- **Therapeutische Optionen**
  Resektion oder Transplantation • Bei fortgeschrittenen Fällen adjuvante Chemotherapie.
- **Verlauf und Prognose**
  Etwas bessere Prognose als das gewöhnliche HCC • 5-Jahre-Überlebensrate bis 67%.
- **Was will der Kliniker von mir wissen?**
  Unterscheidung von anderen hypervaskularisierten Tumoren oder Veränderungen.

Differenzialdiagnose

FNH	– intensivere KM-Anreicherung – zentrale „Narbe", die KM aufnimmt – Speicherung von gallegängigen Gd-Verbindungen in der Spätphase (1 – 3 h)
Adenom	– nach langjähriger Hormoneinnahme – häufig Einblutungen
Hämangiom	– irisblendenartige Füllung mit KM – hohe Signalintensität in T2w
cholangiozelluläres Karzinom	– Einziehung der Leberkapsel relativ typisch – oft späte KM-Anreicherung (10 Minuten) – meist erweiterte Gallengänge
HCC	– meist in zirrhotischer Leber – häufiger Infiltration in die Gefäße – Verkalkungen sind selten – erhöhtes AFP
hypervaskularisierte Metastasen	– meist multiple und kleinere Herde

Typische Fehler

Verwechslung mit FNH • Wenn Biopsie erforderlich, sollten möglichst große Biopsate angestrebt werden, da auch histologisch Fehlbeurteilung (u. a. FNH) möglich • Keine Biopsien an der Leberoberfläche!

Ausgewählte Literatur

Ichikawa T et al. Fibrolamellar hepatocellular carcinoma: Pre- and posttherapy evaluation with CT and MR imaging. Radiology 2000; 217: 145 – 151

McLarney JK et al. Fibrolamellar carcinoma of the liver: radiologic-pathologic correlation. RadioGraphics 1999; 19: 453 – 471

Soyer P et al. CT of fibrolamellar hepatocellular carcinoma. J Comput Assist Tomogr 1991; 15: 533 – 538

Kurzdefinition

Intrahepatischer Tumor, der vom Gallengangepithel ausgeht.

- **Epidemiologie**
  Macht 15% der malignen Lebertumoren aus • 20 – 30% der Gallengangkarzinome wachsen intrahepatisch • Selten bei jüngeren Personen • Meist im Alter von 50 – 60 Jahren.
- **Ätiologie/Pathophysiologie/Pathogenese**
  Häufiger bei PSC, intrahepatischen Gallensteinen und in Asien nach Infektion mit Clonorchis • 3 Wachstumsformen: knotig exophytisch, periduktal infiltrierend und intraduktal polypoid (selten) • Metastasiert in die Lymphknoten und neigt zu Gefäßinfiltration.

Zeichen der Bildgebung

- **Methode der Wahl**
  Dynamisches MRT • Mehrphasiges CT
- **Pathognomonische Befunde**
  Infiltrierendes Wachstum • Oft großer intrahepatischer Tumor (5 – 15 cm Durchmesser) • Segmentale Erweiterung der intrahepatischen Gallenwege • Breitet sich manchmal entlang der Gallenwege aus • Bisweilen Retraktion der Leberkapsel (charakteristisches Zeichen) • Verkalkungen (bis zu 20%) • Nimmt spät KM auf, das über längere Zeit im Tumor persistiert.
- **CT-Befund**
  Nativ hypodens • Gute Darstellung der punktförmigen bis groben Verkalkungen • In der arteriellen Phase hypervaskularisierter Randsaum • In der Spätphase unterschiedlich starke KM-Aufnahme, wobei die Tumorränder oft schärfer abzugrenzen sind.
- **MRT-Befund**
  In T1w hypointens und inhomogen • In T2w manchmal leicht hyperintens • In T2w und in der MRCP eingeengtes Lumen mit peripherer Dilatation • Nach KM-Gabe späte und unterschiedlich starke Anreicherung • Mit SPIO bessere Abgrenzung zum Leberparenchym in T2w.
- **Sonographie-Befund**
  Gemischtes Echomuster • Meist etwas echoärmer als die Umgebung (75%) • Manchmal isoechoisch oder echoreich.

Klinik

- **Typische Präsentation**
  Bauchschmerzen • Gewichtsverlust • Abgeschlagenheit • Ikterus.
- **Therapeutische Optionen**
  Resektion • Bei zentraler wachsenden Formen Gallengangdrainage mit Stent • Schlechte Ergebnisse für Transplantation.
- **Verlauf und Prognose**
  Schlechte Prognose • Weniger als 20% sind resezierbar.
- **Was will der Kliniker von mir wissen?**
  Abgrenzung zum HCC • Resektabilität.

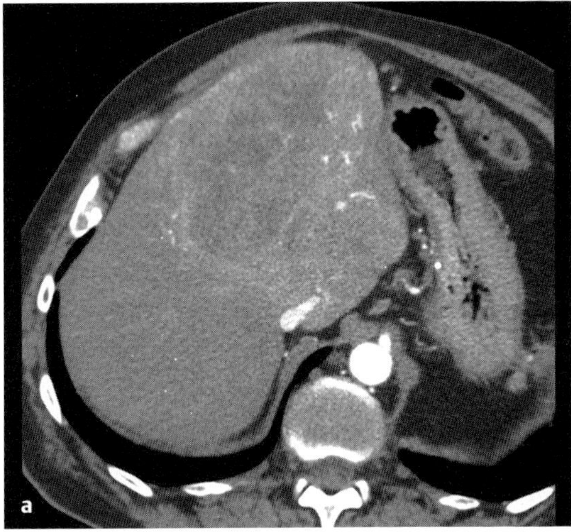

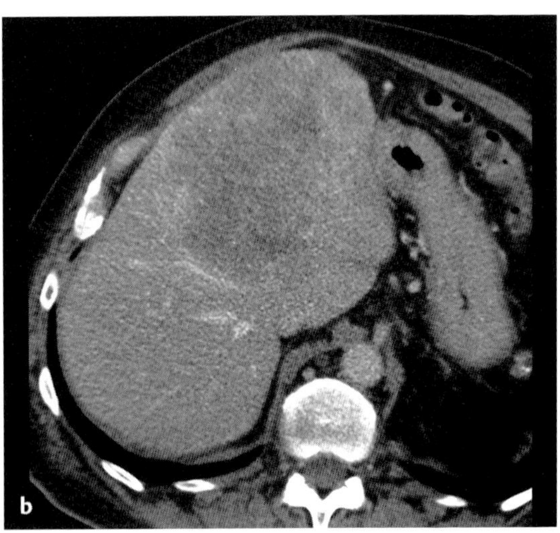

Abb. 26 a, b Cholangiozelluläres Karzinom. CT. Großer, überwiegend avaskulärer Tumor in früharterieller (**a**) und spätvenöser Phase (**b**).

Differenzialdiagnose

fibrolamelläres HCC	- meist großer Tumor mit nekrotischen Arealen und Verkalkungen - enthält Narben mit niedrigem Signal in T2w, die kein KM aufnehmen
HCC	- meist in zirrhotischer Leber - häufiger Infiltration in die Gefäße - AFP erhöht
Metastasen	- meist kein Gallestau - zeigen meist keine späte KM-Anreicherung
Echinococcus alveolaris	- oft mit kleinen oder größeren Zysten

Typische Fehler

Keine Spätaufnahmen nach KM-Gabe (5 – 10 Minuten).

Ausgewählte Literatur

Lim JH et al. Cholangiocarcinoma: morphologic classification according to growth pattern and imaging findings. AJR 2003; 181: 819 – 927

Loyer EM et al. Hepatocellular carcinoma and intrahepatic peripheral cholangiocarcinoma: enhancemant patterns with quadruple phase helical CT – a comparative study. Radiology 1999; 212: 866 – 875

Soyer P. Imaging of intrahepatic cholangiocarcinoma: 1. Peripheral cholangiocarcinoma. AJR 1995; 165: 1427 – 1431

Lebermetastasen

Kurzdefinition

- **Epidemiologie**
  Häufigste Malignome der Leber (20-mal häufiger als primäre Lebertumoren).
- **Ätiologie/Pathophysiologie/Pathogenese**
  Absiedlung über systemische oder portale Zirkulation • Häufigste Primärtumoren: Lunge, Mamma, Magen-Darm-Trakt, Pankreas, Melanom und Sarkom.

Zeichen der Bildgebung

- **Methode der Wahl**
  Sonographie • CT • MRT
- **Pathognomonische Befunde**
  Einzelne oder multiple Herde • Hypo- oder hypervaskularisiert (meist wie der Primärtumor) • Teils assoziiert mit Metastasen in Lymphknoten und in anderen Organen • Selten diffuse Ausbreitung • Bei sehr vielen Metastasen vergrößerte Leber.
- **Sonographie-Befund**
  Meist echoarme, seltener echoreiche Leberherde • Manchmal echoarmer Randsaum • Metastasen von zystischen Tumoren können zystisch imponieren • Mit Sonographie-KM hochauflösende Echtzeitdarstellung der Vaskularisierung • Die Sonographie ist bei all denjenigen Tumoren die erste Wahl, bei denen primär keine CT oder MRT durchgeführt wird (z. B. Mammakarzinom, Melanom).
- **CT-Befund**
  Nativ oft von der umgebenden Leber nicht abzugrenzen • Nach KM-Gabe sind hypovaskuläre Metastasen hypodens, häufig mit einem hyperdensen Randsaum • Hypervaskularisierte Metastasen zeigen in der arteriellen Phase eine kräftige KM-Anreicherung • Die Leber wird bei Tumoren im Bauchraum und im Thorax im Rahmen des Stagings mituntersucht.
- **MRT-Befund**
  In T1w hypointens oder isointens • In T2w mäßiges bis kräftiges Signal • Metastasen neuroendokriner Tumoren können T2w extrem hyperintens imponieren und Zysten oder Hämangiome imitieren • Hypovaskuläre Metastasen haben häufig ein hyointenses Zentrum und einen leicht hyperintensen Randsaum • Hypervaskularisierte Metastasen reichern in der arteriellen Phase kräftig an • Nach Gabe gallegängiger KM in der Spätphase ausschließlich Anreicherung in der gesunden Leber • Nach SPIO-Gabe Aufnahme nur in der gesunden Leber, da Metastasen kein RES besitzen.
- **PET/PET-CT**
  Meist kräftige Aufnahme von FDG • Allerdings geringere diagnostische Genauigkeit bei Metastasen unter 1 cm Größe.

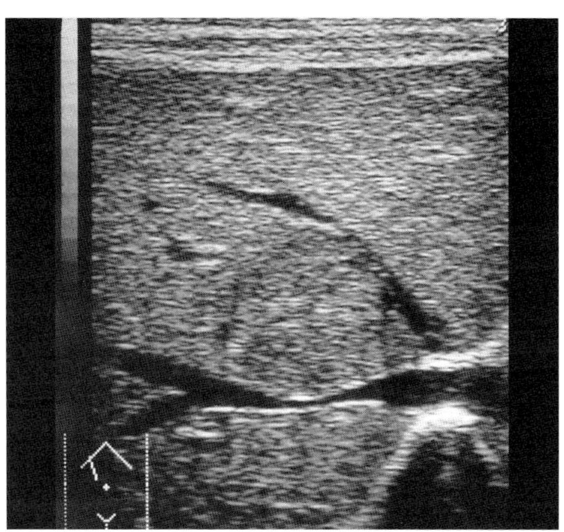

Abb. 27 Lebermetastasen. Sonographie. Leicht echoarme Metastase eines Bronchialkarzinoms. Kompression von Lebervenen.

Klinik

- **Typische Präsentation**
  Unspezifisch • Gewichtsabnahme • Leistungsminderung • Ikterus • Leichte Erhöhung von Transaminasen, Bilirubin, alkalischer Phosphastase und LDH.
- **Therapeutische Optionen**
  Bei solitären Herden Resektion (in 5% möglich) oder Radiofrequenzablation • Bei Metastasen neuroendokriner Tumoren auch transarterielle Chemoembolisation möglich • Systemische Chemotherapie bei diffusem Befall.
- **Verlauf und Prognose**
  Schlecht • Von der Grunderkrankung abhängig.
- **Was will der Kliniker von mir wissen?**
  Zahl, Lage und Größe der Metastasen.

Differenzialdiagnose

Leberhämangiom	– irisblendenartige KM-Anreicherung – in T2w Aufnahmen stark hyperintens
Leberzysten	– keine KM-Aufnahme – in T2w Aufnahmen stark hyperintens
Leberabszesse	– meist breiter Randsaum – Fieber

Abb. 28a–c Kleine Metastase des rechten Leberlappens.
a CT. Nach KM-Gabe zentrale Anreicherung.
b MRT. Homogene Anreicherung.
c T2w nach SPIO-Gabe. Die Raumforderung ist hyperintens.

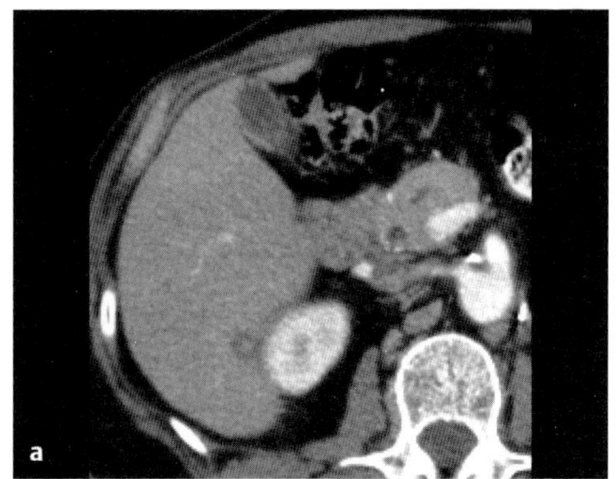

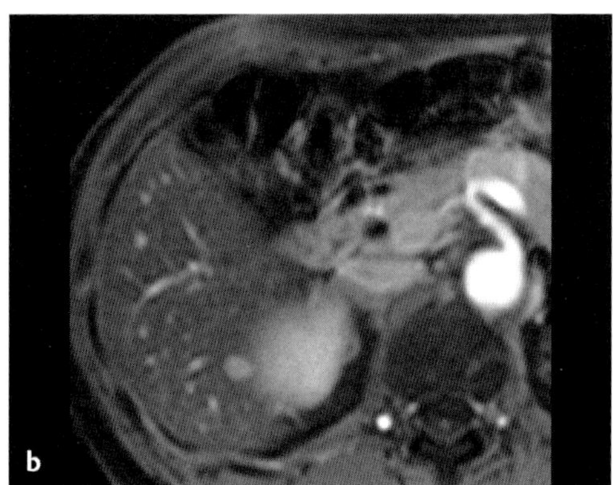

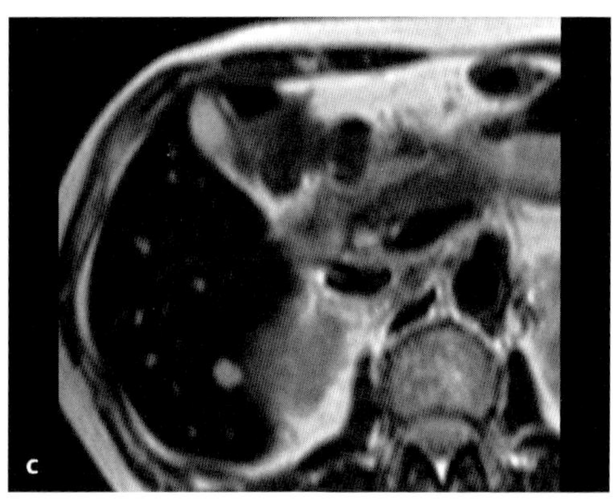

Typische Fehler

Kleine Leberherde werden im CT selbst bei maligner Grunderkrankung zu häufig als Metastasen interpretiert (50% der Herde unter 1,5 cm sind gutartig) • Bei hypervaskularisierten Metastasen Aufnahmen in ungeeigneter Phase.

Ausgewählte Literatur

Jones EC et al. The frequency and significance of small (less than or equal to 15 mm) hepatic lesions detected by CT. AJR 1992; 158: 535–539

Larsen RE et al. Hypervascular malignant liver lesions: comparison of various MR imaging pulse sequences and dynamic CT. Radiology1994; 192: 393–399

Ward J et al. Liver metastases in candidates for hepatic resection: comparison of helical CT and Gadolinium- and SPIO-enhanced MRI. Radiology 2005; 237: 170–180

Lymphom der Leber

Kurzdefinition

▶ **Epidemiologie**
Das primäre Lymphom der Leber ist sehr selten • 0,4 – 1 % aller extranodalen Lymphome • Durchschnittsalter 50 – 60 Jahre • Häufiger bei Männern • Andererseits ist die Leber eines der am häufigsten befallenen Organe bei malignen Lymphomen (5 – 10 % bei Morbus Hodgkin, 15 – 40 % bei Non-Hodgkin-Lymphomen).

▶ **Ätiologie/Pathophysiologie/Pathogenese**
Häufiger nach Lebertransplantation und bei AIDS-Patienten.

Zeichen der Bildgebung

▶ **Methode der Wahl**
MRT • CT

▶ **Pathognomonische Befunde**
- primäres Lymphom: gut abgrenzbare Tumoren • Meist solitär • Große Tumoren mit zentraler Nekrose oder Fibrose • Selten diffuse Ausbreitung
- sekundäres Lymphom: vergrößerte Leber • Diffus infiltrativ oder multiple Knoten • Bekanntes Hodgkin- oder Non-Hodgkin-Lymphom

▶ **MRT-Befund**
In T1w hypointens oder isointens, in T2w hyperintens • Leichte KM-Anreicherung nach i. v. Gadolinium-Gabe • Keine Aufnahme von SPIO in das RES.

▶ **CT-Befund**
Nativ etwas geringere Dichte als die umgebende Leber • Nach KM-Gabe sind hypo- und hypervaskularisierte Tumoren beschrieben • Zentrale Fibrosen und Nekrosen reichern geringer KM an • Bei diffusem Befall generalisiert verminderte KM-Aufnahme wie bei Fettleber.

▶ **Sonographie-Befund**
Meist echoarme bis echofreie Raumforderung.

▶ **PET**
Starke FDG-Aufnahme.

Klinik

▶ **Typische Präsentation**
Unspezifisch • Oberbauchschmerzen • Hepatomegalie • Ikterus • Bei 50 % B-Symptomatik (Fieber, Nachtschweiß und Gewichtsverlust) • AFP selten erhöht • Häufig leichte Erhöhung der Transaminasen.

▶ **Therapeutische Optionen**
Bei solitären Herden Resektion • Chemo- und Radiotherapie.

▶ **Verlauf und Prognose**
Schlechte Prognose bei immunsupprimierten Patienten • Mediane Überlebenszeit 1,5 Jahre.

▶ **Was will der Kliniker von mir wissen?**
Unterscheidung von anderen Tumoren oder Veränderungen.

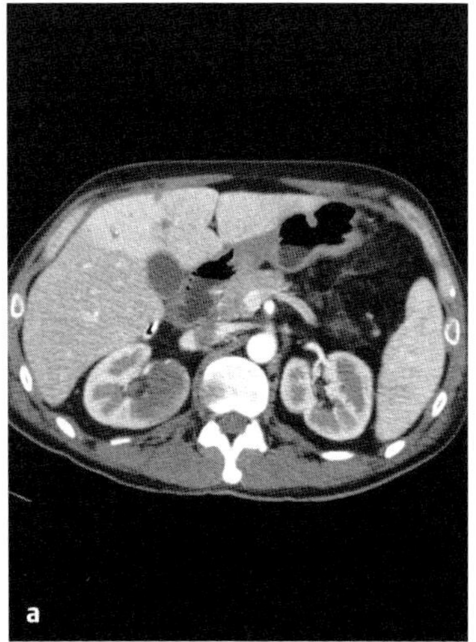

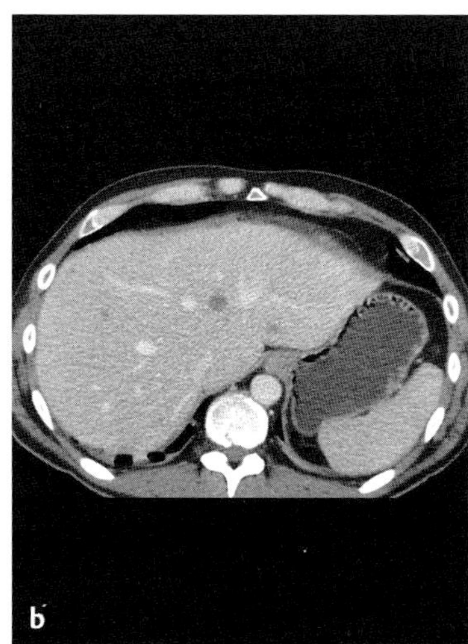

Abb. 29 a, b Lymphombefall der rechten Niere und der Leber. MRT. Kleine hypodense Herde in der früharteriellen (**a**) und portalvenösen Phase (**b**).

Differenzialdiagnose

FNH	– sehr intensive knotige KM-Anreicherung – zentrale „Narbe“, die KM aufnimmt – Speicherung von hepatobiliären Gd-Verbindungen in der Spätphase (1 – 3 h)
Adenom	– stark hypervaskularisierter Tumor – nach mehrjähriger Hormoneinnahme
HCC	– meist in zirrhotischer Leber – häufiger Infiltration in die Gefäße – AFP erhöht
Metastasen	– meist Primärerkrankung bekannt
Fettleber	– vermindertes Signal in T1w (out-of-phase GE-Sequenz)

Typische Fehler

Verwechslung mit HCC • Auch bioptisch Fehldeutung als niedrig differenziertes Karzinom möglich.

Ausgewählte Literatur

Fukuya T et al. MRI of primary lymphoma of the liver. J Comput Assist Tomogr 1993; 17: 596 – 598

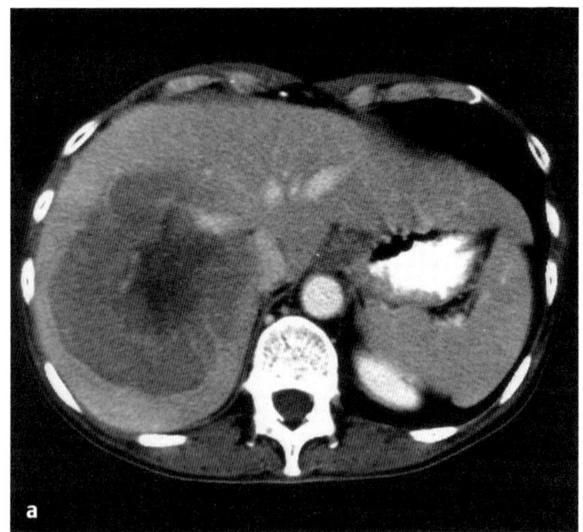

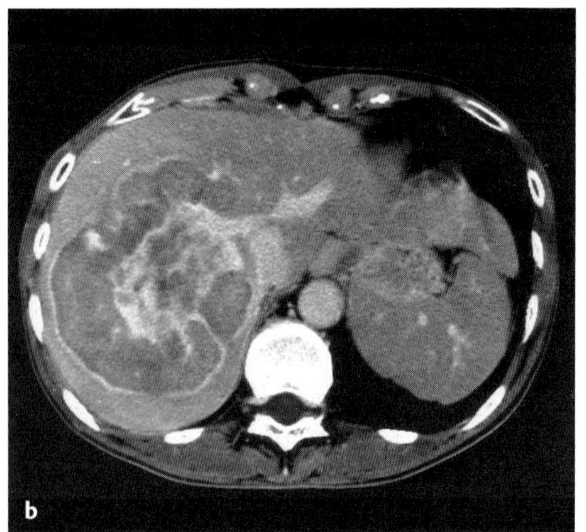

Abb. 30 a, b Lymphombefall der Leber. Hypodenser großer Tumor der Leber, der nach KM-Gabe eine bizarre Anreicherung im Zentrum des Lymphoms aufweist.

Gazelle GS et al. US, CT, and MRI of primary and secondary liver lymphoma. J Comput Assist Tomogr 1994; 18: 412 – 415

Kelekis NL et al. Focal hepatic lymphoma: magnetic resonance demonstration using current techniques including gadolinium enhancement. Magn Reson Imaging 1997; 15: 625 – 636

Kurzdefinition

Thrombosierung von Lebervenen mit Stauungsleber.

- **Epidemiologie**
  Seltene Erkrankung • Tritt in allen Altersstufen auf • Bei Frauen etwas häufiger als bei Männern.
- **Ätiologie/Pathophysiologie/Pathogenese**
  Häufig idiopathisch • Bekannte Ursachen: Gerinnungsstörungen, Schwangerschaft, Einnahme von Antikonzeptiva, Infektionen, Tumorthromben • Verschluss in Höhe der V. cava inferior, in den großen intrahepatischen oder den zentrilobären Venen („veno-occlusive disease") • Kompletter, segmentaler oder subsegmentaler Verschluss • Der Verschluss führt zu einem erhöhten sinusoidalen Druck mit Verzögerung oder Umkehrung des Pfortaderstroms.

Zeichen der Bildgebung

- **Methode der Wahl**
  Sonographie • MRT • CT
- **Pathognomonische Befunde**
  Aszites • Hypertrophie des Lobus caudatus (der eine eigene venöse Drainage besitzt) • Zunehmende Atrophie der peripheren Leberabschnitte • Regenerative und dysplastische Knoten • Kollateralen.
- **MRT-Befund**
  Akutes Stadium: Periphere Leberabschnitte hypointens in T1w und hyperintens in T2w (Ödem) • Geringere KM-Anreicherung in den peripheren Zonen • Aszites.
  Subakutes Stadium: Vermehrte, sehr heterogene KM-Anreicherung in den peripheren Zonen der Leber.
  Chronisches Stadium: Hypointens in T1w und T2w in den peripheren Zonen der Leber (Fibrose) • Die starken Unterschiede in der KM-Anreicherung zwischen den peripheren und zentralen Zonen der Leber nivellieren sich • Massive Hypertrophie des Lobus caudatus • Prominente Kollateralen • Regenerative und dysplastische Knoten mit hoher Signalintensität in T1w und mittlerer bis niedriger Signalintensität in T2w • KM-Anreicherung in den Knoten in der arteriellen Phase.
- **CT-Befund**
  Akutes Stadium: Diffus vergrößerte Leber mit verminderter Dichte • Enge V. cava oder intrahepatische Venen mit hyperdensem Inhalt (frischer Thrombus) • Nach KM-Gabe inhomogen geflecktes Parenchym • Kräftige Anreicherung des Lobus caudatus • Verminderte Kontrastierung der peripheren Zonen der Leber.
  Subakutes Stadium: Zunehmend betonte Kontrastierung der peripheren Leberabschnitte.
  Chronisches Stadium: Zunehmende Hypertrophie des Lobus caudatus und Atrophie der peripheren Leberabschnitte • Entwicklung großer regenerativer Knoten, die in der arteriellen Phase KM aufnehmen • Kollateralen.

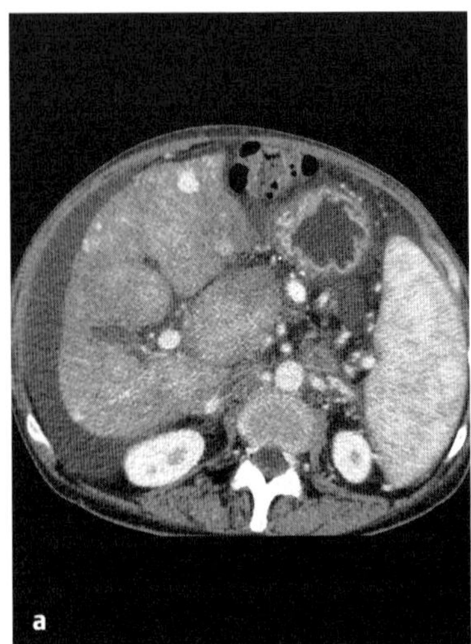

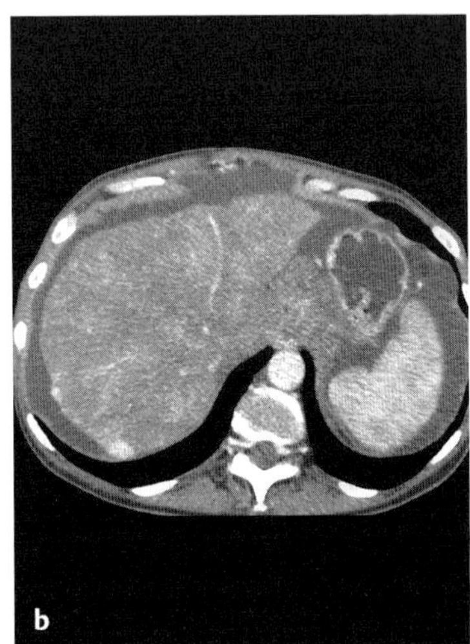

Abb. 31 a, b Budd-Chiari-Syndrom. CT. In arterieller und venöser Phase inhomogen geflecktes Parenchym bei insgesamt reduzierter Dichte. Vereinzelte, stark kontrastierende degenerative bzw. dysplastische Knoten. Hypertropher Lobus caudatus und Aszites.

- **Sonographie-Befund**
  Im Farb-Doppler enge Lebervenen ohne Fluss • „Zweifarbige" Lebervenen bei intrahepatischen Kollateralen • Langsamer hepatofugaler Fluss in der Pfortader • Widerstandsindex (RI) der Leberarterie über 0,75.
- **Venographie**
  Verschluss der Lebervenen • Spielt diagnostisch keine Rolle mehr.

Klinik

- **Typische Präsentation**
  Heftige Oberbauchschmerzen • Erbrechen • Hepatomegalie • Aszites • Leichter Ikterus • Häufiger schleichender Verlauf.
- **Therapeutische Optionen**
  Behandlung der Gerinnungsstörung • TIPS • Im Extremfall Lebertransplantation.
- **Verlauf und Prognose**
  Abhängig vom Ausmaß der Gefäßobstruktion • Bei kompletter Thrombosierung droht ein Leberversagen • Bei Entwicklung einer portalen Hypertonie Gefahr der Blutung aus Ösophagusvarizen.
- **Was will der Kliniker von mir wissen?**
  Ursache und Schweregrad der Erkrankung.

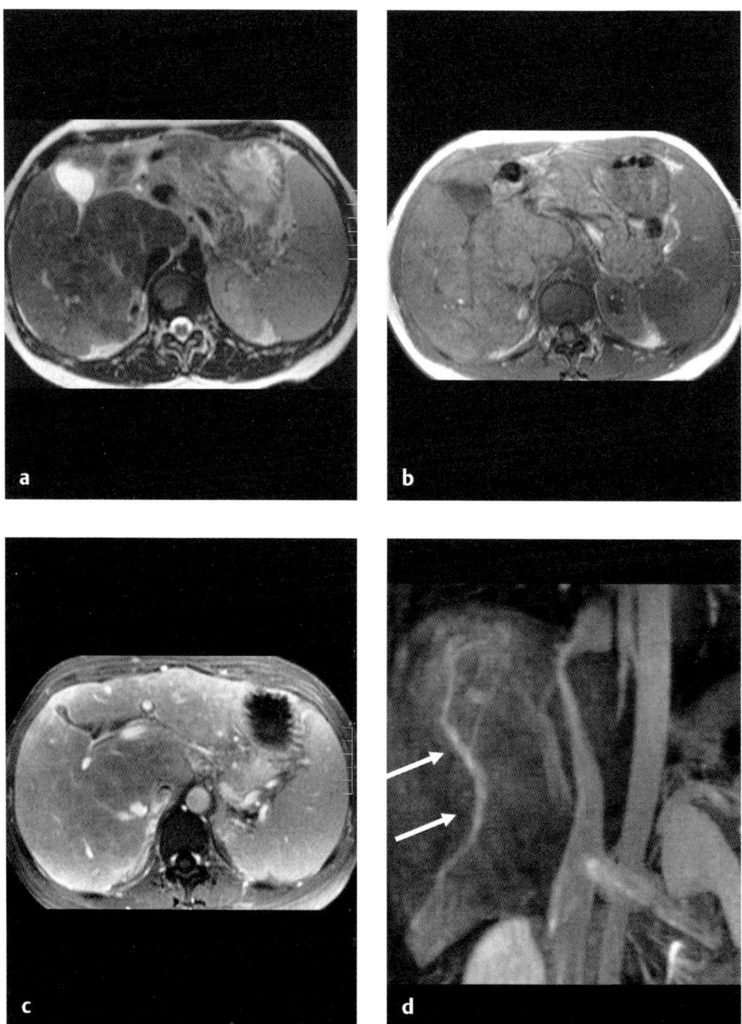

Abb. 32 a–d Budd-Chiari-Syndrom. MRT.

a T2w, nativ. Inhomogenes Bild mit narbigen Bindegewebszügen und einer auffälligen Hypertrophie des Lobus caudatus.

b T1w, nativ. Befund wie T2w.

c Nach KM-Gabe. Kleine hypointense Knoten, Hypertrophie des Lobus caudatus noch deutlicher.

d Gefäßdarstellung. Einschnürung der V. cava am Venenstern. Eigentliche Lebervenen sind nicht zu erkennen, stattdessen aber Kollateralgefäße (Pfeile).

Differenzialdiagnose

Leberzirrhose	– bekannte Ätiologie (Alkohol, Hepatitis, Cholangitis) – chronische Erkrankung – Lebervenen durchblutet – Splenomegalie

Typische Fehler

Fehleinschätzung des Schweregrades der Erkrankung.

Ausgewählte Literatur

Brancatelli G et al. Benign regenerative nodules in Budd-Chiari syndrome and other vascular disorders of the liver. Radiologic-pathologic and clinical correlation. RadioGraphics 2002; 22: 847 – 862

Kane R et al. Diagnosis of Budd-Chiari syndrome: comparison between sonography and MR angiography. Radiology 1995; 195: 117 – 121

Noone TC et al. Budd-Chiari syndrome: spectrum of appearances of acute, subacute, and chronic disease with magnetic resonance imaging. J Magn Reson Imaging 2000; 11: 44 – 50

Kurzdefinition

- **Epidemiologie**
  Seltene, aber lebensbedrohliche Akutsituation.
- **Ätiologie/Pathophysiologie/Pathogenese**
  Traumatisch mit oder ohne zugrunde liegende Lebererkrankung • Spontane Einblutungen bei Tumoren (Adenom der Leber, HCC, Riesenhämangiom), vaskulären Erkrankungen (Morbus Osler, idiopathisches Aneurysma, Periarteriitis nodosa), Koagulopathien und HELLP-Syndrom im Rahmen einer Präeklampsie.

Zeichen der Bildgebung

- **Methode der Wahl**
  CT • Sonographie
- **Pathognomonische Befunde**
  Zunahme der Lebergröße • Flüssigkeitsansammlung im Leberparenchym, subkapsulär und häufig auch perihepatisch • Austritt von KM ins Parenchym • Risse im Parenchym (nach Trauma).
- **CT-Befund**
  Frisches Blut ist hyperdens, älteres Blut hypodens • Nach Trauma sind Lazerationen insbesondere nach KM-Gabe gut zu erkennen • KM-Extravasation bei akuter Blutung • Bei Ruptur eines Tumors sind die zugrunde liegenden Herde meist nicht mehr zu erkennen.
- **MRT-Befund**
  Ist bei schwerer akuter Blutung zu zeitaufwendig • Bei geringerer Blutung kann die Hämorrhagie ein Zufallsbefund bei Bauchschmerzen sein • Die Signalintensität ist abhängig vom Alter der Blutung • Bei frischer Blutung in T1w Areale mit hoher Signalintensität.
- **Sonographie-Befund**
  Frisches Blut ist echofrei, wird nach 24 Stunden echoreich und nach 4–5 Tagen echoarm • Nach mehreren Wochen sind interne Septierungen zu erkennen.
- **Angiographie**
  Weist den Blutaustritt nach • Ist bei therapeutischer Option indiziert.

Klinik

- **Typische Präsentation**
  Akute Schmerzen • Symptome des akuten Blutverlusts bis zum hämorrhagischen Schock.
- **Therapeutische Optionen**
  Transarterielle Embolisation • Operative Revision.
- **Verlauf und Prognose**
  Abhängig von der Grunderkrankung und dem Ausmaß der akuten Blutung • Bei Ausbreitung der Blutung in die Bauchhöhle erhöhte Mortalität.

Akute Leberblutung

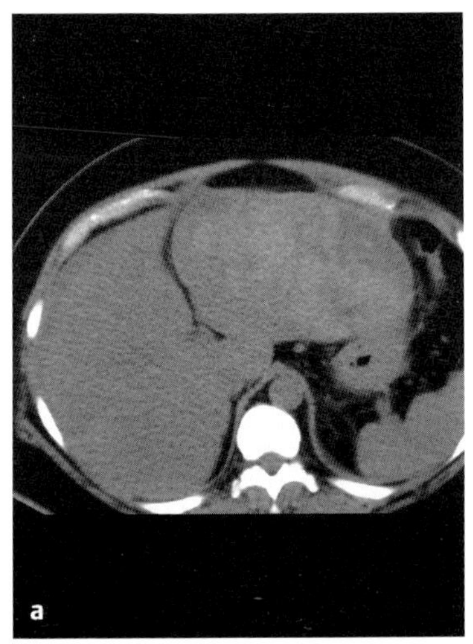

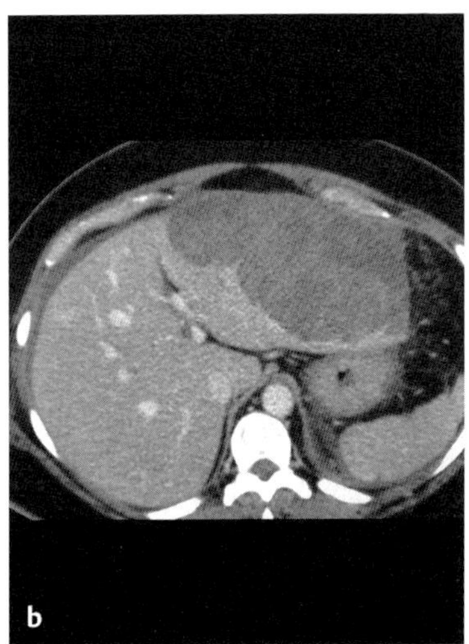

Abb. 33 a, b Ausgedehnte Blutung im Parenchym des linken Leberlappens. CT.
a Nativbild. Die Blutung ist an den hyperdensen Zonen erkennbar.
b Nach KM-Gabe grenzt sich das Hämatom klar vom umgebenden Lebergewebe ab. Eine Ursache der Blutung lässt sich anhand der Bildgebung nicht erkennen.

► **Was will der Kliniker von mir wissen?**
Ausmaß der Blutung • Ruptur der Leber mit Blutung in die Bauchhöhle • Sind interventionelle Maßnahmen möglich?

Differenzialdiagnose

HCC	– meist in zirrhotischer Leber – AFP erhöht
Leberzelladenom	– bei jüngeren Frauen mit langjähriger Einnahme von Antikonzeptiva
HELLP-Syndrom	– Variante einer Präeklampsie
Gefäßerkrankung	– gelegentlich Nachweis eines Aneurysmas – kaliberstarke Arterien
Koagulopathie	– niedrige Thrombozytenzahl – Gerinnungsdefekte – rezidivierende Blutungsepisoden

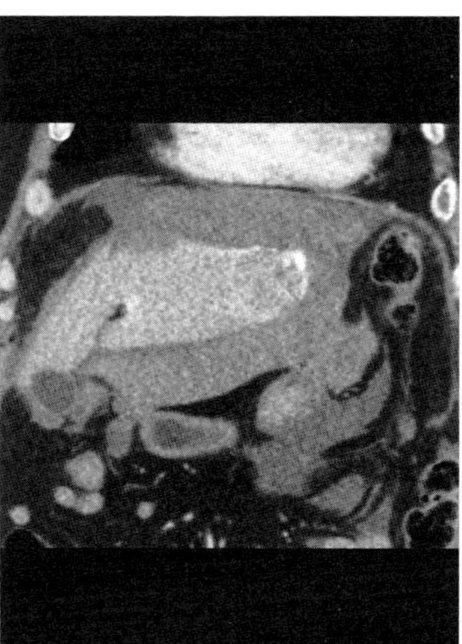

Abb. 34 Spontane perihepatische Blutung aus einem HCC-Knoten. CT.

Typische Fehler

Fehlinterpretation einer intraabdominalen Blutung als Aszites.

Ausgewählte Literatur

Casillas VJ et al. Imaging of nontraumatic hemorrhagic hepatic lesions. RadioGraphics 2000; 20: 367 – 388

Flowers BF et al. Ruptured hepatic adenoma: a spectrum of presentation and treatment. Am Surg 1990; 56: 380 – 384

Pretorius ES et al. CT of hemorhagic complications of anticoagulant therapy. J Compu Assist Tomogr 1997; 21: 44 – 51

Dopplungen der Gallenblase

Kurzdefinition

- **Epidemiologie**
  Seltene entwicklungsgeschichtliche Fehlbildung • Die Inzidenz lag in einer Autopsieserie bei 1 : 4000.
- **Ätiologie/Pathophysiologie/Pathogenese**
  Angeborene Fehlbildung • 2 Formen:
  - Aufspaltung der Anlage des Ductus cysticus führt zu Septierung oder Y-förmigen Dopplung der Gallenblase
  - bei doppelter Anlage akzessorische Gallenblase mit eigenem Ductus cysticus, der entweder in den Ductus hepatocholedochus (duktulärer Typ, 50%) oder seltener in den rechten oder linken Ductus hepaticus mündet (trabekulärer Typ, unter 5%)

Zeichen der Bildgebung

- **Methode der Wahl**
  Sonographie • MRCP
- **Pathognomonische Befunde**
  2 Gallenblasen, die meist parallel liegen • Die 2. Gallenblase kann vollständig intrahepatisch liegen.
- **Sonographie-Befund**
  2 Gallenblasenlumina • Mündung des Ductus cysticus meist nicht sichtbar.
- **MRCP-Befund**
  2 Gallenblasenlumina mit besserer Darstellung des Ductus cysticus • Sicherer Nachweis einer Kommunikation mit dem Gallengangsystem nach Gabe manganhaltiger KM in T1w.
- **ERCP oder PTC**
  Sicherer Nachweis der Anomalie • Wegen des invasiven Charakters nicht mehr indiziert.

Klinik

- **Typische Präsentation**
  Fortbestehende Gallebeschwerden nach Cholezystektomie • Zufälliger Befund bei der Schnittbildgebung.
- **Therapeutische Optionen**
  Cholezystektomie.
- **Verlauf und Prognose**
  Gutartige Erkrankung.
- **Was will der Kliniker von mir wissen?**
  Gallensteine • Präoperativer Hinweis auf 2 Gallenblasen und deren Typus.

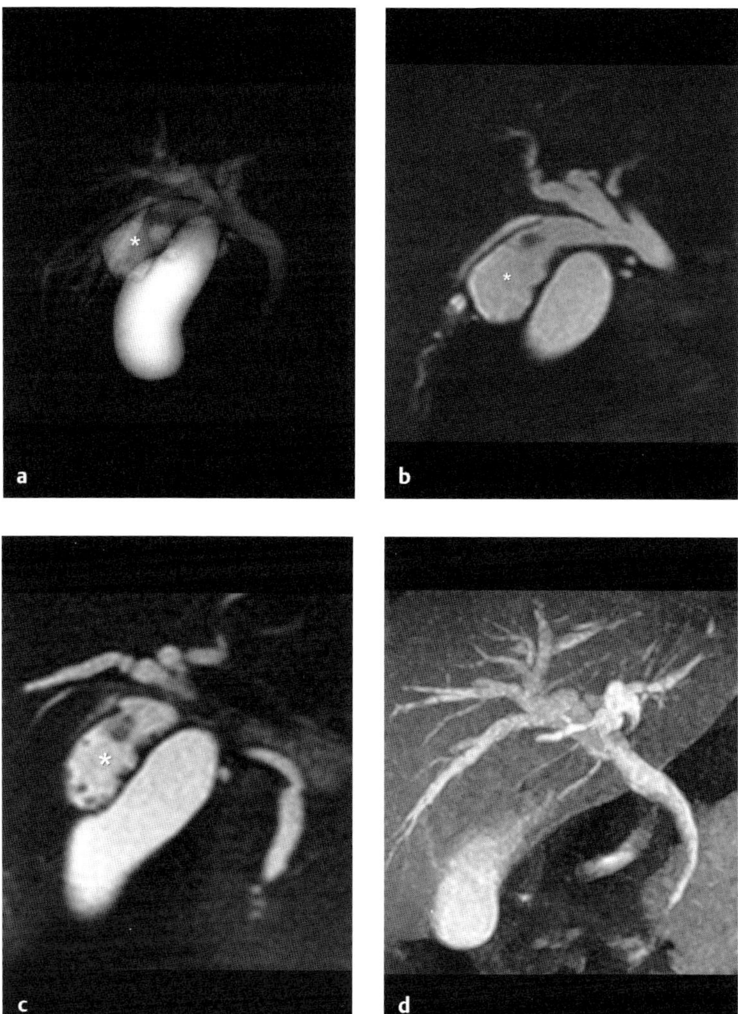

Abb. 35 a–d Dopplung der Gallenblase. MRT.

a RARE-Sequenz. Normale Gallenblase und 2. Gallenblase (*) mit breiter Verbindung zum normalen rechten Ductus cysticus.

b, c In MIP-Technik (HASTE) erkennt man in 2 benachbarten Schnitten den Abgang der 2. Gallenblase aus dem rechten Ductus hepaticus und die Konkremente in der 2. Gallenblase.

d Nach Mangangabe füllen sich lediglich die regelrecht gelegene Gallenblase und die extra- und intrahepatischen Gallenwege mit dem KM.

Differenzialdiagnose

Leberzysten	– rundliche Form – kein Anschluss an das Gallengangsystem
Choledochuszyste (Typ II)	– meist nicht zu unterscheiden

Typische Fehler

Fehldiagnose als Zyste, insbesondere nach Cholezystektomie.

Ausgewählte Literatur

Goiney RC et al. Sonography of gallbladder duplication and differential considerations. AJR 1985; 145: 241–243

Hishinuma M et al. Double gallbladder. J Gastroenterol Hepatol 2004; 19: 233–235

Milot L et al. Double gallbladder diagnosed on contrast-enhanced MR cholangiography with mangafodipirtrisodium. AJR 2005; 184: S88-S90

Kurzdefinition

- **Epidemiologie**
  Gallenblasensteine in Europa bei 10 – 15 % der Bevölkerung • Bei 10 % der symptomatischen Gallenblasensteinträger finden sich auch Gallengangsteine • Risikofaktoren: Übergewicht („fat"), Frauen („female"), mehrere Schwangerschaften („fertile"), Alter über 40 Jahre („fourty"), genetische Disposition („fair"), Diabetes mellitus, Gallensäurenmalabsorption (z. B. Morbus Crohn).
- **Ätiologie/Pathophysiologie/Pathogenese**
  Erhöhte Cholesterinkonzentration und/oder erniedrigter Gehalt an Gallensäuren und Phospholipiden führen zur Bildung von Mikrokristallen • Steinwachstum wird durch herabgesetzte Motilität und Entzündungen begünstigt • Größe zwischen 1 – 20 mm • 80 % sind Cholesterinsteine, gemischt mit Bilirubin und Kalziumsalzen • 10 % reine Cholesterinsteine • 10 % Pigmentsteine • Gallengangsteine kommen in den meisten Fällen aus der Gallenblase • Lediglich braune Pigmentsteine entstehen direkt in den Gallenwegen (bei Strikturen oder Ganganomalien).

Zeichen der Bildgebung

- **Methode der Wahl**
  Sonographie • CT (bei Komplikationen) • MRCP (bei Gallengangsteinen)
- **Pathognomonische Befunde**
  - Gallenblasensteine: Intraluminale wandständige kugelige Gebilde • Beweglich
  - Gallengangsteine: Intraluminale kugelige Gebilde • Mit oder ohne Obstruktion
  - Komplikationen einer Cholelithiasis: Gallenblasenhydrops • Akute Cholezystitis und Cholangitis • Gallenblasenperforation • Verschlussikterus • Akute Pankreatitis
- **Sonographie-Befund**
  Helle echodichte Reflexe mit dorsaler Schallauslöschung • Gallengangsteine sind schwerer nachzuweisen und zeigen in 10 % keine dorsale Schallauslöschung • Höhere diagnostische Genauigkeit bei erweiterten Gallenwegen.
- **MRT-Befund**
  Füllungsdefekte mit niedriger Signalintensität in der Gallenblase und den Gallenwegen in T2w Aufnahmen und in der MRCP • Bei kleinen Steinen (< 3 mm) nicht geeignet • Bei eingeklemmten Steinen kann Charakterisierung eines Verschlusses schwierig sein • In Einzelfällen bessere Darstellung der Gallenwege in T1w nach Gabe von manganhaltigem oder gallegängigem KM.
- **CT-Befund**
  Dichte der Gallensteine variiert stark (von der Dichte von Fettgewebe über die von Weichteilgewebe bis zur Dichte von Kalk) • 75 – 85 % der Steine enthalten genügend Kalk, um sich von der Galle abzuheben • Mit Dünnschnitt-CT und Rekonstruktionen entlang des Gallengangs (MDCT) verbesserte Diagnostik von Gallengangsteinen • Bei eingeklemmten Gallengangsteinen Aufstau der Gallenwege und nach i. v. KM-Gabe verstärkte ringförmige KM-Anreicherung in der Gallengangwand.
  In Einzelfällen ist die Gabe von gallegängigem KM indiziert, um auch kalkfreie Steine zu identifizieren (CT-Cholangiographie).

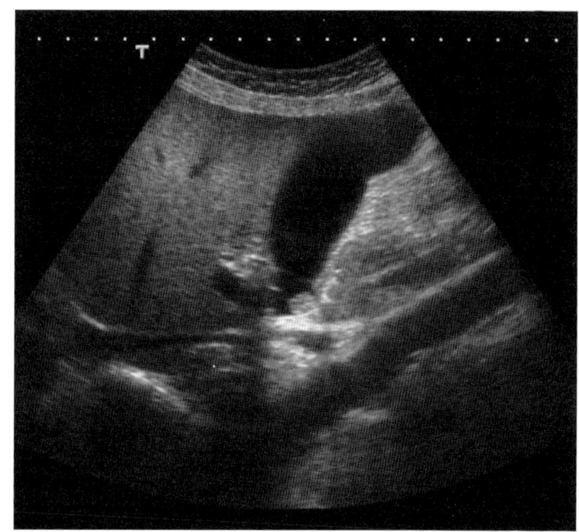

Abb. 36 Cholecystolithiasis. Sonographie. Nicht schattengebendes kleines Konkrement im Infundibulum der Gallenblase (das im Sitzen in den Fundus der Gallenblase wandert).

- **ERCP**
  KM-Aussparungen nach Füllung der Gallenwege • Bei symptomatischen Gallengangsteinen mit therapeutischer Option indiziert.
- **Endosonographie**
  Sehr sensitives Verfahren zum Nachweis von Gallengangsteinen • In gleicher Sitzung aber keine Extraktion möglich.

Klinik

- **Typische Präsentation**
  Postprandiales Druckgefühl • Dumpfe Schmerzen im rechten Oberbauch, häufig nach Genuss bestimmter Nahrungsmittel (fetthaltige Nahrung, Kaffee) • Gallenkoliken sind meist Ausdruck eines passageren Zystikusverschlusses • Druckschmerz im rechten Oberbauch bei der klinischen Untersuchung • Bei Gallengangsteinen führt meist der Verschluss mit Cholangitis zur Symptomatik: Kolik, Ikterus, Erbrechen und Fieber.
- **Therapeutische Optionen**
  Bei symptomatischen Gallenblasensteinen Cholezystektomie • Bei Gallengangsteinen endoskopische Steinextraktion • Wenn endoskopischer Zugang nicht möglich, dann perkutane Drainage und Extraktion (z. B. perkutane Cholangioskopie und Kontaktlithotripsie).
- **Verlauf und Prognose**
  15–20% der Gallenblasensteinträger werden in ihrem Leben symptomatisch • Letalität der Komplikationen unter 1%.
- **Was will der Kliniker von mir wissen?**
  Steine im Gallengang • Komplikationen.

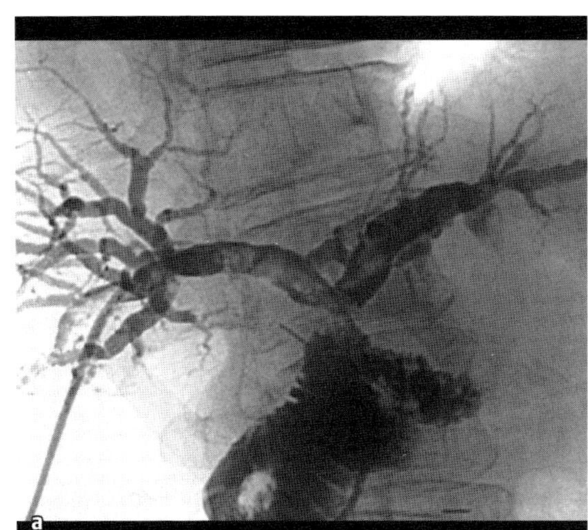

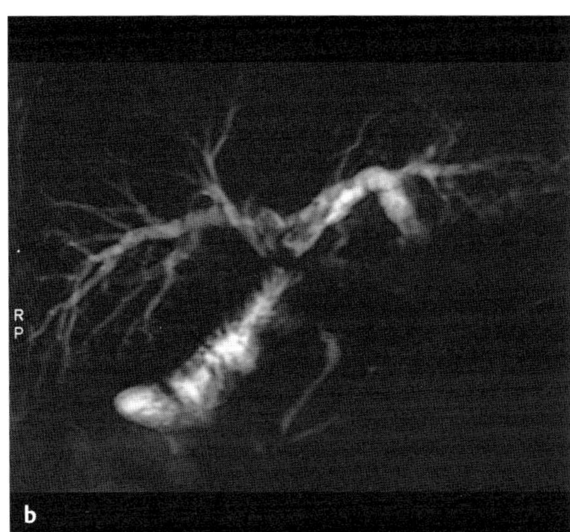

Abb. 37 a, b Zustand nach biliodigestiver Anastomose.
a PTC. Multiple Konkremente im rechten und linken Gallengang vor der Anastomose.
b MRCP. Die Konkremente sind als Signalaussparungen zu erkennen.

Differenzialdiagnose

Tumorobstruktion	– deutliche Gallengangerweiterung – je nach Tumor auch starke Erweiterung des Pankreasgangs – direkter Nachweis eines Tumors (Pankreas, Gallengang, Papille)
Papillitis stenosans	– fehlender Tumornachweis – Pankreasgang normal oder leicht erweitert – chronisches Beschwerdebild – meist spitz zulaufender Gallengang
primär sklerosierende Cholangitis	– perlschnurartiges Bild der extra- und intrahepatischen Gallenwege („beading") – fibrotische Veränderungen der Leber
Gallengangpapillome	– multiple kleine Tumoren der Gallengangwand – leichte KM-Aufnahme – nicht beweglich
Sarcoma botryoides	– bei Kindern (sehr selten) – traubenartige Füllungsdefekte – keine Verkalkungen

Typische Fehler

Verfahrenswahl zum Nachweis von Gallengangsteinen ist von der Vortestwahrscheinlichkeit abhängig (bei hoher Vortestwahrscheinlichkeit ERCP, bei niedriger Vortestwahrscheinlichkeit MRCP indiziert).

Ausgewählte Literatur

Aubé C et al. MR cholangiopancreatography versus endoscopic sonography in suspected common bile duct lithiasis: a prospective, comparative study. AJR 2005; 184: 55 – 62

Kim HC et al. Multislice CT cholangiography using thin-slab minimum intensity projection and multiplanar reformation in the evaluation of patients with suspected biliary obstruction: preliminary experience.Clin Imaging 2005; 29: 46 – 54

Soto JA et al. Detection of choledocholithiasis with MR cholangiography: comparison of three-dimensional fast spin-echo and single and multi-section half-Fourier rapid acquisition with relaxation enhancement sequences. Radiolology 2000; 215: 737 – 745

Kurzdefinition

Polypöse, nicht neoplastische und nicht entzündliche Veränderung der Gallenblasenwand.

- **Epidemiologie**
  Häufigste polypöse Veränderung der Gallenblasenwand • Meist multipel • Häufiger bei Frauen • Bevorzugtes Alter 40 – 50 Jahre.
- **Ätiologie/Pathophysiologie/Pathogenese**
  Polypöse Form der Cholesterolose (im Gegensatz zur planen Form, der Erdbeergallenblase) • Setzt sich aus cholesterinhaltigen Makrophagen zusammen, die von einem normalen Epithel überzogen sind • Können möglicherweise „abbrechen“ und wie Steine abgehen • Nur selten mit Gallensteinen assoziiert • Keine maligne Entartung.

Zeichen der Bildgebung

- **Methode der Wahl**
  Sonographie
- **Pathognomonische Befunde**
  Kleiner kugeliger Polyp der Gallenblasenwand • Manchmal mit kurzem Stiel • Meist 5 – 7 mm groß, selten größer als 10 mm • Häufig multiple Polypen.
- **Sonographie-Befund**
  Meist sehr echoreiche Knötchen an der Gallenblasenwand • Kein Schallschatten • Bei Lageänderung nicht mobil • Größere Polypen sind nicht sehr dicht, enthalten aber auffällig dichte Foci.
- **MRCP**
  Polypöser Defekt im Gallenblasenlumen.
- **CT**
  Dichtewerte von Galle und Cholesterolpolypen sind etwa gleich, sodass sie meist nicht zu sehen sind.

Klinik

- **Typische Präsentation**
  Meist symptomlos.
- **Therapeutische Optionen**
  Keine Therapie.
- **Verlauf und Prognose**
  Immer gutartig.
- **Was will der Kliniker von mir wissen?**
  Abgrenzung zu neoplastischen Polypen.

Cholesterolpolyp der Gallenblase

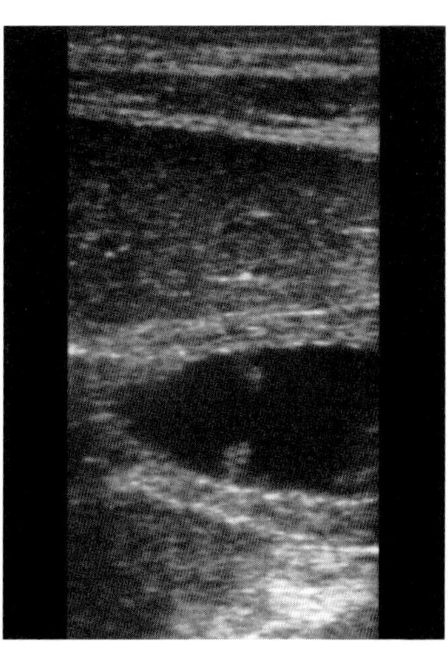

Abb. 38 Cholesterolpolyp. Sonographie. Echoarme polypöse Veränderungen der Gallenblasenwand.

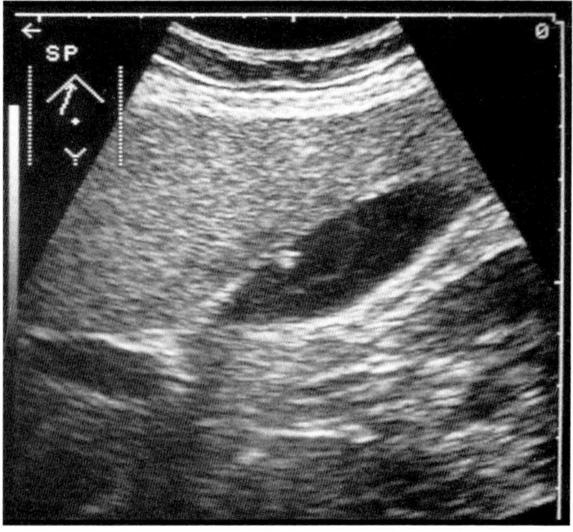

Abb. 39 Echoreicher kleiner Cholesterolpolyp an der ventralen Gallenblasenwand.

Differenzialdiagnose

Gallenblasenadenom	– meist größer als 7 – 8 mm – häufig solitär – manchmal mit blumenkohlartiger Oberfläche
kleine Gallenblasensteine	– sind bei Umlagerung mobil
Adenokarzinom	– meist deutlich größer – irreguläre Verdickung der Gallenblasenwand

Typische Fehler

Fehldiagnose Adenom mit Konsequenz der Cholezystektomie.

Ausgewählte Literatur

Levy AD et al. Benign tumors and tumorlike lesions of the gallbladder and extrahepatic bile ducts: Radiologic-pathologic correlation. RadioGraphics 2002; 22: 387 – 413

Owen CC et al. Gallbladder polyps, cholesterolosis, adenomyomatosis, and acute acalculous cholecystitis. Semin Gastrointest Dis 2003; 14: 178 – 188

Sugyama M et al. Large cholesterol polyps of the gallbladder: diagnosis by means of US and endoscopic ultrasound. Radiology 1995; 42: 800 – 810

Adenom der Gallenblase

Kurzdefinition

Polypöse Neoplasie der Gallenblasenwand.

- **Epidemiologie**
  Häufigster gutartiger Gallenblasentumor • Meist solitär • Familiäre Polypose und Peutz-Jeghers-Syndrom sind häufiger mit Adenomen in der Gallenblase und in den Gallenwegen assoziiert • Häufiger bei Frauen.
- **Ätiologie/Pathophysiologie/Pathogenese**
  Oft mit Gallensteinen und Cholezystitis assoziiert (> 50%) • Es scheint eine Adenom-Karzinom-Sequenz zu bestehen • Die Wahrscheinlichkeit einer malignen Entartung korreliert mit der Größe.

Zeichen der Bildgebung

- **Methode der Wahl**
  Sonographie
- **Pathognomonische Befunde**
  Gestielter oder breitbasiger Polyp der Gallenblasenwand • Glatte oder blumenkohlartige Oberfläche • Selten größer als 2 cm • In 10% mehrere Adenome.
- **Sonographie-Befund**
  Polypöse Raumforderung mittlerer Echodichte • Kein Schallschatten • Bei Lageänderung nicht mobil.
- **MRT mit MRCP**
  Polypöser Defekt im Gallenblasenlumen, der KM aufnimmt.
- **CT-Befund**
  Weichteildichte polypöse Raumforderung an der Gallenblasenwand, die KM aufnimmt.
- **ERCP**
  Spielt in der primären Diagnostik keine Rolle mehr.

Klinik

- **Typische Präsentation**
  Meist symptomlos.
- **Therapeutische Optionen**
  Cholezystektomie, da (ab 1 cm Durchmesser) die Gefahr der Entartung besteht.
- **Verlauf und Prognose**
  Bei gutartigen Adenomen komplette Heilung • Bei malignen Polypen ist die Prognose vom Stadium abhängig.
- **Was will der Kliniker von mir wissen?**
  Abgrenzung zu Cholesterolpolypen.

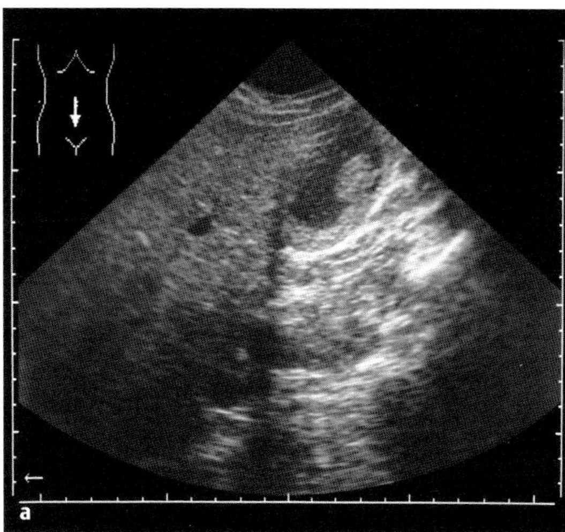

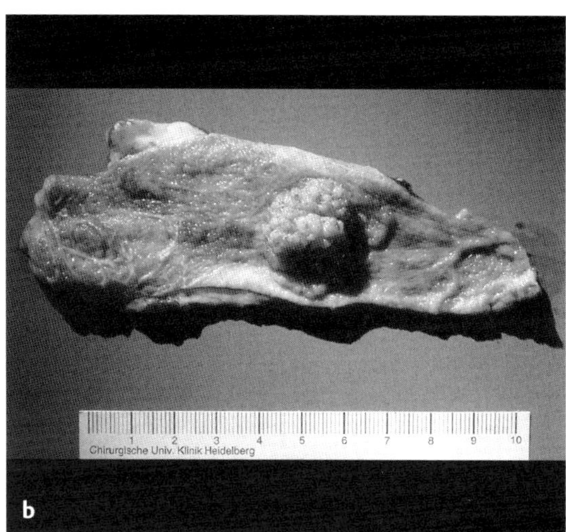

Abb. 40 a, b
Adenom der Gallenblase. Sonographie.
a Polypöse Raumforderung im Gallenblasenlumen.
b Operationspräparat.

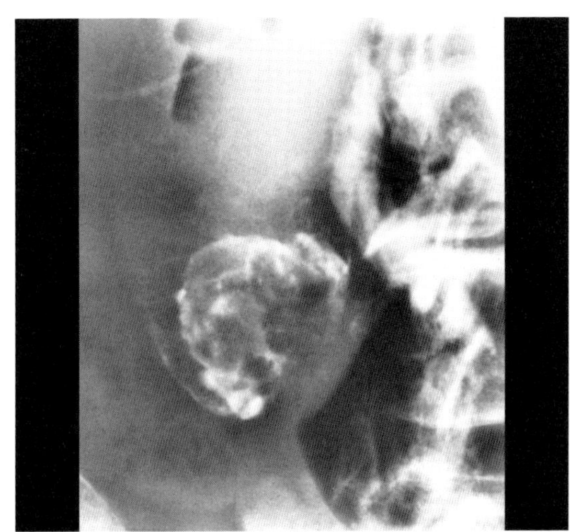

Abb. 41 Adenom der Gallenblase. ERCP. Irreguläre KM-Aussparung im Fundus der Gallenblase durch knapp 3 cm großes Adenom. Daneben Konkremente im Gallenblasenlumen.

Differenzialdiagnose

Cholesterolpolypen	– meist nicht größer als 7 – 8 mm – treten multipel auf – bisweilen diskreter Schallschatten
Gallenblasensteine (nicht verkalkt)	– sind bei Umlagerung mobil
Heterotypien	– manchmal symptomatisch (bei Magen- und Pankreasgewebe) – morphologisch nicht zu unterscheiden
Lipom	– im CT und MRT fettspezifische Dichtewerte bzw. Signalintensität

Typische Fehler

Fehldiagnose Cholesterolpolyp.

Ausgewählte Literatur

Brambs HJ et al. Großes Adenom der Gallenblase. Fortschr Röntgenstr 1986; 145: 475 – 477

Furukawa H et al. CT evaluation of small polypoid lesions of the gallbladder. Hepatogastroenterology 1995; 42: 800 – 810

Levy AD et al. Benign tumors and tumorlike lesions of the gallbladder and extrahepatic bile ducts: Radiologic-pathologic correlation. RadioGraphics 2002; 22: 387 – 413

Adenomyomatose der Gallenblase

Kurzdefinition

Idiopathische nicht entzündliche und nicht tumoröse Verdickung der Gallenblasenwand.

- **Epidemiologie**
  Meist Zufallsbefund im Alter von 40–50 Jahren • Nie bei Kindern • Keine Geschlechtsbevorzugung • Inzidenz 2–5%.
- **Ätiologie/Pathophysiologie/Pathogenese**
  Vermutet wird ein erhöhter intraluminaler Druck in der Gallenblasenwand, der analog zur Divertikulose des Dickdarms zu Divertikeln und Wandverdickung führt • Wird zu den hyperplastischen Cholezystosen gerechnet • Hyperplasie der Mukosa, Verdickung der Muskelschicht und Divertikel (erweiterte Rokitansky-Aschoff-Sinus) • 3 Formen: generalisiert (diffus), segmental (annulär) und lokalisiert (Adenomyom, meist im Fundus).

Zeichen der Bildgebung

- **Methode der Wahl**
  Sonographie • MRCP
- **Pathognomonische Befunde**
  Umschriebene oder generalisierte Wandverdickung • Glatte Außenkonturen • Intramural kleine zystisch imponierende Veränderungen • Erhaltene oder gesteigerte Kontraktionsfähigkeit.
- **Sonographie-Befund**
  Umschrieben oder generalisiert verdickte Wand mit echoarmen oder echoreichen Einschlüssen • Nach Gabe von Cholezystokinin-Analoga (z. B. Takus) kräftige Kontraktion.
- **MRT und MRCP**
  Perlschnurgallenblase durch die in der verdickten Wand aufgereihten Divertikel (generalisierte Form) • Sanduhrgallenblase mit zirkulärer Wandverdickung und Lumeneinengung (segmentale Form) • Polypöser Füllungsdefekt im Fundus der Gallenblase (lokalisierte Form) • Nach KM-Gabe deutliche früharterielle Anreicherung in der Mukosa.
- **CT-Befund**
  Umschrieben oder generalisiert verdickte Wand • Glatte äußere Kontur • Wandschichten erkennbar.
- **Orale Galle und ERCP**
  Wie MRCP.

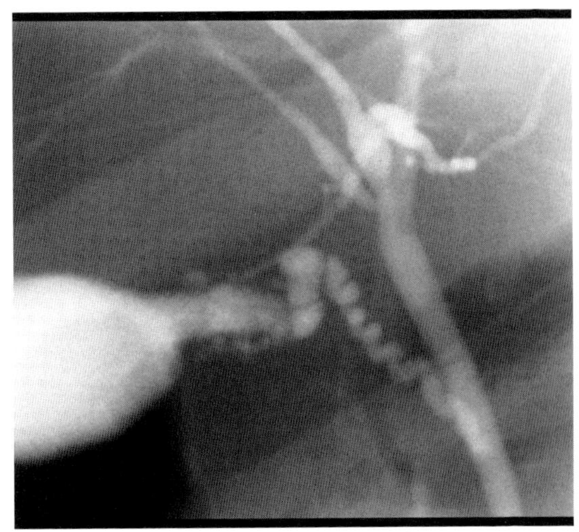

Abb. 42 Adenomyomatose der Gallenblase. ERCP. Perlschnurartige KM-Füllung der Rokitanski-Aschoff-Sinus und eingeengtes Lumen des Infundibulum der Gallenblase.

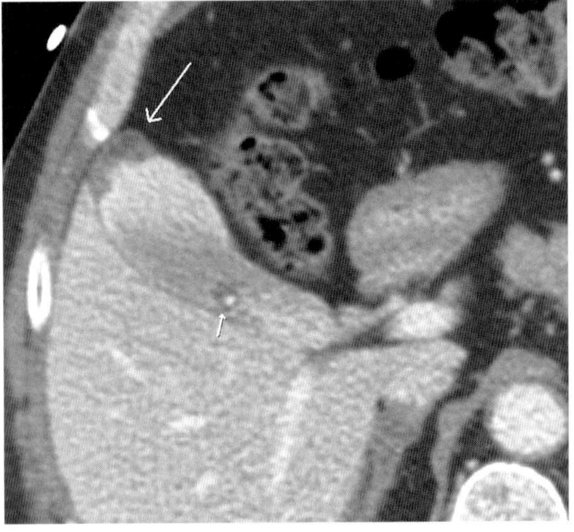

Abb. 43 Adenomyom des Gallenblasenfundus. MRT. Glatte Konturen (langer Pfeil). Kleiner Gallenblasenstein (kurzer Pfeil).

Klinik

- **Typische Präsentation**
  Meist symptomlos • Vage Schmerzen im rechten Oberbauch • Manchmal lang anhaltende, kolikartige Schmerzen (durch Hypertrophie der Muskulatur).
- **Therapeutische Optionen**
  Bei Beschwerden Cholezystektomie.
- **Verlauf und Prognose**
  Gutartige Erkrankung.
- **Was will der Kliniker von mir wissen?**
  Abgrenzung zur chronischen Cholezystitis und zum Gallenblasenkarzinom • Kontraktionsfähigkeit der Gallenblase.

Differenzialdiagnose

Gallenblasenkarzinom	– unregelmäßige Wandverdickung mit irregulärer Außenkontur – infiltriert früh in die Leber
chronische Cholezystitis	– meist typische Klinik mit Gallenblasensteinen – keine Divertikel

Typische Fehler

Fehldiagnose Gallenblasenkarzinom.

Ausgewählte Literatur

Brambs HJ et al. Sonographisches Bild der Adenomyomatose der Gallenblase. Fortschr Röntgenstr 1990; 153: 633–636

Haradome H et al. The pearl necklace sign: an imaging sign of adenomyomatosis of the gallbladder at MRCP. Radiology 2003; 227: 80–88

Yoshimitsu K et al. MR diagnosis of adenomyomatosis of the gallbladder and differentiation from gallbladder carcinoma: importance of showing Rokitansky-Aschoff sinuses. AJR 1999; 172: 1535–1540

Akute Cholezystitis

Kurzdefinition

- **Epidemiologie**
  Häufiger bei Frauen • Meist erst ab 25 – 30 Jahren • Bei Kindern und Jugendlichen selten • Etwa 20% der Steinträger entwickeln innerhalb von 20 Jahren Symptome.
- **Ätiologie/Pathophysiologie/Pathogenese**
  In über 90% durch Gallensteine verursacht • Eine sekundäre bakterielle Besiedlung ist in 70% nachweisbar • Insbesondere bei Intensivpatienten auch steinfreie Formen durch Ischämie und sekundäre Infektion • Opportunistische Gallenblasenentzündungen bei Immunschwäche.

Zeichen der Bildgebung

- **Methode der Wahl**
  Sonographie • Bei Komplikationen CT
- **Pathognomonische Befunde**
  Verdickung der Gallenblasenwand bei Gallensteinen • Impaktiertes Konkrement im Infundibulum der Gallenblase • Vergrößerte Gallenblase, die eine rundlichere Form annimmt • Bei unkomplizierten Formen intakte Wand • Bei gangränöser Entzündung ungleichmäßige Wandverdickung • Bei akalkulösen Formen oft dünne Wand • Bei Perforation Abszedierungen in unmittelbarer Umgebung • Bei emphysematöser Cholezystitis Gas in der Wand (Infektion durch gasbildende Erreger).
- **Sonographie-Befund**
  Generalisiert verdickte Wand (> 4 mm) • Häufig mehrere Wandschichten erkennbar • Gallensteine • Bei Druck auf die Gallenblase deutlicher Schmerz (Murphy-Zeichen) • Membranen und echogebendes Material im Lumen • Flüssigkeit um die Gallenblase.
- **CT-Befund**
  Umschrieben oder generalisiert verdickte Wand • Ödem oder Flüssigkeit um die meist vergrößerte Gallenblase • Nach KM-Gabe vermehrte Kontrastierung der Wand • Abszedierungen in der Wand • Evtl. entzündlicher Einbruch in die Leber • Bei Perforation ins Duodenum oder ins Kolon Gas in der (kollabierten) Gallenblase und in den Gallenwegen • Bei großen perforierten Gallensteinen evtl. Nachweis eines obstruierenden Konkrements im terminalen Ileum (Gallenstein-Ileus).
- **MRT-Befund**
  Bei Ödem in T2w hyperintens um die Gallenblase • Nach KM-Gabe Kontrastierung der Gallenblasenwand.
- **Nuklearmedizinische Verfahren**
  Spielen keine Rolle mehr.

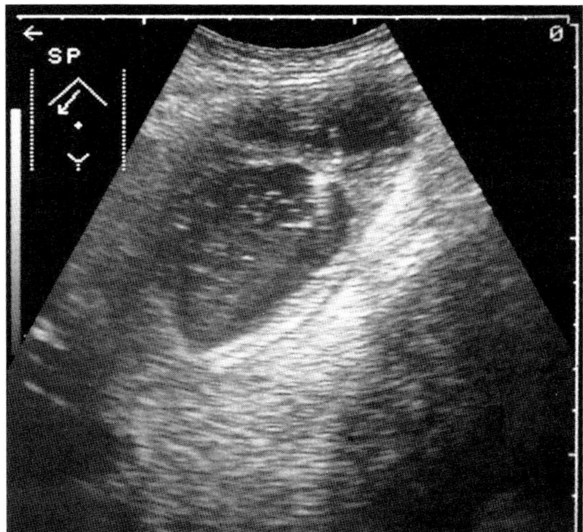

Abb. 44 Akute Cholezystitis. Sonographie. Verdickte und mehrschichtige Gallenblasenwand bei Gallenblasenempyem.

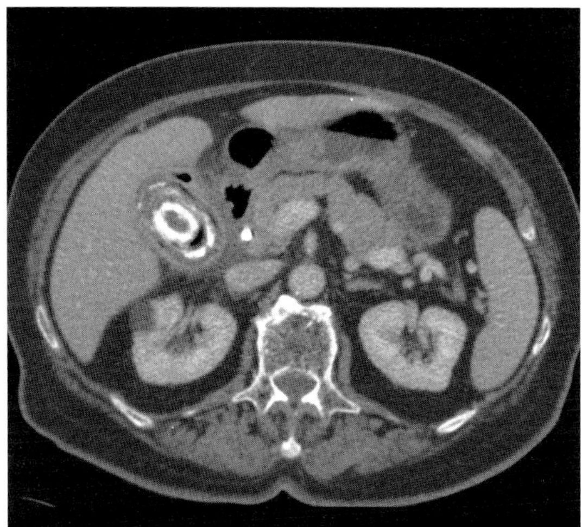

Abb. 45 Akute Cholezystitis. CT. Perforation in das Duodenum (Luft im Gallenblasenlumen).

Klinik

- **Typische Präsentation**
  Akute, teils anhaltende, teils kolikartige Schmerzen im rechten Oberbauch • Übelkeit, Erbrechen und leichtes Fieber • Starker Druckschmerz über der Gallenblasenregion • Erhöhte Entzündungsparameter.
- **Therapeutische Optionen**
  Antibiotika • Frühelektive Cholezystektomie.
- **Verlauf und Prognose**
  Meist unkomplizierter Verlauf • Akute Entzündung hält etwa 1 Woche an • Bei rund einem Drittel der unbehandelten Patienten kommt es zu Komplikationen, dabei liegt die Mortalität unter 1 %.
- **Was will der Kliniker von mir wissen?**
  Ursache des Oberbauchschmerzes und Schweregrad der akuten Entzündung.

Differenzialdiagnose

Nierensteine	– Konkremente in den Nierenkelchen, Nierenbecken oder ableitenden Harnwegen, evtl. mit Aufstau
akute Pankreatitis	– peripankreatische Flüssigkeitsansammlungen
Rechtsseitige Divertikulitis	– umschriebene Wandverdickung des Kolons und perikolische Entzündung bzw. Abszess

Typische Fehler

Verwechslung mit Tumor der Gallenblase.

Ausgewählte Literatur

Bennett GL et al. Ultrasound and CT evaluation of emergent gallbladder pathology. Radiol Clin North Am 2003; 41: 1203 – 1216

Gore RM et al. Imaging benign and malignant disease of the gallbladder. Radiol Clin North Am 2002; 40: 1307 – 1323

Yusoff IF et al. Diagnosis and management of cholecystitis and cholangitis. Gastroenterol Clin North Am 2003; 32: 1145 – 1168

Kurzdefinition

- **Epidemiologie**
  Fünfthäufigster maligner Tumor des Gastrointestinaltrakts • Selten bei jüngeren Personen • Meist jenseits des 50. Lebensjahres • 3- bis 5-mal häufiger bei Frauen • Als Zufallsbefund bei 1 – 3% der Cholezystektomien.
- **Ätiologie/Pathophysiologie/Pathogenese**
  Erhöhtes Risiko bei Porzellangallenblase und chronischer Entzündung bei Gallensteinen • Frühe Ausbreitung in die Leber, den Gallengang und regionären Lymphknoten.

Zeichen der Bildgebung

- **Methode der Wahl**
  CT • Sonographie
- **Pathognomonische Befunde**
  Irregulär und exzentrisch verdickte Gallenblasenwand • Intraluminale Raumforderung • Infiltratives Wachstum in die Leber • Vergrößerte Lymphknoten • Aufstau der intrahepatischen Gallenwege.
- **Sonographie-Befund**
  Meist Gallensteine • Irregulär verdickte Wand • Intraluminale, eher echoreiche Raumforderung ohne Schallschatten oder echoarmer Tumor, der sich in die Leber ausbreitet • Bei steingefüllter Gallenblase kann die Beurteilung der Gallenblasenwand schwierig sein.
- **CT-Befund**
  Intraluminale, irreguläre, polypöse Raumforderung, die KM aufnimmt, oder hypodense Raumforderung im Gallenblasenbett, die per continuitatem in das Leberparenchym infiltriert • Nach KM-Gabe meist nur schwache Anreicherung.
- **MRT-Befund**
  In T1w leicht hypointens oder ähnliches Signal wie das Leberparenchym • In T2w hyperintens mit unscharfer Abgrenzung zur Leber • Nach KM-Gabe heterogene Anreicherung • Mit Fettunterdrückung oft bessere Beurteilbarkeit einer Infiltration in benachbarte Organe und von Lymphknotenmetastasen.
- **ERCP und PTC**
  Spielen nur noch als Maßnahmen zur Galleableitung eine Rolle.

Klinik

- **Typische Präsentation**
  Das Karzinom wächst lange Zeit ohne Symptome • In fortgeschrittenem Stadium Ikterus mit oder ohne Bauchschmerzen, Inappetenz und Gewichtsverlust • Tastbare Resistenz im rechten Oberbauch.
- **Therapeutische Optionen**
  Resektion • Eine vollständige Resektion ist in weniger als 10% der Fälle möglich • Bei ausgedehnten Tumoren Stent über transpapillären oder perkutan-transhepatischen Zugang.

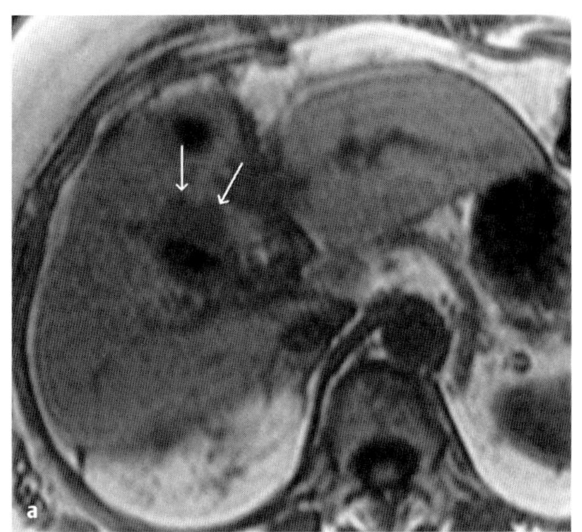

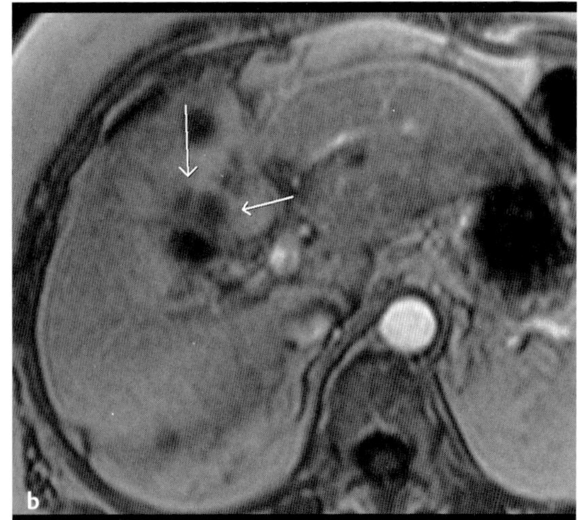

Abb. 46 a, b Gallenblasenkarzinom. MRT. Bereits in der nativen Aufnahme (**a**) erkennt man ventral des Gallenblasenlumens eine knotige Infiltration ins Leberparenchym (Pfeile), die sich nach KM-Gabe (**b**) noch besser vom umgebenden Lebergewebe abgrenzen lässt.

- **Verlauf und Prognose**
  5-Jahres-Überlebensrate 5 – 13 % • Mittlerere Überlebenszeit etwa 6 Monate nach Diagnose.
- **Was will der Kliniker von mir wissen?**
  Infiltration in die Leber und Lymphknotenbefall.

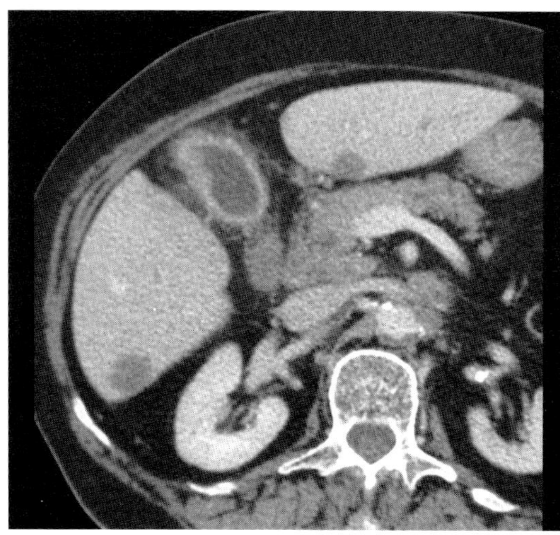

Abb. 47 Gallenblasenkarzinom. CT. Deutlich irreguläre Wandverdickung der Gallenblase mit flächiger Infiltration in das umgebende Fettgewebe. Nebenbefundlich Lebermetastasen und Lymphknotenmetastasen ventral der linken Nierenvene.

Differenzialdiagnose

chronische Cholezystitis	– eher gleichmäßige Wandverdickung mit Steinen – homogene KM-Aufnahme
Adenomyomatose	– umschriebene oder diffuse Wandverdickung mit glatten Außenkonturen – intramurale Divertikel (Rokitansky-Aschoff-Sinus)
Gallenblasenpolypen	– Cholesterinpolypen meist kleiner als 10 mm – Adenom meist kleiner als 2 cm

Typische Fehler

Fehlinterpretation als Cholezystitis.

Ausgewählte Literatur

Donohue JH et al. Present status of the diagnosis and treatment of gallbladder carcinoma. J Hepatobiliary Pancreat Surg 2001; 8: 530–534

Levy AD et al. Gallbladder carcinoma: radiologic-pathologic correlation. RadioGraphics 2001; 21: 295–314

Yun EJ. Gallbladder carcinoma and chronic cholecystitis: differentiation with two-phase spiral CT. Abdom Imaging 2003; 29: 102–108

Choledochuszyste

Kurzdefinition

Kongenitale aneurysmatische Aufweitung des Gallengangs.

- **Epidemiologie**
  Seltene entwicklungsgeschichtliche Fehlbildung • 3- bis 4-mal häufiger bei Frauen • In Asien gehäuft • 80% werden im Kindesalter diagnostiziert.
- **Ätiologie/Pathophysiologie/Pathogenese**
  Manchmal mit anomaler pankreatikoduodenaler Verschmelzung assoziiert (langer gemeinsamer Kanal über 1,5 cm Länge) • Reflux von Galle in den Gallengang.
  5 Typen nach Todani:
  - Typ I: fusiforme Erweiterung des extrahepatischen Gallengangs (80–90%)
  - Typ II: supraduodenales Divertikel am extrahepatischen Gallengang
  - Typ III: Divertikel in Höhe der Duodenalwand (Choledochozele)
  - Typ IV: fusiforme Erweiterung des extrahepatischen Gallengangs mit Erweiterungen intrahepatischer Gallengangabschnitte
  - Typ V: intrahepatisch zystisch erweiterte Gallenwege (Caroli-Syndrom)

Zeichen der Bildgebung

- **Methode der Wahl**
  Sonographie • MRT (einschließlich MRCP)
- **Pathognomonische Befunde**
  Sackartige Erweiterung des extrahepatischen Gallengangs ohne distale Obstruktion • Beim Caroli-Syndrom zystische Erweiterungen der intrahepatischen Gallenwege • Intraduktale Steine mit Zeichen einer Cholangitis • Bei Gallengangkarzinom irreguläre Verdickung der Gallengangwand und Gallengangobstruktion.
- **Sonographie-Befund**
  Zystisch erweiterter Gallengang (bereits in der Schwangerschaft nachweisbar).
- **MRT mit MRCP**
  Zystisch erweiterter Gallengang • Gute Abgrenzung der Gallenblase • Bestimmung der genauen Ausdehnung der Zyste • Gute Darstellung einer anomalen pankreatikoduodenalen Verschmelzung.
- **Dünnschicht-CT (mit Rekonstruktionen)**
  Zystische Erweiterung des Gallengangs wie MRT.
- **ERCP oder PTC**
  Sicherer Nachweis der Anomalie • Wegen des invasiven Charakters aber nur selten indiziert.

Klinik

- **Typische Präsentation**
  Schmerzen im rechten Oberbauch • Cholangitis • Ikterus • Tastbare Raumforderung.
- **Therapeutische Optionen**
  Resektion und biliodigestive Anastomose.
- **Verlauf und Prognose**
  Erhöhte Neigung zu Infektionen, Steinbildung und Gallengangkarzinomen.

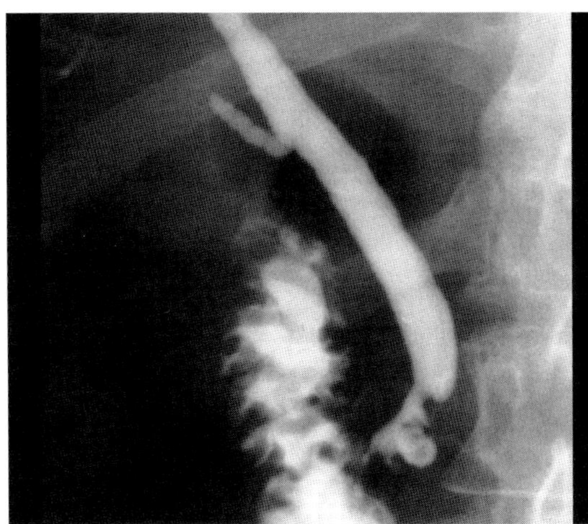

Abb. 48 Choledochuszyste. ERCP. Divertikelartige Ausstülpung des distalen Gallengangsabschnitts (Choledochozele).

▸ **Was will der Kliniker von mir wissen?**
Ausschluss einer obstruierenden Erkrankung (Tumor oder Steine) als Ursache der Erweiterung des Gallengangs • Bei späterer Diagnose Entwicklung von Komplikationen.

Differenzialdiagnose

Gallengangtumor	– Erweiterung der extra- und intrahepatischen Gallenwege – sichtbare Raumforderung
Cholangitis	– meist mit Gallensteinen assoziiert – extra- und intrahepatische Gallenwege erweitert
Leber- und Pankreaszysten	– rundliche Form – kein Anschluss ans Gallengangsystem
doppelte Gallenblase	– Nachweis eines Ductus cysticus – Typ II nicht zu unterscheiden

Typische Fehler

Verwechslung mit Gallengangobstruktion oder mit Zysten.

Ausgewählte Literatur

Irie H et al. Value of MR cholangiopancreatography in evaluating choledochal cysts. AJR 1998; 71: 1381 – 1385

Matos C et al. Choledochal cyst: comparison of findings at MR cholangiopancreatography and ERCP in eight patients. Radiology 1998; 209: 443 – 448

Sugiyama M et al. Anomalous pancreatobiliary junction shown on multidetector CT. AJR 2003; 180: 173 – 175

Todani T et al. Congenital bile duct cysts. Am J Surg 1977; 134: 263 – 269

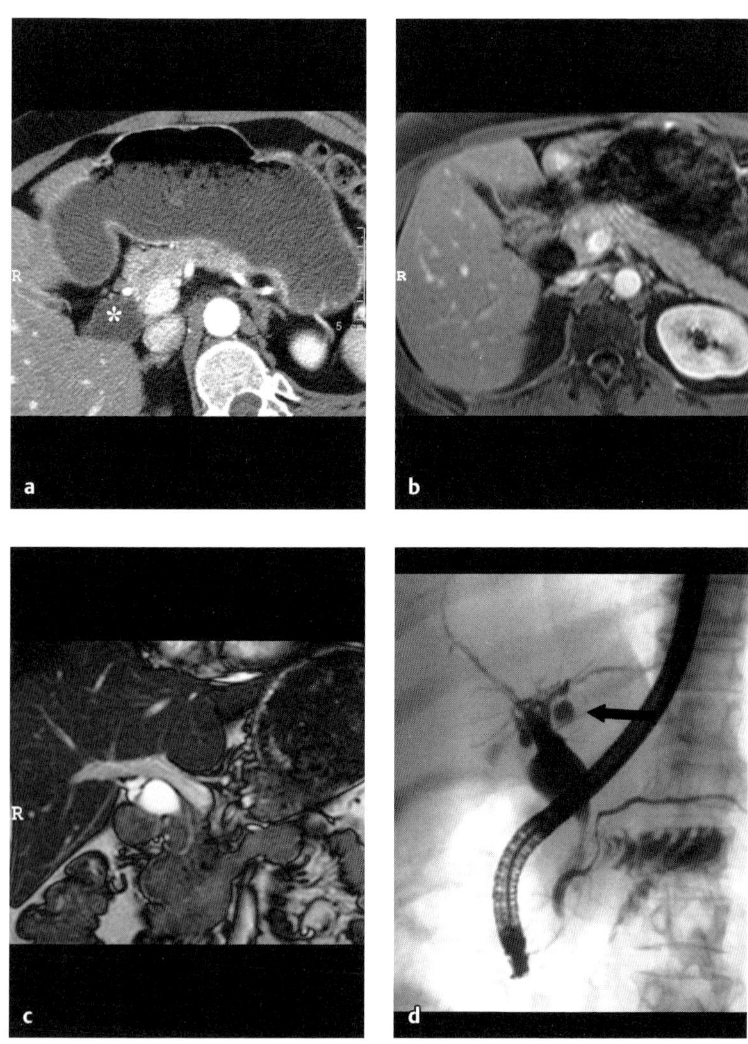

Abb. 49 a – d Choledochuszyste.

a CT. Im Querschnitt dilatierter Ductus choledochus.

b MRT, T1w. Zystisch dilatierter, hypointenser Ductus choledochus.

c T2w Ductus choledochus hyperintens.

d ERCP. Sackartige Erweiterung des Ductus hepatocholedochus in den proximalen Abschnitten und langer „common channel". Nebenbefundlich 2. Gallenblase, die vom linken Ductus hepaticus ausgeht (Pfeil).

Kurzdefinition

Chronisch verlaufende cholestatische Lebererkrankung, die zu einer zunehmenden obliterierenden Fibrose der Gallenwege führt.

- **Epidemiologie**
  50 – 70% der Patienten sind Männer und durchschnittlich 40 Jahre alt.
- **Ätiologie/Pathophysiologie/Pathogenese**
  Ätiologie unbekannt. Immunologische Mechanismen spielen eine entscheidende Rolle und führen zu einem entzündlichen und fibrosierenden Prozess der extra- und intrahepatischen Gallenwege. Häufige Assoziation mit chronisch entzündlichen Darmerkrankungen (70 – 80%). 2 – 4% der Patienten mit einer Colitis ulcerosa und 1 – 3% der Patienten mit einem Morbus Crohn entwickeln eine PSC.

Zeichen der Bildgebung

- **Methode der Wahl**
  MRCP und ERCP
- **Pathognomonische Befunde**
  Irreguläre kurz- und langstreckige Strikturen der Gallenwege, die mit Abschnitten normal weiter oder leicht erweiterter Gänge abwechseln (perlschnurartiges Bild) • Divertikelartige Aussackungen mit einem Durchmesser von 1 – 2 mm (in 25%) • Rarefizierung der intrahepatischen Gallenwege durch Obliteration („beschnittener Baum") • Noduläre Wandunregelmäßigkeiten • Cholelithiasis in bis zu 20 – 30%.
  Komplikationen: biliäre Zirrhose (50%) • Gallengangkarzinom (10 – 15%) • Kolonkarzinom.
- **ERCP-Befund**
  Bislang noch der Goldstandard • Zeigt bereits frühe Konturunregelmäßigkeiten mit beginnenden Strikturen.
- **MRCP-Befund**
  Bei frühen Formen wegen begrenzter Auflösung weniger sensitiv als ERCP • Bei fortgeschrittenen Fällen bessere Darstellung schwerer intrahepatischer Veränderungen, insbesondere proximal von hochgradigen Strikturen • Gut geeignet für Verlaufskontrollen.
- **MRT und CT-Befund**
  Konzentrische oder exzentrische Verdickung der extrahepatischen Gallengangwand • Gesteigerte KM-Aufnahme • Irreguläre Erweiterung intrahepatischer Gallengangabschnitte, zum Teil ohne kontinuierliche Verbindung zum Gallengangsystem • Fibrose und Zirrhose.
- **Sonographie-Befund**
  Verdickte und echoreiche Gallengangwand.
- **Intraduktale Sonographie-Befund**
  Irreguläre, bisweilen mehrschichtige Verdickung der Gallengangwand.

Abb. 50 a, b Irreguläre Kontur und Weite der intrahepatischen Gallenwege in der ERCP (**a**) und in der MRCP (**b**).

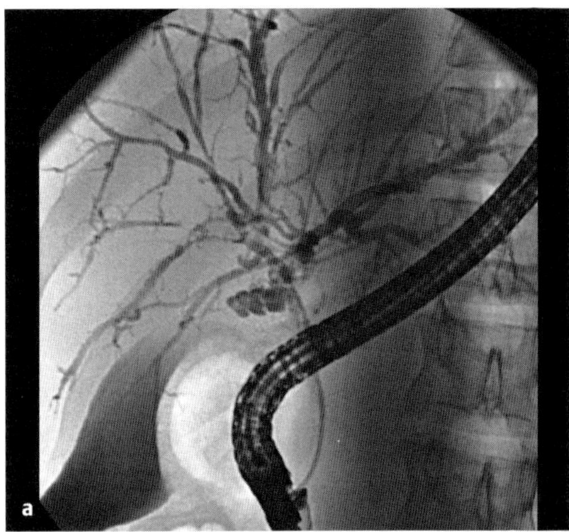

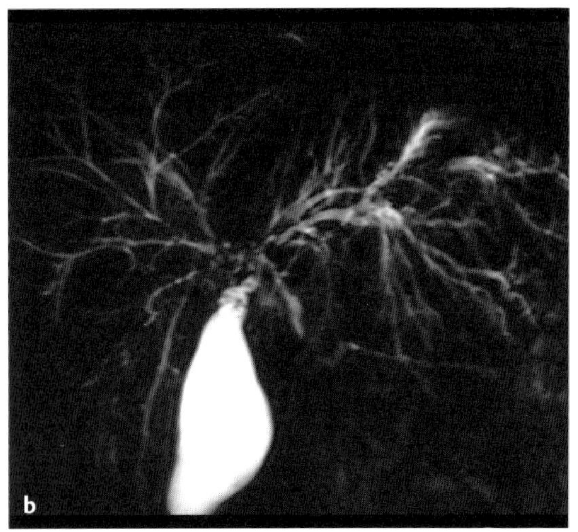

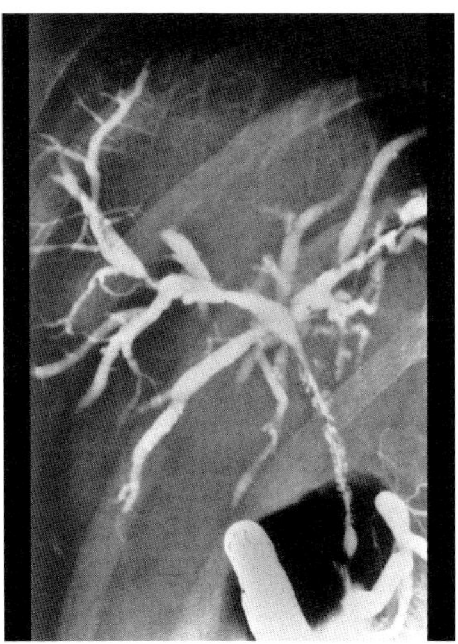

Abb. 51 Fortgeschrittene primär sklerosierende Cholangitis. ERCP. Intramurale Divertikel im Ductus hepatocholedochus und Nebeneinander von Gallengangstrikturen und -erweiterungen der intrahepatischen Gallenwege.

Klinik

▸ **Typische Präsentation**

Schleichender Beginn mit Juckreiz, Abgeschlagenheit, Ikterus und Fieber • Hepatosplenomegalie • Hyperpigmentierungen • 3- bis 10-fache Erhöhung der alkalischen Phosphatase bei 95% der Patienten • Erhöhung der Immunglobuline im Serum bei bis zu 80% der Patienten.

▸ **Therapeutische Optionen**

Ursodesoxycholsäure bremst das Fortschreiten, vermindert die Häufigkeit von Komplikationen und scheint auch einen präventiven Effekt auf die Entstehung von Karzinomen zu haben • Bei dominierenden Gallengangstrikturen transpapilläre Ballondilatation und Stent-Implantation • Lebertransplantation ist bei Spätformen die einzige kurative Therapie.

▸ **Verlauf und Prognose**

Chronisch progredienter Verlauf bis zur Entwicklung einer biliären Zirrhose • Entwicklung eines Gallengangkarzinoms (jährliches Risiko 0,5 – 1,5%) • Gute prognostische Modelle existieren noch nicht • Medianes Überleben von der Diagnose bis zum Tod oder zur Lebertransplantation beträgt 18 Jahre.

▸ **Was will der Kliniker von mir wissen?**

Erkennung von Frühformen einer PSC • Entwicklung einer Zirrhose mit portaler Hypertension • Entwicklung eines Gallenwegkarzinoms.

Differenzialdiagnose

sekundäre Cholangitis	– Anamnese (chirurgisches Trauma bei Cholezystektomie, Gallensteine)
primär biliäre Zirrhose	– Gallenwege normal weit – Impressionen der Gallenwege durch Zirrhoseknoten
Gallengangkarzinom	– umschriebe Verdickung der Gallengangwand mit Dilatation – Entwicklung eines Tumors ist mit Schnittbildverfahren sehr schwer zu erkennen
AIDS-Cholangiographie	– Anamnese einer HIV-Infektion – häufig Striktur des distalen Gallengangs – Verdickung der Gallenblasenwand ohne Steine

Typische Fehler

Überschätzung der MRCP bei Frühformen.

Ausgewählte Literatur

Fulcher AS et al. Primary sclerosing cholangitis: evaluation with MR cholangiography – a case control study. Radiology 2000; 215: 71 – 80

Talwalkar J et al. Primary sclerosing cholangitis. Inflamm Bowel Dis 2005; 11: 62 – 72

Vitellas KM et al. Radiologic manifestations of sclerosing cholangitis with emphasis on MR cholangiopancreatography. RadioGraphics 2000; 20: 959 – 975

Kurzdefinition

Maligner Tumor der extrahepatischen Gallenwege mit Ikterus.

- **Epidemiologie**
  70–80% der Gallengangkarzinome wachsen extrahepatisch • Selten bei jüngeren Personen • Meist im Alter von 50–60 Jahren • Etwas häufiger bei Männern.
- **Ätiologie/Pathophysiologie/Pathogenese**
  Gehäuft bei PSC, bei kongenitalen Gallenganganomalien und in Asien nach Infektion mit Clonorchis • Fast ausschließlich Adenokarzinome • 3 Wachstumsformen: knotig exophytisch, periduktal-infiltrierend und intraduktal polypoid (selten) • Metastasiert in die Lymphknoten.
  Häufig in der Hepatikusgabel (Klatskin-Tumor):
  - Typ I: zwischen Hepatikusgabel und Zystikus.
  - Typ II: Hepatikusgabel ohne Befall von rechtem oder linkem Hepatikus.
  - Typ III: mit Befall des rechten oder linken Hepatikus.
  - Typ IV: Übergreifen auf weiter periphere Gangabschnitte.

Zeichen der Bildgebung

- **Methode der Wahl**
  MRT mit MRCP • CT
- **Pathognomonische Befunde**
  Gestaute Gallenwege • Oft kleiner Tumor mit exzentrischer oder konzentrischer Wandverdickung • Vergrößerte Lymphknoten (75%) • Lappen- oder Segmentatrophie bei Ausbreitung in einen intrahepatischen Gallengangabschnitt • Infiltration in die Leber und die Gefäße (Zeichen der Irresektabilität).
- **MRT-Befund**
  In der tumorös verdickten Wand in T1w leicht erniedrigtes Signal oder ähnliches Signal wie das Leberparenchym • In T2w Aufnahmen und in der MRCP eingeengtes Gallenganglumen mit peripherer Dilatation • Nach KM-Gabe eher späte Anreicherung • Mit Fettunterdrückung oft besser abzugrenzen • Nach SPIO-Gabe meist gute Abgrenzung zum Leberparenchym in T2w Sequenzen.
- **CT-Befund**
  In Dünnschnitt-Technik und mit multiplanaren Rekonstruktionen können die exakte Verschlusshöhe und der obstruierende Tumor gut dargestellt werden • Nach KM-Gabe zunächst nur schwache Anreicherung, in späten Phasen (5–10 Minuten) manchmal kräftige Kontrastierung • Meist schlechte Abgrenzung zum Leberparenchym und damit unsichere Aussage zur Infiltration der Leber.
- **Sonographie-Befund**
  Nachweis der Höhe der Obstruktion • Der eigentliche Tumor kann in 30–80% als echoarme Raumforderung dargestellt werden • In der Hepatikusgabel sehr schlechte Abgrenzung zum Lebergewebe.

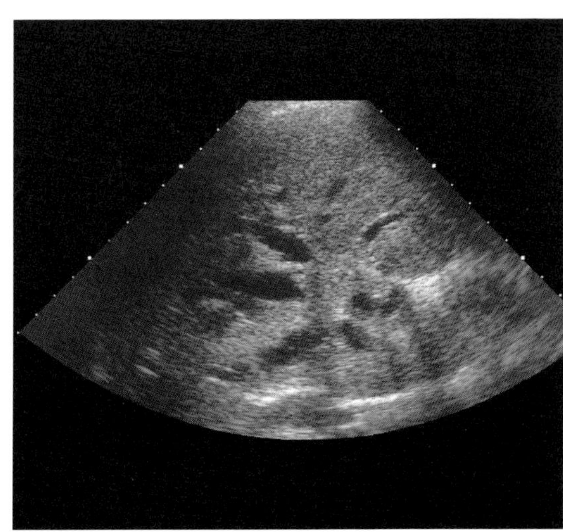

Abb. 52 Gallengangkarzinom. Sonographie. Im Leberhilus unscharf vom Leberparenchym abgrenzbare Raumforderung, auf die die Gallenwege sternförmig zulaufen und abbrechen.

- **Endosonographie**
  Bei distalen Gallengangkarzinomen sehr hochauflösende Darstellung des Tumors und benachbarter Lymphknoten und Gefäße.
- **ERCP und PTC**
  Nur noch zur interventionellen Galleableitung indiziert.

Klinik

- **Typische Präsentation**
  Schmerzloser Ikterus • Inappetenz • Gewichtsverlust.
- **Therapeutische Optionen**
  Resektion • Bei ausgedehnten Tumoren Stent über transpapillären oder perkutan-transhepatischen Zugang • Photodynamische Lasertherapie.
- **Verlauf und Prognose**
  5-Jahres-Überlebensrate 0–30% • Mittlere Überlebenszeit 1 Jahr • 25% der Tumoren sind resektabel • Nach Resektion mittlere Überlebenszeit 20 Monate.
- **Was will der Kliniker von mir wissen?**
  Abgrenzung von gutartigen Gallengangobstruktionen (Strikturen, Steine) • Resektabilität.

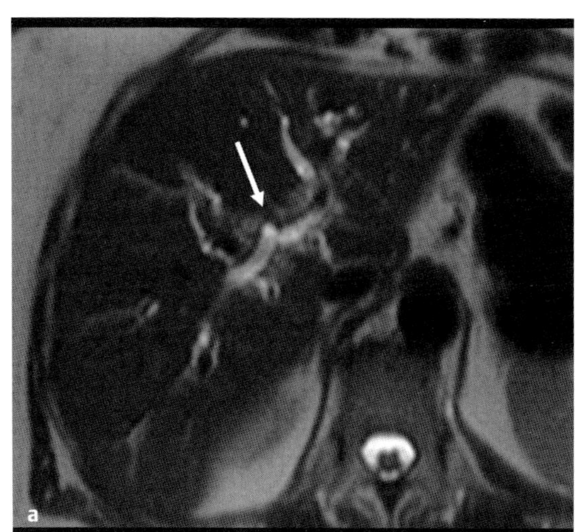

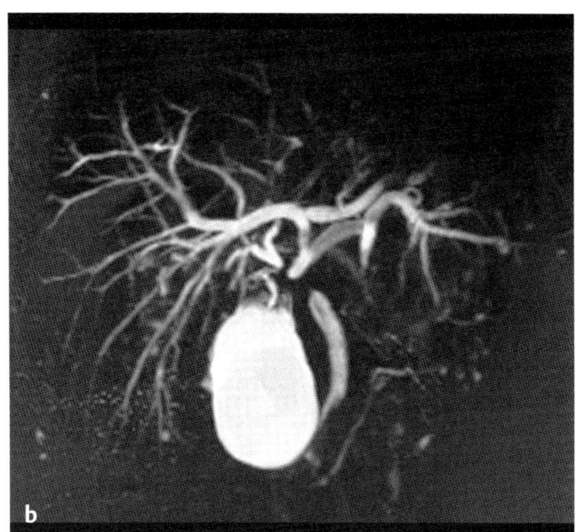

Abb. 53 a, b Gallengangkarzinom.
a MRT, T2w. Zentraler Abbruch des Ductus hepaticus dexter (Pfeil).
b MRCP. Der Tumor obstruiert den Ductus hepaticus communis und reicht rechts bis an die sekundäre Aufzweigung der Gallenwege (Typ III), während der linke Gallengang noch nicht befallen ist.

Differenzialdiagnose

gutartige Striktur	– kürzere Obstruktionsstrecke – geringerer Aufstau der Gallenwege – geringere Wandverdickung – geringere KM-Anreicherung in der Stenosen
Pankreaskarzinom	– mit Obstruktion des Pankreasgangs – hypovaskuläres Areal im Pankreaskopf
Gallengangstein	– intraduktale Aussparung
primär sklerosierende Cholangitis	– perlschnurartiges Bild der Gallenwege

Typische Fehler

Nach Stent-Implantation oder Drainagen vermehrte Kontrastierung der Gallengangwand durch Entzündung, die kaum von einer Tumorausbreitung zu unterscheiden ist (nach Möglichkeit Schnittbildgebung vor drainierenden Maßnahmen).

Ausgewählte Literatur

Choi SH et al. Differentiating malignant from benign common bile duct stricture with multiphasic helical CT. Radiology 2005; 236: 178 – 183

Soto JA et al. Biliary obstruction: findings at MR cholangiography and cross sectional MR imaging. RadioGraphics 2000; 20: 353 – 366

Soyer P. Imaging of intrahepatic cholangiocarcinoma: 2. Hilar cholangiocarcinoma. AJR 1995; 165: 1433 – 1436

Pankreas divisum

Kurzdefinition

Fusionsanomalie mit getrenntem Verlauf der Pankreasgänge.

- **Epidemiologie**
  Häufigste Entwicklungsstörung des Pankreas (3–7% der Bevölkerung) • Keine Geschlechtsbevorzugung.
- **Ätiologie/Pathophysiologie/Pathogenese**
  Störung der Fusion der ventralen und dorsalen Pankreasanlage in der Entwicklungsgeschichte • Der kleine ventrale Gang mündet in der großen Papille und der große dorsale Gang in der kleinen Papille • Dadurch relative Obstruktion und erhöhte Anfälligkeit für rezidivierende Pankreatitiden • 2 Formen: komplette Trennung und inkomplette Form, bei der die beiden Gangsysteme über einen Seitenast (Überlaufventil) kommunizieren.

Zeichen der Bildgebung

- **Methode der Wahl**
  MRCP
- **Pathognomonische Befunde**
  Der Pankreashauptgang mündet in der kleinen Papille • Der kurze ventrale Gang (der wie eine Bonsai-Ausgabe des Pankreasgangs imponiert) mündet zusammen mit dem Gallengang in die große Papille • Manchmal vergrößerter und unförmiger Pankreaskopf.
- **MRCP-Befund**
  Pankreasgang überkreuzt Gallengang im distalen Abschnitt • Intravenöse Gabe von Sekretin empfehlenswert, um eine ausreichende Füllung des Pankreasgangs zu erhalten.
- **CT-Befund**
  In Dünnschnitt-Technik ist insbesondere auf perpendikulären Rekonstruktionen der Verlauf des dorsalen Gangs zur Minorpapille meist zu verfolgen.
- **ERCP**
  Aus rein diagnostischer Intention nur in Einzelfällen indiziert • Gefahr der Überspritzung durch Fehlinterpretation eines Gangabbruchs.

Klinik

- **Typische Präsentation**
  Rezidivierende Oberbauchschmerzen (Obstruktionsschmerz nach Stimulation des Pankreas nach fettreichen Mahlzeiten oder Alkohol) • Rezidivierende Pankreatitis • Kann auch als Normvariante ohne klinische Relevanz vorkommen (wahrscheinlich größte Gruppe).
- **Therapeutische Optionen**
  Bei Beschwerden Sphinkterotomie der kleinen Papille.
- **Verlauf und Prognose**
  Gutartige Erkrankung mit erhöhter Neigung zu Pankreatitiden.

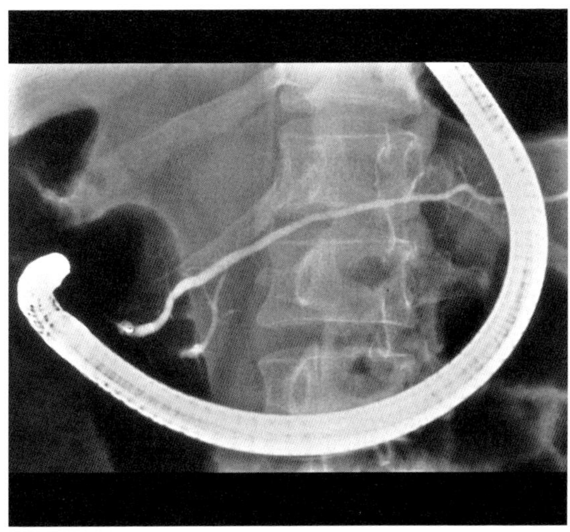

Abb. 54 Pankreas divisum. ERCP. Füllung des großen dorsalen Pankreasgangs über die Minorpapille. Der kurze ventrale Gang wurde über die Majorpapille gefüllt.

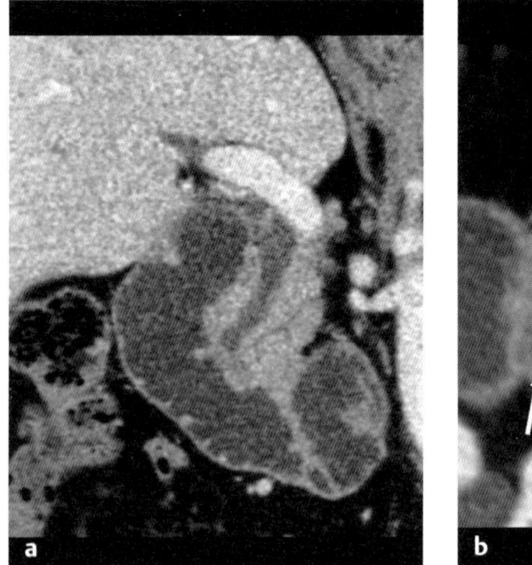

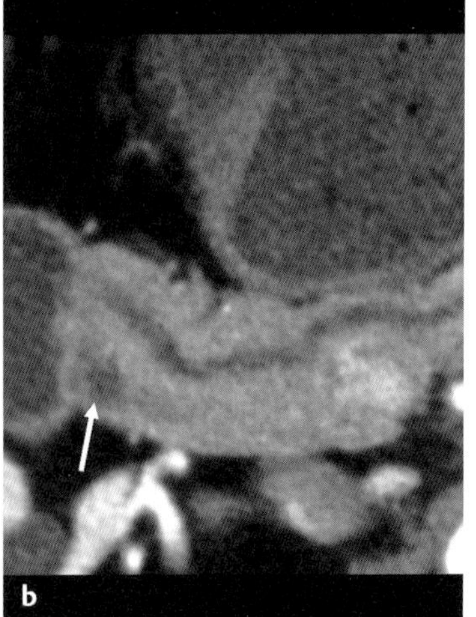

Abb. 55 a, b Pankreas divisum. CT.

a Gemeinsame Mündung des Gallengangs mit dem zarten ventralen Pankreasgang.

b Perpendikuläre Rekonstruktion. Gesonderte Mündung des Pankreashauptgangs in der kleinen Papille oberhalb des Gallengangs (Pfeil).

▸ **Was will der Kliniker von mir wissen?**
Vorliegen einer getrennten Mündung der Pankreasgänge • Zeichen einer chronischen Pankreasschädigung.

Differenzialdiagnose

Pankreaskarzinom	– normal weiter Pankreasgang bis zum tumorbedingten Abbruch – unveränderte Parenchymstruktur mit geringerer KM-Aufnahme

Typische Fehler

ERCP als primäres diagnostisches Verfahren.

Ausgewählte Literatur

Matos et al. Pancreas divisum: evaluation with secretin-enhanced magnetic resonance cholangiopancreatography. Gastrointest Endosc 2001; 53: 728 – 733

Morgan DE et al. Pancreas divisum: implications for diagnostic and therapeutic pancreatography. AJR 1999; 173: 193 – 198

Soto JA et al. Pancreas divisum: depiction with multi-detector row CT. Radiology 2005; 235: 503 – 508

Pankreas anulare

Kurzdefinition

Entwicklungsanomalie mit Einengung des Duodenums.

- **Epidemiologie**
  Sehr selten • Keine Geschlechtsbevorzugung.
- **Ätiologie/Pathophysiologie/Pathogenese**
  Störung der Rotation der Pankreasanlage • Dadurch umlagert Pankreasgewebe das Duodenum teilweise oder vollständig.
  - kindliche Form: Zeichen einer Duodenalstenose innerhalb der ersten 7 Lebenstage (10% der Duodenalobstruktionen)
  - Erwachsenenform: Entwicklung einer Duodenalstenose meist im 3. Lebensjahrzehnt durch chronische Pankreatitis im Drüsenring oder duodenale Ulzerationen

Zeichen der Bildgebung

- **Methode der Wahl**
  MRCP
- **Pathognomonische Befunde**
  Einengung des Duodenallumens bei unauffälliger Schleimhautoberfläche • Pankreasgewebe oder der Pankreasgang umringt das Duodenum • Mitunter chronische Pankreatitis (Pseudozysten).
- **MRCP-Befund**
  Zirkulär verlaufender Pankreasgang in der Duodenalwand • Intravenöse Gabe von Sekretin empfehlenswert, um eine ausreichende Füllung des Pankreasgangs zu erhalten.
- **CT-Befund**
  In Dünnschnitt-Technik gleichmäßig verdickte Duodenalwand durch ringförmig in der Duodenalwand liegendes Pankreasparenchym.
- **ERCP**
  Zur reinen Diagnostik nicht mehr indiziert • Darstellung des anulären Gangabschnitts nur in 50% erfolgreich.
- **Hypotone Duodenographie**
  Glatte Schleimhautoberfläche in der Obstruktion.
- **Abdomenübersicht**
  „Double-bubble"-Zeichen bei Neugeborenen.
- **Sonographie-Befund**
  Nach Wasserfüllung des Duodenums ist gelegentlich ein Ring von Pankreasparenchum in der Duodenalwand erkennbar.

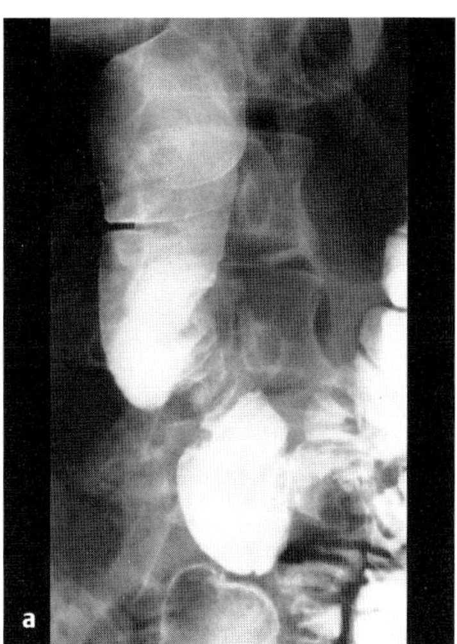

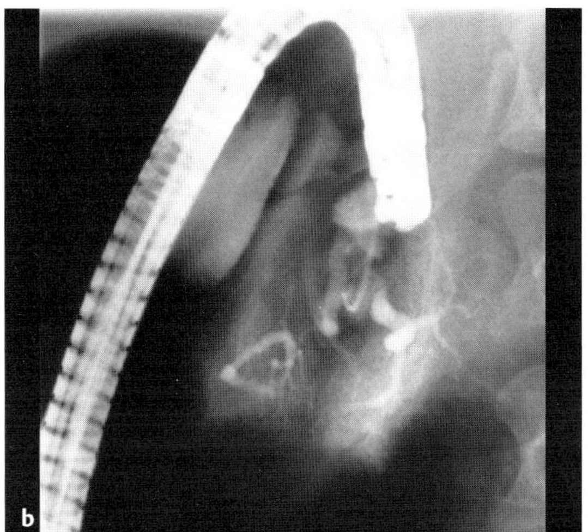

Abb. 56 a, b Pankreas anulare.
a MDP. Exzentrische Einschnürung des Duodenums mit erhaltenen Schleimhautkonturen.
b ERCP. Diese Einschnürung ist durch den anulären Gang bedingt.

Abb. 57 a, b
Pankreas anulare. CT.
a Relativ breite Manschette von Pankreasparenchym umringt das Duodenum (Stern). Angedeutet ist der anuläre Gangabschnitt erkennbar (Pfeil).
b Dicht benachbarte Schnittebene. Mündung des Pankreashauptgangs (Pfeil).

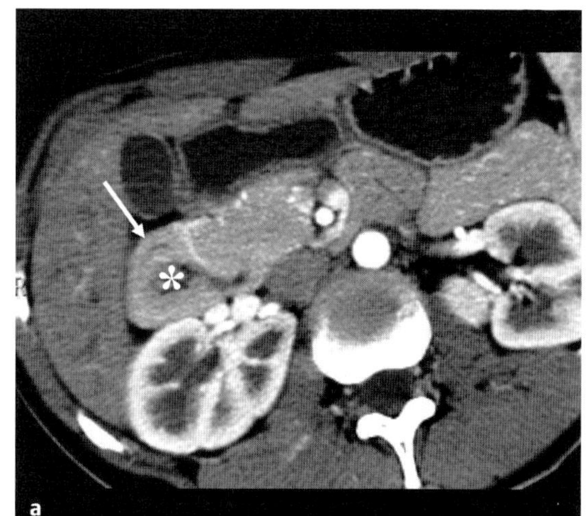

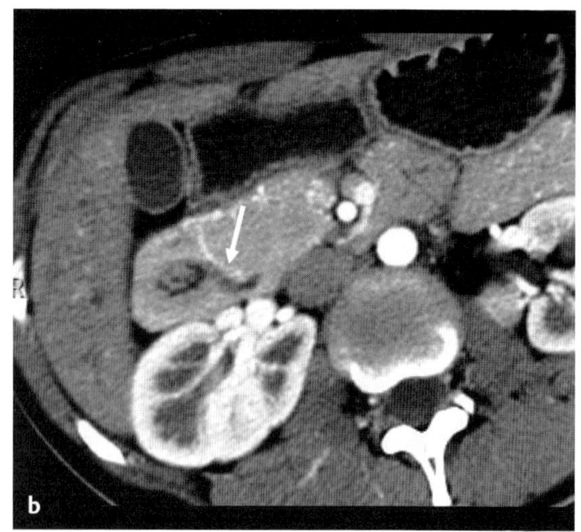

Klinik

- **Typische Präsentation**
  Bei Neugeborenen postprandiales Erbrechen • Bei Erwachsenen Symptome einer chronischen Pankreatitis oder einer Duodenalobstruktion.
- **Therapeutische Optionen**
  Bei hochgradiger Obstruktion duodenojejunale Anastomose.
- **Verlauf und Prognose**
  Gutartige Erkrankung • Erhöhte Neigung zu chronischer Pankreatitis.
- **Was will der Kliniker von mir wissen?**
  Ausschluss eines obstruierenden Tumors des Duodenums.

Differenzialdiagnose

Duodenalkarzinom	– unregelmäßige Wandverdickung – makroskopischer Tumornachweis mit Endoskopie
duodenales Web	– Einschnürung durch eine dünne Falte

Typische Fehler

Verwechslung mit obstruierendem Tumor des Duodenums.

Ausgewählte Literatur

Brambs HJ et al. Diagnostic value of ultrasound in duodenal stenosis. Gastrointest Radiol 1986; 11: 135 – 139

Jadvar H et al. Annular pancreas in adults: imaging features in seven patients. Abdom Imaging1999; 24: 174 – 177

Lecesne R et al. MR cholangiopancreatography of annular pancreas. J Comput Assist Tomogr 1998; 22: 85 – 86

Mukoviszidose

Kurzdefinition

Fibrose des Pankreasparenchyms und Ersatz des Pankreasgewebes durch Fettgewebe aufgrund einer genetisch bedingten Schleimobstruktion der Pankreasgänge.

- **Epidemiologie**
  Häufigste tödlich verlaufende autosomal rezessive Erkrankung der weißen Rasse • Prävalenz 1:2000–2500 • Häufigste Ursache einer Pankreasinsuffizienz vor dem 30. Lebensjahr • Mikroskopische Veränderungen finden sich bereits bei der Geburt, makroskopische Veränderungen erst nach 2–3 Jahren.
- **Ätiologie/Pathophysiologie/Pathogenese**
  Störung der Sekretion mit erhöhter Viskosität des Schleims in Bronchien, Pankreasgang und anderen schleimproduzierenden Geweben • Die morphologischen Veränderungen in den Lungen und im Pankreas sind Folge des zähen Schleims (Obstruktion des Pankreasgangs) • In den späten Stadien ist das Drüsengewebe durch Fettgewebe ersetzt.

Zeichen der Bildgebung

- **Methode der Wahl**
  Sonographie • MRT mit MRCP
- **Pathognomonische Befunde**
  Meist Ersatz des Drüsengewebes durch Fettgewebe (manchmal mit Pseudohypertrophie) • Seltener Fibrose des Parenchyms (Atrophie) • Manchmal kleine Pseudozysten • Selten Verkalkungen (< 10%) • Extrapankreatisch: periportale Fettanreicherung, Splenomegalie, irreguläre Form und Struktur der Leber, kleine Gallenblase mit verdickter Wand und Gallensteinen.
- **Sonographie-Befund**
  Erhöhte Echogenität des Parenchyms • Unterschiedlich große Zysten, aber selten große Zysten • Gangdarstellung oft nicht möglich • Schlechte Korrelation zwischen Sonographiebefund und Funktion der Drüse!
- **MRT mit MRCP**
  Bei Ersatz durch Fettgewebe auf T1w Aufnahmen homogen hyperintens, bisweilen mit Resten einer lobulären Architektur • Bei Fibrose hypointens in T1w und T2w • Pankreasgangdarstellung gelingt meist nicht • Relativ gute Korrelation zwischen MRT und Funktion.
- **CT-Befund**
  Ersatz des Parenchyms durch Fettgewebe, mit Resten einer lobulären Architektur.

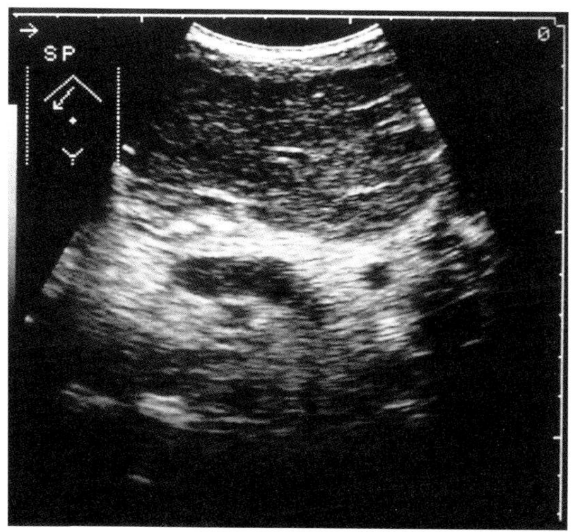

Abb. 58 Mukoviszidose. Sonographie. Jugendlicher Patient. Auffällig echoreiches Pankreasparenchym.

Klinik

- **Typische Präsentation**
  Variable klinische Manifestation, abhängig vom Schweregrad der Erkrankung und vom Alter der Patienten • Im Kindesalter Mekoniumileus • In späteren Jahren dominieren Symptome einer chronischen Bronchitis • Pankreasbefall ist unterschiedlich ausgeprägt • Unterschiedlich ausgeprägte Pankreasinsuffizienz (Gedeihstörungen, Steatorrhö, Bauchschmerzen, Blähungen).
- **Therapeutische Optionen**
  Symptomatische Therapie der Pankreasinsuffizienz.
- **Verlauf und Prognose**
  Abhängig vom Lungenbefall • Exokrine Pankreasinsuffizienz in 85 – 90% • Endokrine Pankreasinsuffizienz in 30 – 50%.
- **Was will der Kliniker von mir wissen?**
  Ausprägung der Pankreasbeteiligung.

Mukoviszidose

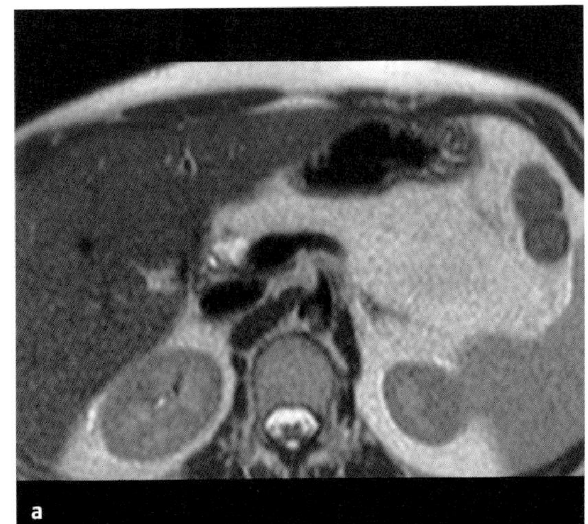

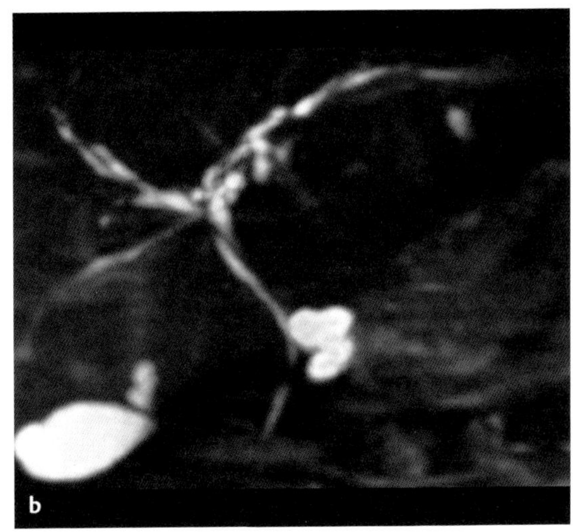

Abb. 59 a, b Mukoviszidose. MRT.
a T2w. Pseudozyste im Pankreaskopf. Das Pankreasparenchym ist vollständig durch Fett ersetzt.
b MRCP. Keine Darstellung des Pankreasgangs. Lobulierte Zyste in unmittelbarer Nachbarschaft des Gallengangs.

Differenzialdiagnose

Lipomatose	- meist bei Adipösen oder Diabetikern - keine pulmonale Manifestation - keine Retentionszysten
chronische Pankreatitis	- erweiterter Pankreasgang mit Verkalkungen - Atrophie, kein Ersatz durch Fettgewebe - große Pseudozysten - Neigung zu rezidivierenden Pankreatitiden
IPMN	- erweiterte Pankreasgänge - Atrophie, keine Verfettung

Typische Fehler

Fehldeutung als Lipomatose, wenn Grunderkrankung nicht bekannt ist.

Ausgewählte Literatur

Ferrozzi F et al. Cystic fibrosis: MR assessment of pancreatic damage. Radiology 1996; 198: 875 – 879

King LJ et al. Hepatobiliary and pancreatic manifestations of cystic fibrosis: MR imaging appearances. RadioGraphics 2000; 20: 767 – 777

Soyer P et al. Cystic fibrosis in adolescents and adults: fatty replacement of the pancreas – CT evaluation and functional correlation. Radiology 1999; 210: 611 – 615

Akute Pankreatitis

Kurzdefinition

Akuter entzündlicher Prozess des Pankreas, der mit Bauchschmerzen und einer Erhöhung der Pankreasenzyme einhergeht.

- **Epidemiologie**
  Häufiger bei Männern • Meist in jüngeren oder mittleren Jahren.
- **Ätiologie/Pathophysiologie/Pathogenese**
  Häufigste Ursachen: Alkoholabusus und Gallensteine • In 80–90% leichte Form (meist nur Exsudationen und Fettgewebsnekrosen) • In 10–20% schwere Form (ausgedehnte Fettgewebsnekrosen und Parenchymnekrosen).

Zeichen der Bildgebung

- **Methode der Wahl**
  In leichten Fällen Sonographie • Bei schwerer Pankreatitis CT
- **Pathognomonische Befunde**
  Peripankreatische Flüssigkeitsansammlungen durch Exsudation, Fettgewebenekrosen und (zum geringsten Teil) Hämorrhagien • Fokale oder diffuse Vergrößerung des Pankreas • Parenchymnekrosen, die nach KM-Gabe keine Perfusion mehr erkennen lassen • Häufig Pleuraergüsse (korrelieren mit der Schwere der Erkrankung).
  Frühkomplikationen: Infektion der Nekrosen • Abszesse • Häufiger bei ausgedehnten Nekrosen, bei breitflächigem Kontakt der Nekrosen zum Darm, bei adipösen Patienten und bei ERCP-induzierter Pankreatitis.
  Spätkomplikationen: Pseudozysten.
- **CT-Befund**
  Peripankreatische Flüssigkeitsansammlungen mit Ausdehnung ins Retroperitoneum und den Pararenalraum • Anfänglich ohne Abgrenzung, mit zunehmender Dauer Entwicklung eines Granulationssaums • Ausdehnung der Parenchymnekrosen ist erst nach i. v. KM-Gabe genau abschätzbar • Bei Infektion von Nekrosen in 20–30% Gasnachweis • Sonst CT-gezielte Punktion zum Nachweis einer bakteriellen Kontamination notwendig.
- **Sonographie-Befund**
  Gallenblasen- oder Gallengangsteine können auf eine biliäre Pankreatitis hinweisen • Ausdehnung der peripankreatischen Flüssigkeitsansammlungen schlechter abschätzbar • Bei schweren Formen schlechte Untersuchungsbedingungen durch Schmerzen und luftgefüllte Darmschlingen (Ileus).
- **MRT-Befund**
  In T2w bessere Aussage über die Zusammensetzung peripankreatischer Flüssigkeitsansammlungen • Nachweis von Gallengangsteinen in der MRC • KM-Gabe weniger problematisch als bei der CT.
- **ERCP**
  Nur bei schwerer biliärer Pankreatitis indiziert • Gefährdung durch Infizierung von Nekrosen.

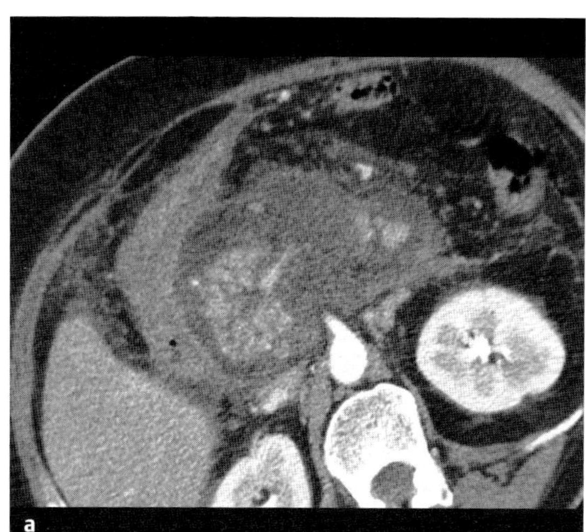

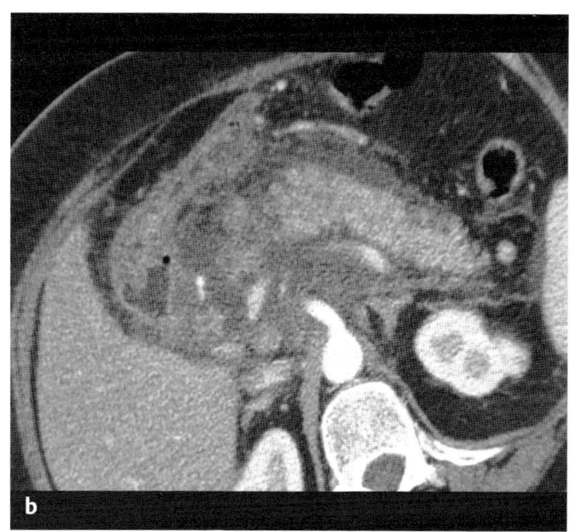

Abb. 60 a, b Akute Pankreatitis. Ausgedehnte peripankreatische Exsudate. Das Drüsengewebe ist besonders im Pankreaskopf (**a**) leicht aufgelockert, wahrscheinlich durch Fettgewebenekrosen. Keine größeren Parenchymdefekte.

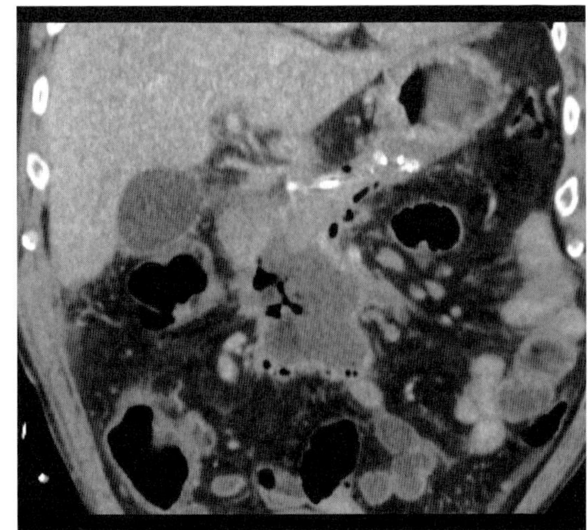

Abb. 61 Akute Pankreatitis. CT. Die Lufteinschlüsse in den peripankreatischen Fettgewebenekrosen weisen auf eine Infektion der Nekrosen hin.

Klinik

- **Typische Präsentation**
  Bauchschmerzen • Übelkeit • Erbrechen • Fieber • Erhöhung der Pankreasenzyme, Leukozytose und erhöhtes CRP (Nekroseparameter) • Bei schwerer Pankreatitis in frühen Phasen Gefahr durch Multiorganversagen.
- **Therapeutische Optionen**
  Primär konservativ • Antibiotika • Bei schwerer biliärer Pankreatitis ERCP und Entfernung von Gallengangkonkrementen • Bei infizierten Nekrosen oder Abszessen häufig chirurgische Revision oder Drainage erforderlich.
- **Verlauf und Prognose**
  Bei leichter Pankreatitis gut • Bei Komplikationen erhöhte Morbidität und Mortalität • Morbidität und Mortalität korrelieren mit dem Ausmaß der extrapankreatischen Veränderungen und dem Ausmaß der Parenchymnekrosen (Severity-Index nach Balthazar).
- **Was will der Kliniker von mir wissen?**
  Ausdehnung der Nekrosen und Komplikationen (Infektion der Nekrosen, Abszesse).

Differenzialdiagnose

andere Ursachen eines akuten Abdomens	– Pankreas und peripankreatisches Fettgewebe unauffällig – im CT meist Nachweis einer anderen Erkrankung
chronische Pankreatitis	– atrophisches Pankreas mit Gangerweiterung und Verkalkungen
Lymphom des Pankreas	– kein akutes Abdomen – vergrößerte Lymphknoten

Typische Fehler

Zu frühe Durchführung einer CT (komplette Ausprägung der morphologischen Veränderungen erst nach 48 – 72 Stunden).

Ausgewählte Literatur

Arvanitakis M et al: Computed tomography and magnetic resonance imaging in the assessment of acute pancreatitis. Gastroenterology 2004; 126: 715

Balthazar EJ: Acute pancreatitis: assessment of severity with clinical and CT evaluation. Radiology 2002; 223: 603 – 613

Casas JD et al: Prognostic value of CT in the early assessment of patients with acute pancreatitis. AJR 2004; 182: 569 – 574

Ferrucci JT, Mueller PR: Interventional approach to pancreatic fluid collections. Radiol Clin N Am 2003; 41: 1217 – 1226

Chronische Pankreatitis

Kurzdefinition

Persistierende Entzündung des Pankreas mit irreversiblen morphologischen Veränderungen, meist mit Schmerzen und Malabsorption vergesellschaftet.

- **Epidemiologie**
  Prävalenz 27 : 100 000 • Epidemiologische Daten unterliegen einer großen geographischen Schwankung, die nur zum Teil durch unterschiedlichen Alkoholkonsum erklärt ist.
- **Ätiologie/Pathophysiologie/Pathogenese**
  Häufigste Ursache: Alkoholabusus (70–90%) • Aber nur 5–15% der starken Trinker entwickeln eine chronische Pankreatitis • Rauchen scheint die Entwicklung einer kalzifizierenden Pankreatitis zu fördern • Daneben finden sich eine tropische Pankreatitis, hereditäre Formen, metabolische Formen, obstruktive Ursachen und die idiopathische Form.

Zeichen der Bildgebung

- **Methode der Wahl**
  Sonographie • MRCP • Bei Komplikationen CT
- **Pathognomonische Befunde**
  Atrophie des Pankreasparenchyms • Erweiterte Pankreasgänge, in fortgeschrittenen Phasen mit intraduktalen Verkalkungen.
  Komplikationen: Pankreaspseudozysten • Gallengangobstruktion • Pseudoaneurysmen mit Blutungen • Milzvenenthrombose.
- **Sonographie-Befund**
  In frühen Phasen inhomogenes Parenchym, das zunehmend atrophisch wird • Erweiterter Pankreasgang, häufig mit Konkrementen.
- **CT-Befund**
  Für Frühformen ungeeignet • Anfänglich und bei akuter Entzündung umschrieben oder diffus vergrößertes Pankreas • Später atrophisches Parenchym und erweiterte Gänge • Pseudozysten.
- **MRCP**
  Für mittelschwere und schwere Formen kann die Cambridge-Klassifikation (für die ERCP entwickelt) übernommen werden • Nach KM-Gabe heterogene Anreicherung im Parenchym • Nach i. v. Sekretingabe und oraler Verabreichung von SPIO semiquantitative Beurteilung der exokrinen Pankreasfunktion möglich.
- **MRT-Befund**
  In T1w Aufnahmen abnehmende Signalintensität des Parenchyms und verminderte KM-Aufnahme durch Fibrose • Schlechtere Darstellung der Kalzifikationen • In T2w erscheinen akut entzündete und nekrotische Areale sowie Pseudozysten hyperintens • Gute Darstellung der erweiterten Gänge in T2w und in der MRCP • Gute Abgrenzbarkeit von Pseudozysten.
- **ERCP**
  Spielt für die primäre Diagnostik keine Rolle mehr, obwohl die Gangveränderungen am präzisesten darzustellen sind • Nur noch Bedeutung für Interventionen am Pankreas.

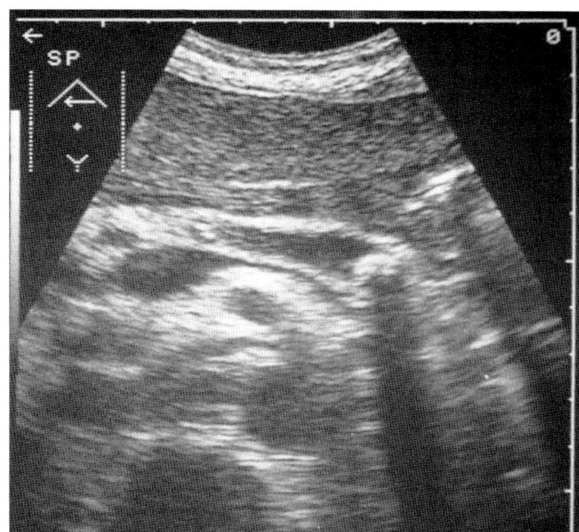

Abb. 62 Chronische Pankreatitis. Sonographie. Erweiterter Pankreasgang mit einem Konkrement, das einen Schallschatten wirft. Das echoreiche Pankreasparenchym ist durch Atrophie verschmälert.

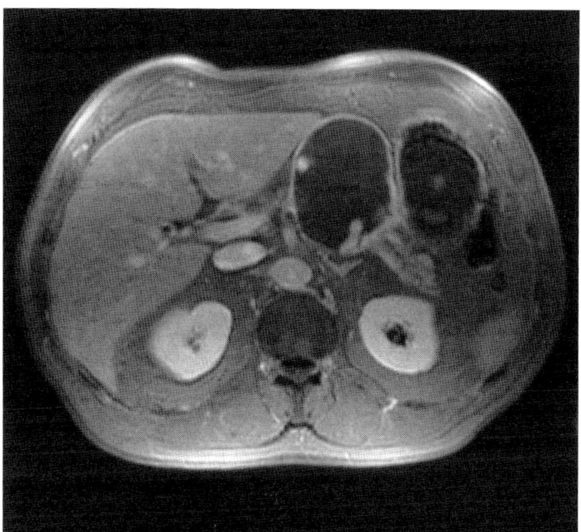

Abb. 63 Chronische Pankreatitis. MRT, T1w nach KM-Gabe. Große Pankreaspseudozyste, die in ein arterielles Gefäß ragt (Gefahr einer Arrosionsblutung).

- ▶ **Endosonographie**
  Genaueste Darstellung der parenchymatösen und duktalen Veränderungen des Pankreas • Allerdings Gefahr der Überschätzung der Schädigung.
- ▶ **Abdomenübersicht**
  Verkalkungen in Projektion auf das Pankreas • Spielt diagnostisch keine Rolle mehr.

Klinik

- **Typische Präsentation**
  Schmerzen (häufigste Indikation für eine Operation) • Gewichtsverlust • Fettstühle und weitere Zeichen der Malabsorption • Diabetes mellitus.
- **Therapeutische Optionen**
  Bei Schmerzen und Komplikationen Operation • Endoskopische Entfernung von Pankreasgangsteinen und Stent bei Stenosen des distalen Gallengangs und bei hochgradigen Pankreasgangstrikturen.
- **Verlauf und Prognose**
  Bei langjährigem Verlauf Entwicklung einer exokrinen und endokrinen Insuffizienz • Die Mortalität wird im Wesentlichen durch einen anhaltenden Alkoholabusus beeinflusst • Erhöhte Inzidenz von Pankreaskarzinomen.
- **Was will der Kliniker von mir wissen?**
  Komplikationen (Pseudozysten, Pseudoaneurysma, Gallengangobstruktion) • Abgrenzung zum Pankreaskarzinom.

Differenzialdiagnose

Pankreaskarzinom	– Parenchymatrophie und Gangerweiterung distal des Tumors – Zeichen einer Infiltration
Metastasen	– bei akut entzündeten Arealen in chronischer Pankreatitis kann DD schwierig sein
IPMN	– keine Alkoholanamnese – meist keine Verkalkungen – intraduktale KM aufnehmende Polypen
akute Pankreatitis	– ausgedehnte peripankreatische Flüssigkeitsansammlungen – keine Pankreasatrophie

Typische Fehler

Fehldeutung als Pankreaskarzinom.

Ausgewählte Literatur

Cappeliez O et al. Chronic pancreatitis: evaluation of pancreatic exocrine function with MR pancreatography after secretin stimulation. Radiology 2000; 215: 358–362

Luetmer PH et al. Chronic pancreatitis reassessment with current CT. Radiology 1989; 171: 353–357

Semelka RC et al. Chronic pancreatitis: MR imaging features before and after administration of gadopentetate dimeglumine. J Magn Reson Imaging 1993; 3: 79–82

Kurzdefinition

Syn.: primär sklerosierende Pankreatitis, lymphoplasmazelluläre sklerosierende Pankreatitis, nichtalkoholische gangdestruktive chronische Pankreatitis. Spezielle Form einer chronischen Pankreatitis, die primär mit einer Gangdestruktion vergesellschaftet ist.

► **Epidemiologie**

Kommt in allen Altersstufen vor • Etwas häufiger bei Männern • In europäischen und amerikanischen Publikationen sind eher jüngere Individuen (35 – 40 Jahre) betroffen • In Asien häufiger in höherem Alter (60 Jahre).

► **Ätiologie/Pathophysiologie/Pathogenese**

Pathogenese unklar • In bis zu 50% mit Autoimmunerkrankungen assoziiert • Wahrscheinlich heterogenes Krankheitsbild mit unterschiedlichen klinischen Aspekten • Unterscheidet sich von den anderen Formen einer chronischen Pankreatitis durch periduktale lymphoplasmazelluläre Infiltrate, die schließlich zu Gangstrikturen und Fibrose führen • Häufig Übergreifen auf den Gallengang bis zum Bild einer PSC.

Zeichen der Bildgebung

► **Methode der Wahl**

MRT • CT und ERCP

► **Pathognomonische Befunde**

In der aktiven Phase diffuse oder umschriebene Vergrößerung des Organs • Bisweilen pseudotumorös • Diffuse oder segmentale (mehr als ⅓ der Länge des Pankreasgangs) Einengung des Pankreasgangs • Relativ häufig Einengung des distalen Gallengangs, manchmal mit Bild einer PSC • Keine peripankreatischen Flüssigkeitsansammlungen • Manchmal Zeichen einer Venulitis.

► **MRT-Befund**

In T2w hyperintens im entzündeten Abschnitt • Relativ gleichmäßige, aber insgesamt verminderte KM-Aufnahme bei diffusem Befall • Bei umschriebenen Formen reichern die befallenen Zonen weniger an • KM-Anreicherung in der distalen Gallengangwand • Pankreasgangstrikturen sind in der MRCP nicht ausreichend darzustellen • Nach Mangan-Gabe möglicherweise beste Beurteilung des nichtdestruierten Parenchyms.

► **CT-Befund**

„Wurstförmige" Form des Pankreas (glatte Konturen ohne die übliche drüsige Lappung) • Geringere KM-Aufnahme in den befallenen Arealen.

► **ERCP**

Detaillierteste Darstellung der meist langstreckigen irregulären Strikturen.

► **Endosonographie**

Fokale oder diffuse Veränderungen der Binnenstruktur des Pankreas • Wahrscheinlich beste Methode für eine gezielte Biopsie.

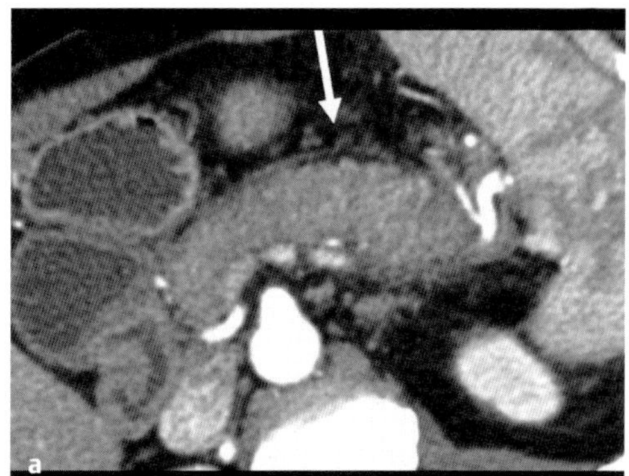

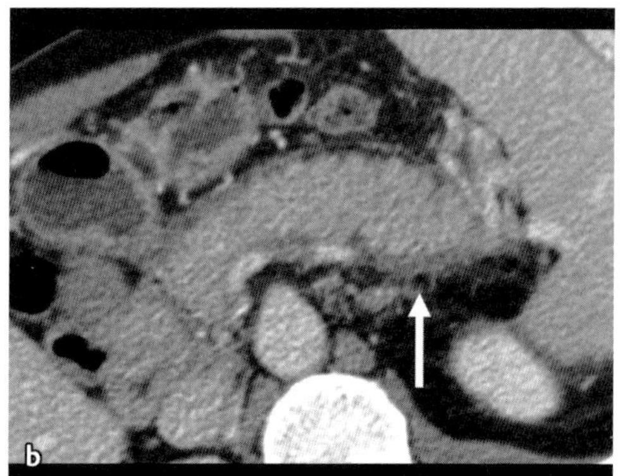

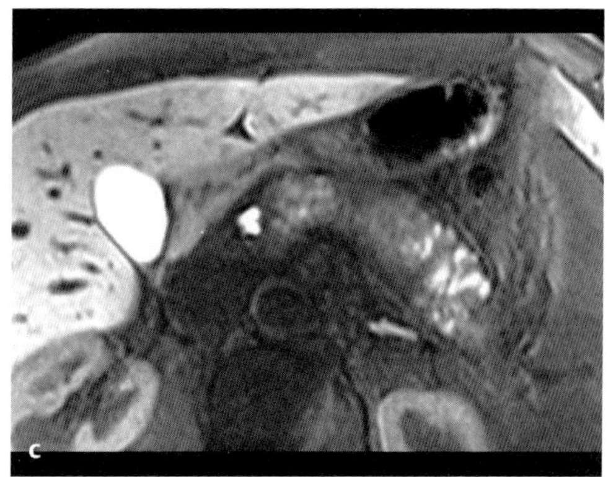

Abb. 64 a–c Autoimmunpankreatitis. MRT.
a Arterielle Phase. Leicht geschwollenes Pankreas mit dünner Randzone (Pfeil).
b Portalvenöse Phase. Ebenfalls schmale Randzone um das leicht geschwollene Pankreas. Thrombose der V. lienalis (Pfeil).
c Nach i.v. Gabe von Mangan reichern die offensichtlich erhaltenen Parenchymzonen KM spärlich an.

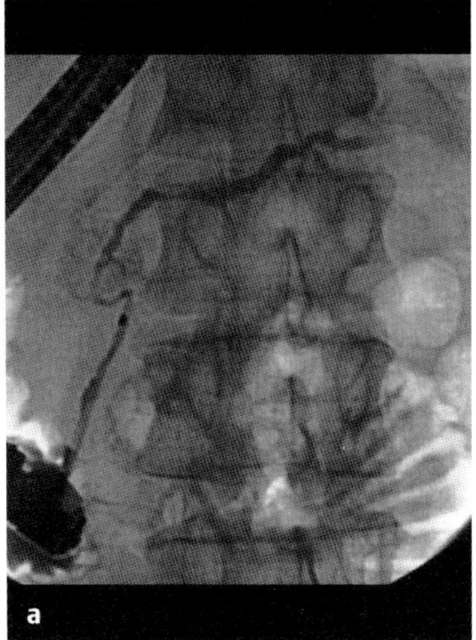

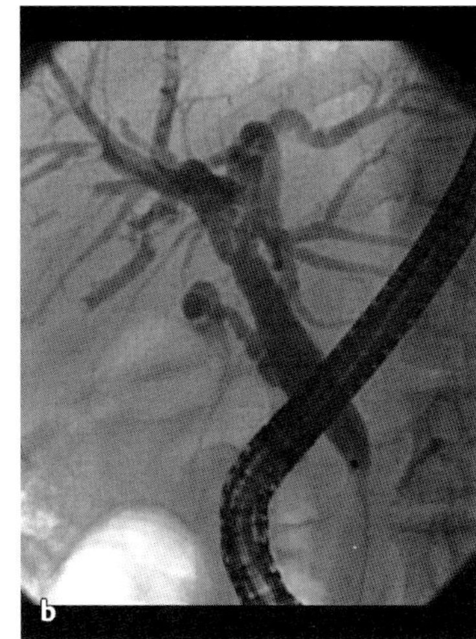

Abb. 65 a, b Autoimmunpankreatitis. ERCP.

a Langstreckige Einengung des Pankreasgangs im Kopfbereich und leichte Erweiterung im Korpusabschnitt.

b Hochgradige Stenosierung des distalen Gallengangs.

Klinik

- **Typische Präsentation**

  Geringe abdominale Beschwerden • Bei 50–75% leichte Attacken einer akuten Pankreatitis in europäischen und amerikanischen Publikationen, dagegen selten in asiatischen Studien • Gelegentlich Ikterus • Diagnostik basiert essenziell auf dem radiologischen Befund, daneben auf Labordaten (Gammaglobulin und/oder IgG erhöht) und der histologischen Untersuchung.
- **Therapeutische Optionen**

  Steroide.
- **Verlauf und Prognose**

  Der natürliche Verlauf der Erkrankung ist nicht bekannt • In der Regel Besserung unter Steroidtherapie.
- **Was will der Kliniker von mir wissen?**

  Abgrenzung zum Pankreaskarzinom.

Differenzialdiagnose

Pankreaskarzinom	– kurzstreckige Gangobstruktion mit anschließender Erweiterung des Gangs – Tumor nimmt meist kein KM auf und wächst früh infiltrierend
chronische Pankreatitis	– Gangerweiterung und Verkalkungen
akute Pankreatitis	– praktisch immer mit peripankreatischen Flüssigkeitsansammlungen vergesellschaftet

Typische Fehler

Fehldeutung als Pankreaskarzinom mit Pankreasresektion.

Ausgewählte Literatur

Finkelberg DL et al. Autoimmune pancreatitis. New Engl J Med 2006; 355: 2670–2676

Kawamoto S et al. Lymphoplasmacytic sclerosing pancreatitis with obstructive jaundice: CT and pathology features. AJR 2004; 183: 915–921

Kleef J et al. Die autoimmune Pankreatitis – eine chirurgische Krankheit? Chirurg 2006; 77: 154–165

Sahani DV et al. Autoimmune pancreatitis: imaging features. Radiology 2004; 233: 345–352

Duktales Adenokarzinom

Kurzdefinition

- **Epidemiologie**
  Häufigster exokriner Tumor des Pankreas mit duktalem Ursprung • Macht 80% aller exokrinen Tumoren des Pankreas aus • Durchschnittsalter 50–70 Jahre • Geschlechtsverteilung: leicht überwiegend bei Männern.
- **Ätiologie/Pathophysiologie/Pathogenese**
  Extrem aggressiver Tumor, sodass Inzidenz und Mortalität nahezu identisch sind • Am häufigsten im Pankreaskopf (60%).

Zeichen der Bildgebung

- **Methode der Wahl**
  CT (praktikabelste Methode für Diagnostik, Staging und Beurteilung der Resektabilität)
- **Pathognomonische Befunde**
  Schlecht abgrenzbare Raumforderung • Gering vaskularisiert • Aufweitung des Pankreasgangs (Frühzeichen) und des Gallengangs („double duct sign") • Bei länger bestehender Gangobstruktion Parenchymatrophie • Frühzeitige Infiltration ins retroperitoneale Fettgewebe, in die umgebenden Gefäße und in benachbarte Organe • Häufig Lebermetastasen und Lymphknotenbefall.
- **CT-Befund**
  In parenchymatöser Phase beste Abgrenzbarkeit von hypovaskulärem Tumor und umgebendem Parenchym • Gute Darstellung der Obstruktion von Pankreasgang und Gallengang (macht direkte Darstellung der Gänge überflüssig).
- **Sonographie-Befund**
  Echoarmer Tumor mit Aufstau der Gallenwege und des Pankreasgangs meist gut zu erkennen • Meist sehr frühe Diagnostik von Lebermetastasen.
- **Endosonographie**
  Gute Methode für lokales Staging • Bei kleinen Tumoren dem CT und der MRT überlegen.
- **MRT-Befund**
  In T1w Aufnahmen hypointens mit nur geringer KM-Aufnahme • In T2w Aufnahmen leicht hypointens • In Kombination mit der MRCP ausreichend gute Darstellung des Pankreasgangs und der Gallengänge • In der Aussagefähigkeit etwa dem CT vergleichbar, aber weniger praktikabel.
- **ERCP**
  Spielt für die Diagnostik des Pankreaskarzinoms praktisch keine Rolle mehr und erlaubt keine Aussagen zur Resektabilität • Zur Stent-Implantation indiziert.

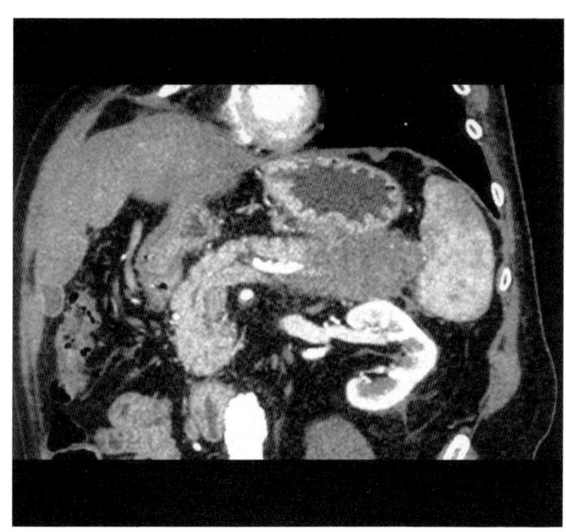

Abb. 66 Duktales Adenokarzinom des Pankreas. Hypovaskularisiertes Karzinom des Pankreasschwanzes mit Infiltration des Milzhilus und des Magens.

Klinik

- **Typische Präsentation**
  Ikterus • Rückenschmerzen • Appetitlosigkeit • Gewichtsabnahme.
- **Therapeutische Optionen**
  Operative Entfernung, wenn Kriterien für Resektabilität erfüllt sind • Sonst Gallengang-Stent.
- **Verlauf und Prognose**
  Die meisten Patienten sterben 1–2 Jahre nach Diagnosestellung • 5-Jahres-Überlebensrate in den meisten Publikationen nicht höher als 2–3%.
- **Was will der Kliniker von mir wissen?**
  Beurteilung der Resektabilität • Abgrenzung von chronischer Pankreatitis und anderen weniger aggressiven Tumoren.

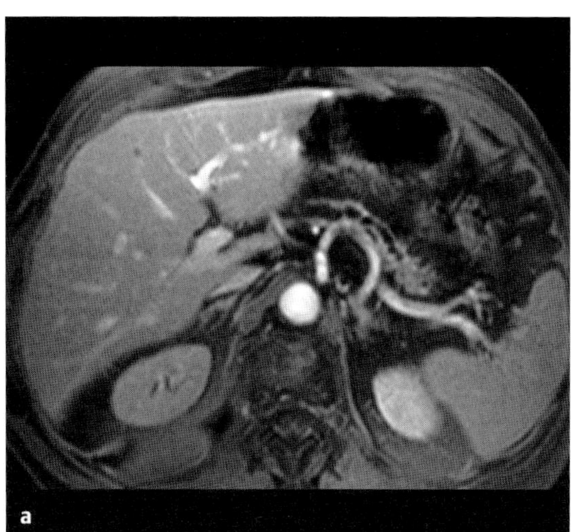

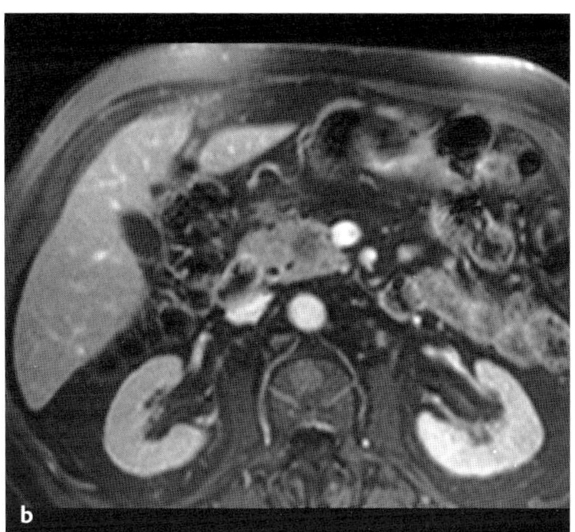

Abb. 67 a, b Duktales Adenokarzinom des Pankreas. MRT.
a Erweiterung des Pankreasgangs, Atrophie des Pankreasparenchyms.
b Hypovaskulärer Tumor im Pankreaskopf.

Differenzialdiagnose

chronische Pankreatitis	– chronischer Alkoholabusus – meist generalisierte Pankreasgangerweiterung – Parenchymatrophie – Verkalkungen
Autoimmunpankreatitis	– langstreckige Striktur des Pankreasgangs – meist bei jüngeren Patienten – mit anderen Autoimmunerkrankungen vergesellschaftet – häufig Gammaglobuline erhöht
Metastasen	– in weit fortgeschrittenen Stadien bei meist bekanntem Primärtumor
endokrine Tumoren	– meist hypervaskularisiert oder mit hypervaskularisierten Anteilen – 30% der nicht funktionstüchtigen malignen Tumoren haben Verkalkungen
solider papillärer Tumor	– kommt überwiegend bei jungen Frauen vor – meist mit zystischen Arealen oder Einblutungen
muzinöses Zystadenokarzinom	– meist besser abgegrenzt – makrozystisch – Verkalkungen in der Zystenwand

Typische Fehler

Fehldeutung als chronische Pankreatitis • Beurteilung der Irresektabilität aus alleiniger Abschätzung einer Gefäßinfiltration.

Ausgewählte Literatur

Catalano C et al. Pancreatic carcinoma: the role of high resolution multislice spiral CT in the diagnosis and assessment of resectability. Eur Radiol 2003; 13: 149 – 156

Fletcher JG et al. Pancreatic malignancy: value of arterial, pancreatic, and hepatic phase imaging with multi-detector row CT. Radiology 2003; 229: 81 – 90

Nishiharu T et al. Local extension of pancreatic carcinoma: assessment with thin-section helical CT versus breath-hold fast MR imaging –ROC analysis. Radiology 1999; 212: 445 – 452

Tamm EP et al. Diagnosis, staging, and surveillance of pancreatic cancer. AJR 2003; 180: 1311 – 1323

Seröses Zystadenom

Kurzdefinition

Primär zystischer, meist gutartiger Tumor des Pankreas, der aus multiplen kleinen Zysten zusammengesetzt ist.

- **Epidemiologie**
  Macht 1 – 2% aller exokrinen Tumoren des Pankreas aus • Durchschnittsalter 50 – 70 Jahre • Deutlich häufiger bei Frauen.
- **Ätiologie/Pathophysiologie/Pathogenese**
  Zysten sind mit glykogenreichen und PAS-positiven Epithelzellen ausgekleidet, die eine seröse Flüssigkeit bilden • Gleichmäßige Verteilung über das Pankreas • Tumorgröße 1 – 25 cm (Durchschnitt 6 – 11 cm) • Tritt meist sporadisch auf • Kommt bei 60 – 80% der Patienten mit einem von-Hippel-Lindau-Syndrom vor.

Zeichen der Bildgebung

- **Methode der Wahl**
  CT • MRT
- **Pathognomonische Befunde**
  Aus vielen kleinen Zysten (bis 2 cm) zusammengesetzter, gut abgrenzbarer Tumor (wie Honigwabe oder Schwamm) • Lobulierte Kontur mit dünnen Zystenwänden, die KM aufnehmen • Manchmal sternförmige Narbe mit zentralen Verkalkungen (20 – 30%) • Keine Kommunikation mit dem Pankreasgangsystem • Erweiterung der Gallenwege und des Pankreasgangs ist ungewöhnlich • In bis zu 10% makrozystische Variante.
- **CT-Befund**
  Die mikrozystische Struktur kann meist nur bei hoher Auflösung und nach i. v. KM-Gabe dargestellt werden.
- **MRT-Befund**
  In T2w und in der MRCP gute Darstellung der Zusammensetzung aus kleinen Zysten, die hyperintens sind und nicht mit dem Pankreasgangsystem kommunizieren.
- **Endosonographie**
  Möglichkeit der Biopsie und Analyse des Zysteninhalts: dünnflüssig (serös), Amylase und Tumormarker nicht erhöht.

Klinik

- **Typische Präsentation**
  Meist zufällig entdeckt • Bei größeren Tumoren Druckgefühl.
- **Therapeutische Optionen**
  Operative Entfernung ist indiziert, wenn die Tumoren aufgrund ihrer Größe Symptome verursachen.
- **Verlauf und Prognose**
  Maligne Entartung ist extrem selten • Daher ist Verlaufskontrolle durch Bildgebung gerechtfertigt • Durchschnittliche Wachstumsrate 4 mm/Jahr.
- **Was will der Kliniker von mir wissen?**
  Unterscheidung von muzinösen zystischen Tumoren (muzinöses Zystadenom/Zystadenokarzinom und IPMN), da diese operativ entfernt werden müssen.

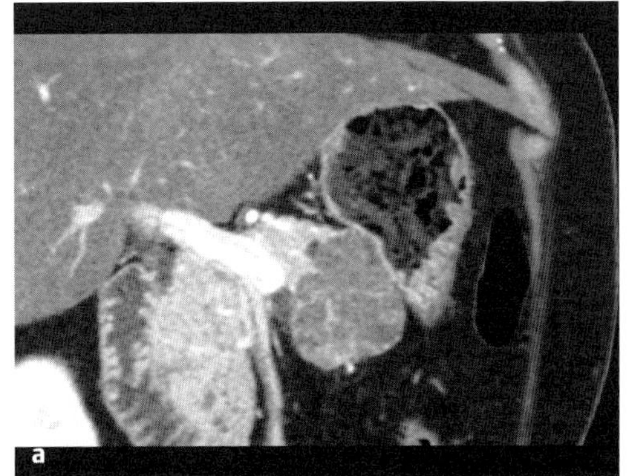

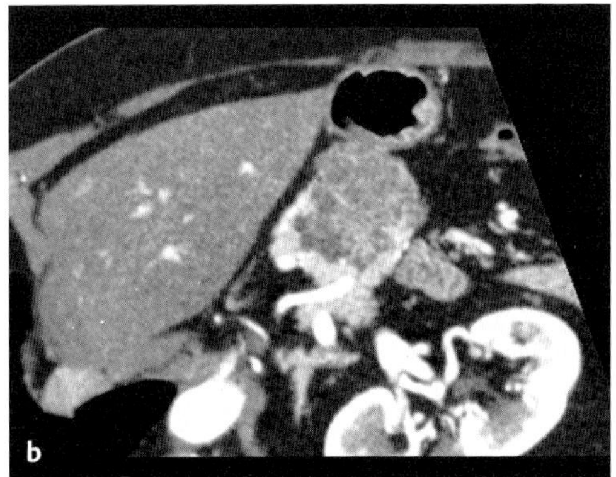

Abb. 68 a – c Seröses Zystadenom des Pankreas. **a, b** CT. Honigwabenartig angeordnete kleine Zysten mit KM-Aufnahme in den feinen Zystenwänden. **c** Operationspräparat.

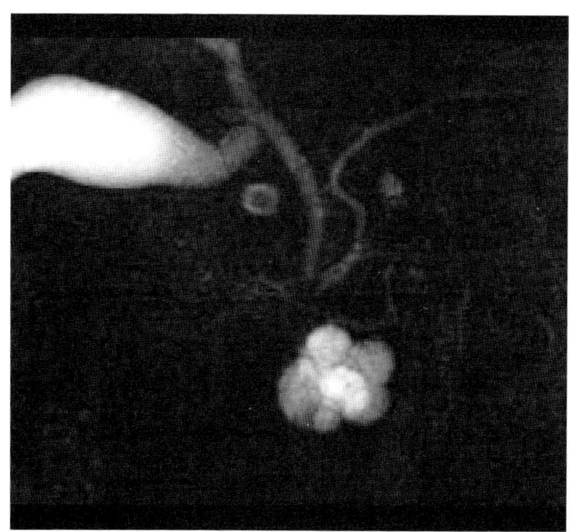

Abb. 69 Seröses Zystadenom des Pankreas. MRCP. Der traubenartige Aufbau des Zystadenoms ist gut erkennbar.

Differenzialdiagnose

muzinöses Zystadenom	– große Zysten mit Septierungen oder dicken Wänden – manchmal Verkalkungen in der Zystenwand – kein Anschluss an das Gangsystem – schwierige Abgrenzung zur makrozystischen Variante
IPMN	– Seitenasttyp kann ähnlich imponieren – verursacht meist keine umschriebene Raumforderung – besteht im Wesentlichen aus erweiterten Gängen – keine Verkalkungen
solid papillärer Tumor	– überwiegend bei jungen Frauen – meist größere und schlecht abgrenzbare zystische Nekrosen

Typische Fehler

Fehldeutung als muzinöser Tumor mit zwingender Operationsindikation.

Ausgewählte Literatur

Cohen-Scali F et al. Discrimination of unilocular macrocystic serous cystadenoma from pancreatic pseudocyst and mucinous cystadenoma with CT: initial observations. Radiology 2003; 228: 727 – 733

Curry CA et al. CT of primary cystic pancreatic neoplasms. AJR 2000; 175: 99 – 103

Procacci C et al. Serous cystadenoma of the pancreas: report of 30 cases with emphasis on imaging findings. J Comput Assist Tomogr 1997; 21: 373 – 382

Muzinöses Zystadenom / Zystadenokarzinom

Kurzdefinition

Primär zystischer Tumor des Pankreas mit malignem Potenzial, bestehend aus schleimhaltigen Zysten, die keine Kommunikation zum Pankreasgangsystem haben.

- **Epidemiologie**
  1 – 2% aller exokrinen Tumoren des Pankreas • Durchschnittsalter 40 – 80 Jahre • Fast ausschließlich bei Frauen.
- **Ätiologie/Pathophysiologie/Pathogenese**
  Ovarienartiges Stroma • Mit schleimproduzierenden Epithelzellen ausgekleidet • Je nach Dysplasie Einteilung in Adenom, Borderline-Tumor oder Karzinom • Etwa ⅓ ist zum Zeitpunkt der Diagnose noch benigne • Meist im Pankreaskörper und -schwanz • Größe 2 – 25 cm (Durchschnitt 6 – 10 cm).

Zeichen der Bildgebung

- **Methode der Wahl**
  CT • MRT
- **Pathognomonische Befunde**
  Meist aus mehreren großen Zysten (> 2 cm) zusammengesetzt • Gut abgrenzbarer Tumor mit Septierungen • Manchmal dicke Zystenwand • Keine Kommunikation mit dem Pankreasgangsystem • Evtl. Erweiterung des Gallengangs und des Pankreasgangs durch Kompression • Periphere eierschalenartige Verkalkungen (sprechen für Malignität).
- **CT-Befund**
  Großzystischer Tumor mit Septen • KM-Aufnahme in der Zystenwand.
- **MRT-Befund**
  In T2w und in der MRCP signalintense Zysten • Gute Demarkierung der Septen • Keine Kommunikation mit dem Pankreasgang.
- **Endosonographie**
  Möglichkeit der Biopsie mit Analyse des Zysteninhalts: muzinös mit Nekrosen und Einblutungen, Tumormarker erhöht, Amylase nicht erhöht.

Klinik

- **Typische Präsentation**
  Bei größeren Tumoren Druckgefühl und Bauchschmerzen • Inappetenz • Gewichtsverlust.
- **Therapeutische Optionen**
  Operative Entfernung ist auch bei benignen Formen indiziert, da häufig maligne Entartung.
- **Verlauf und Prognose**
  Gute Prognose, wenn Tumor komplett entfernt werden kann (5-Jahre-Überlebensrate > 95%) • Bei jüngeren Patienten (< 50 Jahren) und invasiven Tumoren schlechtere Prognose.
- **Was will der Kliniker von mir wissen?**
  Unterscheidung von Pankreaspseudozysten • Zeichen einer malignen Entartung.

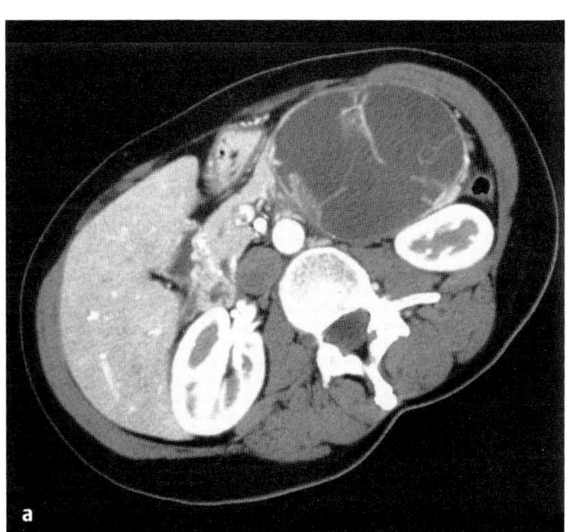

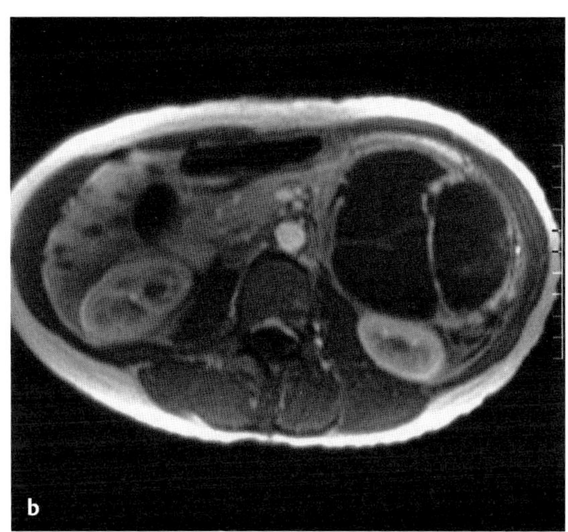

Abb. 70a–d Muzinöses Zystadenom des Pankreas.
a CT, arterielle Phase. Die dünnen Septen sind gut erkennbar.
b MRT, T1w nach KM-Gabe. Gute Darstellung der Septen.

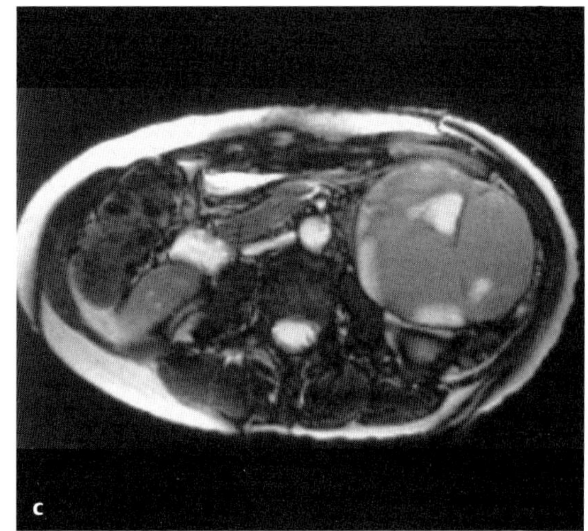

c Muzinöses Zystadenom. MRT, T2w. In den Zysten Flüssigkeit unterschiedlicher Signalintensität.

d MRCP. Verlagerung des Pankreasgangs im Schwanzbereich, hohe Signalintensität nur in einzelnen zystischen Kompartimenten.

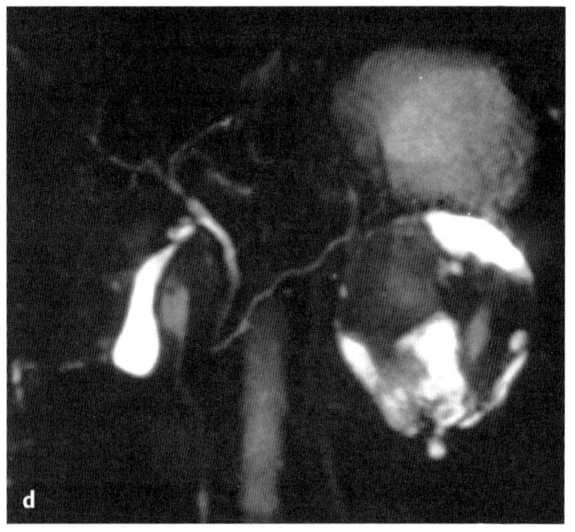

Differenzialdiagnose

Pseudozysten	– Folgen einer akuten oder chronischen Pankreatitis (Anamnese!)
seröses Zystadenom	– viele kleine, wabenartig angeordnete Zysten – manchmal zentrale sternförmige Narbe und Verkalkungen
IPMN	– schleimgefüllte, zystisch erweiterte Pankreasgänge – intraduktale Polypen
solider papillärer Tumor	– überwiegend bei jungen Frauen – solide und zystische Anteile – Hämorrhagien
zystisch degenerierte Tumoren	– infiltratives Wachstum und Metastasierung

Typische Fehler

Fehldeutung als Pankreaspseudozyste und therapeutisch Zystojejunostomie.

Ausgewählte Literatur

Brugge WR et al. Cystic neoplasms of the pancreas. N Engl J Med 2004; 16: 1218 – 1226

Cohen-Scali F et al. Discrimination of unilocular macrocystic serous cystadenoma from pancreatic pseudocyst and mucinous cystadenoma with CT: initial observations. Radiology 2003; 228: 727 – 733

Sahani V et al. Cystic pancreatic lesions: a simple imaging-based classification system for guiding management. RadioGraphics 2005; 25: 1471 – 1484

Intraduktale papilläre muzinöse Neoplasie (IPMN)

Kurzdefinition

Primär zystischer Tumor des Pankreas, der vom Gangepithel ausgeht und durch Schleimbildung zu einer Erweiterung der Pankreasgänge führt.

- **Epidemiologie**
  Macht 1 – 2% aller exokrinen Tumoren des Pankreas aus • Durchschnittsalter 60 – 80 Jahre • Etwas häufiger bei Männern.
- **Ätiologie/Pathophysiologie/Pathogenese**
  Durch Schleimobstruktion Entwicklung von Fibrosen und Parenchymatrophie wie bei chronischer Pankreatitis.
  3 Formen: Seitenasttyp (bevorzugt im Processus uncinatus), Hauptgangtyp und gemischter Typ • Der Seitenasttyp scheint seltener maligne zu sein • Je nach Differenzierung Unterscheidung in gutartige Formen, Borderline-Formen und maligne Tumoren • In 7 – 34% Carcinoma in situ • In 25 – 44% invasives Karzinom.

Zeichen der Bildgebung

- **Methode der Wahl**
  CT • MRT
- **Pathognomonische Befunde**
  Zystische Dilatation der Seitenäste und/oder umschriebene oder diffuse Erweiterung des Hauptgangs • Keine duktalen Verkalkungen • Kleine intraduktale papilläre Knoten, die KM aufnehmen • Schleimpfröpfe in den Gängen • Prominente Papille • Eine umschriebene Tumormasse ist meist nur bei malignen Formen zu erkennen • Hinweise auf Malignität: große wandständige Knoten, sehr weite Gänge (> 10 mm) und eine Obstruktion des Gallengangs • Gefäßinfiltration ist selten.
- **CT-Befund**
  In der Dünnschnitt-MDCT lässt sich durch Rekonstruktionen die Kommunikation mit dem Gangsystem darstellen • Im Mehrphasen-CT nimmt der intraduktale Knoten KM auf.
- **MRT-Befund**
  In T2w und MRCP zystische Läsionen • Kommunikation mit dem Gangsystem • Erweiterte Gangstrukturen • Im Gegensatz zur ERCP ist eine Unterscheidung zwischen Schleim und papillären Knoten (intraduktale Aussparungen) möglich.
- **Endosonographie**
  Möglichkeit zur Biopsie und Analyse des Zysteninhalts: schleimig, Amylase erhöht, Tumormarker erhöht.
- **Endoskopie und ERCP**
  Prominente Papille, aus der sich zäher Schleim entleert • Der Schleim kann Füllungsdefekte im Pankreasgang hervorrufen und eine komplette Füllung des Gangsystems erschweren.

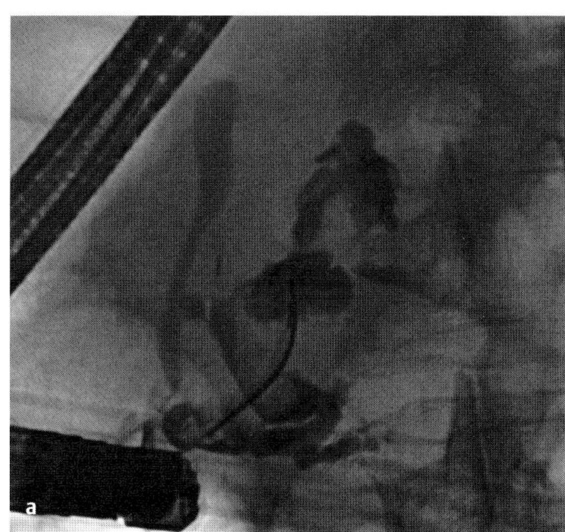

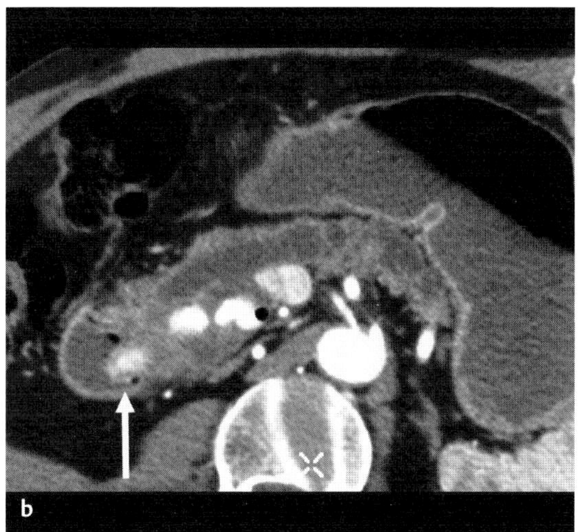

Abb. 71 a, b Intraduktale papilläre muzinöse Neoplasie des Pankreas.
a ERCP. Inkomplette Füllung des Pankreasgangs, der im Pankreaskopf eine große, durch Schleim bedingte KM-Aussparung aufweist.
b CT, kurz nach der ERCP durchgeführt. Erhebliche Erweiterung des Pankreashauptgangs, Atrophie des Pankreasparenchyms. In Seitenästen des Pankreaskopfes ist noch KM von der ERCP verblieben. Etwas KM auch in der prominenten Papille (Pfeil).

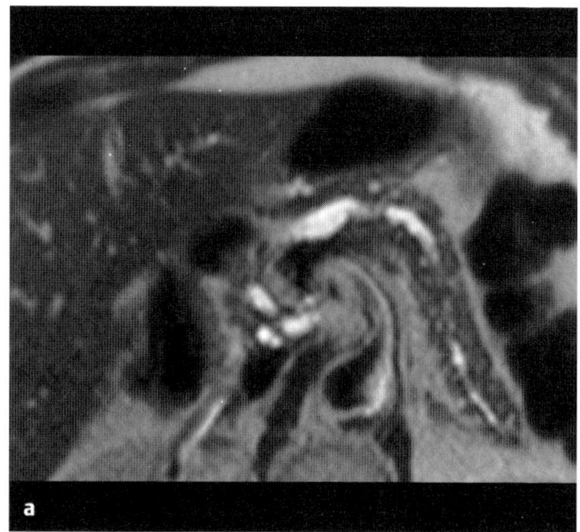

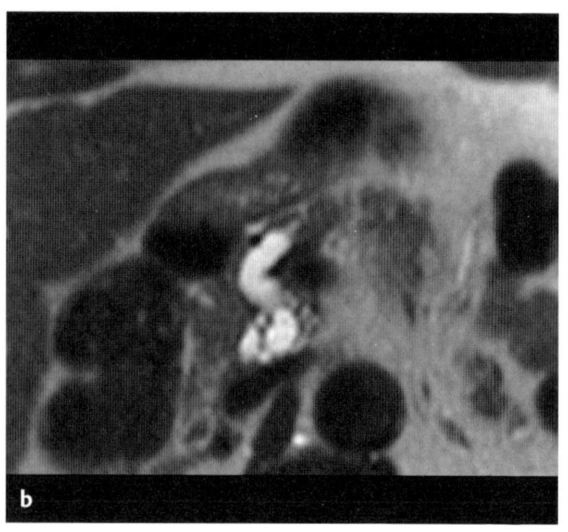

Abb. 72 a, b Intraduktale papilläre muzinöse Neoplasie des Pankreas.
a MRT, T2w. Deutliche Erweiterung des Pankreasgangs im Kopf- und Korpusabschnitt.
b In Projektion auf den Pankreaskopf deutliche Erweiterung des Hauptgangs und zystische Erweiterung der Seitenäste.

Klinik

- **Typische Präsentation**
  Häufig klinisches Bild einer chronischen Pankreatitis • Bisweilen Schübe einer leichten Pankreatitis.
- **Therapeutische Optionen**
  Operative Entfernung.
- **Verlauf und Prognose**
  Lange Überlebenszeit, wenn kein invasives Wachstum besteht • Deutlich schlechtere Prognose bei maligner Variante mit Lymphknotenmetastasen • Lokale Rezidive können sich extrapankreatisch (meist solide) oder intrapankreatisch (meist zystisch) manifestieren.
- **Was will der Kliniker von mir wissen?**
  Ausmaß des duktalen Befalls (bestimmt das Ausmaß der Resektion) • Unterscheidung von nichtmuzinösen zystischen Tumoren (seröses Zystadenom), da bei diesen eine Resektion nicht unbedingt notwendig ist.

Differenzialdiagnose

chronische Pankreatitis	– Alkoholanamnese – in fortgeschrittenen Fällen Verkalkungen im Parenchym und in den Gängen
seröses Zystadenom	– viele kleine, wabenartig angeordnete Zysten, die einen umschriebenen Tumor bilden – häufig mit zentraler sternförmiger Narbe und Verkalkungen – kein Anschluss an das Gangsystem
muzinöses Zystadenom	– große Zysten mit Septierungen oder dicken Wänden – manchmal Verkalkungen in der Zystenwand – kein Anschluss an das Gangsystem

Typische Fehler

Fehldeutung als chronische Pankreatitis.

Ausgewählte Literatur

Fukukura Y et al. Intraductal papillary mucinous tumors of the pancreas: Comparison of helical CT and MR imaging. Acta Radiol 2003; 44: 464 – 471

Irie H et al. MR cholangiopancreatographic differentiation of benign and malignant intraductal mucinproducing tumors of the pancreas. AJR 2000; 174: 1403 – 1408

Kawamoto S et al. Intraductal papillary mucinous neoplasm of the pancreas: can benign lesions be differentiated from malignant lesions with MDCT? RadioGraphics 2005; 25: 1451 – 1470

Solider pseudopapillärer Tumor

Kurzdefinition

Niedrigmaligner Tumor des Pankreas mit soliden und zystischen Anteilen • Syn.: solid-zystischer Tumor, papillär-zystischer Tumor, Frantz-Tumor).

- **Epidemiologie**
  Macht weniger als 1% aller exokrinen Tumoren des Pankreas aus • Fast ausschließlich bei jungen Frauen (um 30 Jahre).
- **Ätiologie/Pathophysiologie/Pathogenese**
  Aus soliden und zystischen Anteilen aufgebaut • Charakteristisch sind Nekrosen und Hämorrhagien • Wächst in allen Pankreasabschnitten, möglicherweise leichte Bevorzugung des Pankreaskopfs • Durchschnittliche Größe 9 – 12 cm.

Zeichen der Bildgebung

- **Methode der Wahl**
  CT • MRT
- **Pathognomonische Befunde**
  Großer Tumor mit soliden und zystischen Anteilen • Kann aber auch komplett solide oder zystisch imponieren • Meist dickwandige Kapsel, die KM aufnimmt • Verkalkungen (30%) • Häufig Zeichen einer Einblutung • Keine Kommunikation mit dem Pankreasgangsystem • Keine Erweiterung des Gallengangs und des Pankreasgangs, da der Tumor weich ist.
- **CT-Befund**
  Schwache Kontrastierung der soliden Anteile in der arteriellen Phase • Starke KM-Anreicherung in der portalvenösen Phase.
- **MRT-Befund**
  Hyperintense Areale in T1w und hypointens in T2w durch hämorrhagische Nekrosen • In T2w sehr heterogen • Gelegentlich Schichtungsphänomene • Frühe periphere KM-Aufnahme mit zunehmender Anreicherung zum Zentrum hin.
- **Sonographie-Befund**
  Einblutungen imponieren echoreich.
- **Endosonographie**
  Möglichkeit zur Biopsie mit Analyse des Zysteninhalts: muzinös, Nekrosen und Einblutungen, Tumormarker erhöht, Amylase nicht erhöht.

Klinik

- **Typische Präsentation**
  Symptome nur bei größeren Tumoren • Druckgefühl • Bauchschmerzen • Inappetenz • Gewichtsverlust.
- **Therapeutische Optionen**
  Operative Entfernung.
- **Verlauf und Prognose**
  Gute Prognose, wenn Tumor komplett entfernt werden kann (> 95% Heilungsrate) • In wenigen Fällen ungünstiger Verlauf durch Metastasierung in die Leber • In höherem Alter schlechtere Prognose.

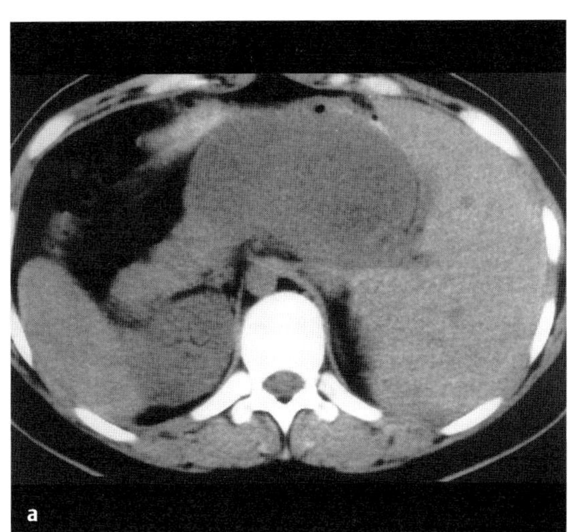

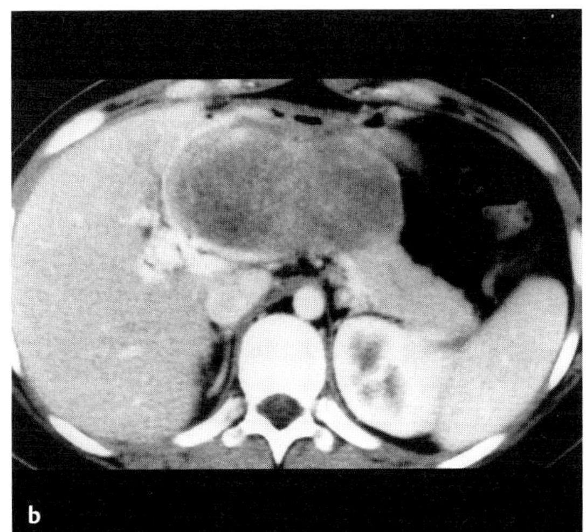

Abb. 73 a, b Solider pseudopapillärer Tumor. CT.
a Nativaufnahme. Zystischer Tumor im Pankreaskopf, homogene Struktur.
b Nach KM-Gabe. Nur geringfügige und überwiegend kapselnahe KM-Anreicherung.

Abb. 74a, b Teils zystischer, teils solider pseudopapillärer Tumor des Pankreasschwanzes, der sowohl im CT (**a**) als auch im MRT (**b**, T2w) zystische Areale aufweist. (Mit freundlicher Genehmigung von Frau Prof. Rieber, München-Neuperlach.)

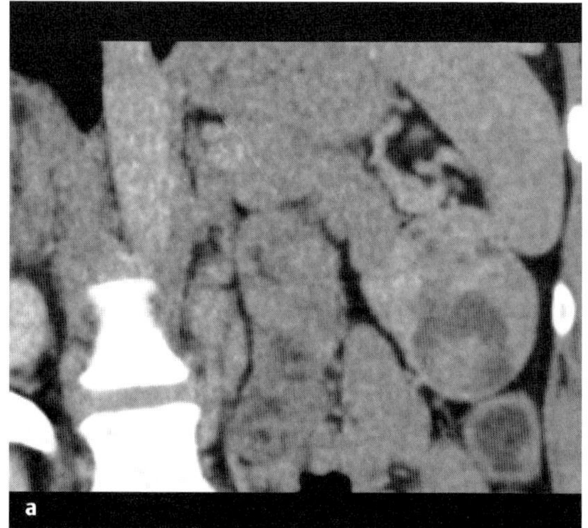

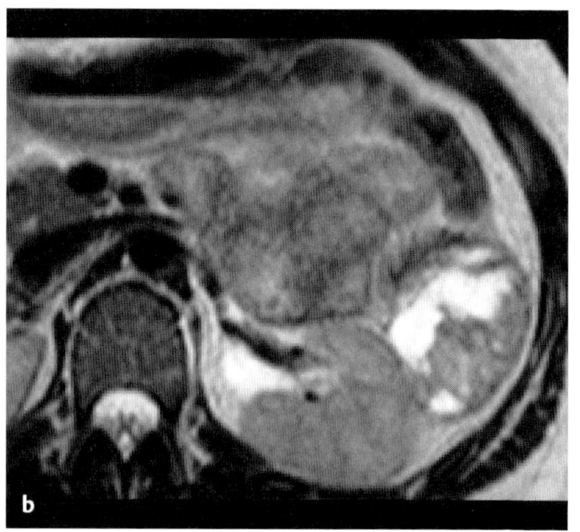

► **Was will der Kliniker von mir wissen?**
Unterscheidung von Pankreaspseudozysten.

Differenzialdiagnose

Pseudozysten	– Folgen einer akuten oder chronischen Pankreatitis (Anamnese!)
seröses Zystadenom	– viele kleine, wabenartig angeordnete Zysten – manchmal mit zentraler sternförmiger Narbe und Verkalkungen – kein Anschluss an das Gangsystem
muzinöses Zystadenom	– große Zysten mit Septierungen oder dicken Wänden – manchmal Verkalkungen in der Zystenwand – kein Anschluss an das Gangsystem
zystisch degenerierte Tumoren	– infiltratives Wachstum und Metastasierung
Pankreatoblastom	– fast ausschließlich bei Kindern

Typische Fehler

Fehldeutung als traumatische Pankreaspseudozyste.

Ausgewählte Literatur

Buetow PC et al. Solid and papillary epithelial neoplasm of the pancreas: imaging-pathologic correlation in 56 cases. Radiology 1996; 199: 707–711

Cantisani V et al. MR imaging features of solid pseudopapillary tumor of the pancreas in adult and pediatric patients. AJR 2003; 181: 395–340

Merkle EM et al. Papillary cystic and solid tumor of the pancreas. Z Gastroenterol 1996; 34: 743–746

Hormonaktive endokrine Tumoren

Kurzdefinition

Neuroendokrine Tumoren des Pankreas, die durch ihre Hormonausschüttung eine spezifische Symptomatik verursachen.

- **Epidemiologie**
  Seltene Tumoren • Am häufigsten sind Insulinom und Gastrinom mit einer Inzidenz von 0,3 – 3 : 1 Mio. • Altersgipfel des Insulinoms im 4. – 6. Lebensjahrzehnt, Frauen etwas häufiger betroffen • Altersgipfel des Gastrinoms im 4. – 5. Lebensjahrzehnt, Männer häufiger betroffen.
- **Ätiologie/Pathophysiologie/Pathogenese**
  Treten meist sporadisch auf • Können auch mit genetischen Syndromen assoziiert sein: MEN 1 (multiple endokrine Neoplasie), von Hippel-Lindau-Syndrom, Neurofibromatose und tuberöse Sklerose • Unterschiedliche Malignitätsrate: Insulinom 10%, Gastrinom im Pankreas 70%, Gastrinom im Duodenum 40%, VIPom 50 – 75%, Glucagonom 65 – 75% • Histologische Unterscheidung von benignen und malignen Tumoren ist schwierig • Typische Lage und Größe:
  - Insulinom in über 99% im Pankreas (1 – 8 cm)
  - Gastrinom 70% im Pankreas und 40% im Duodenum (1 mm-18 cm)
  - VIPom 80 – 90% im Pankreas, 10 – 20% extrapankreatisch (6 mm-20 cm)
  - Glucagonom 100% im Pankreas (2 – 40 cm)

Zeichen der Bildgebung

- **Methode der Wahl**
  CT • MRT
- **Pathognomonische Befunde**
  Häufig kleiner als 3 cm • Stark hypervaskularisiert • Größere Tumoren können zystische und nekrotische Veränderungen zeigen • Meist keine Obstruktion des Pankreasgangs.
- **CT-Befund**
  Mehrphasiges Dünnschnitt-CT ist obligat, da einige Tumoren nur in der frühen arteriellen Phase, andere in der Parenchym- oder portalvenösen Phase zu erkennen sind • Hypervaskularisierter Knoten.
- **MRT-Befund**
  In T1w hypointens, in T2w hyperintens im Vergleich zum umgebenden Pankreasgewebe • Bei kleinen Tumoren homogene oder ringförmige Kontrastierung • Bei größeren Tumoren heterogene Anreicherung • Bevorzugte Techniken: fettunterdrückte T1w SE- und GE-Sequenzen, T2w FSE und dynamische kontrastverstärkte Sequenzen • Aussagefähigkeit etwa dem CT vergleichbar.
- **Sonographie-Befund**
  Rundlicher, gut abgrenzbarer, echoarmer Knoten • Glatte Oberfläche • Bei größeren Tumoren inhomogene Echostruktur • Meist gute Beurteilbarkeit von Lebermetastasen • Kleine extrapankreatische Tumoren (Gastrinom) meist nicht zu erkennen.

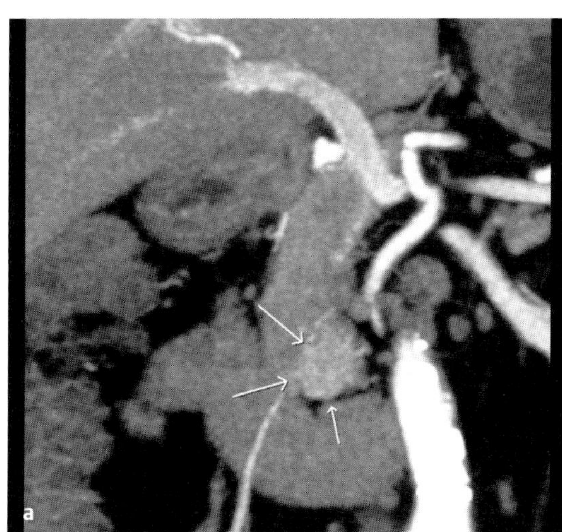

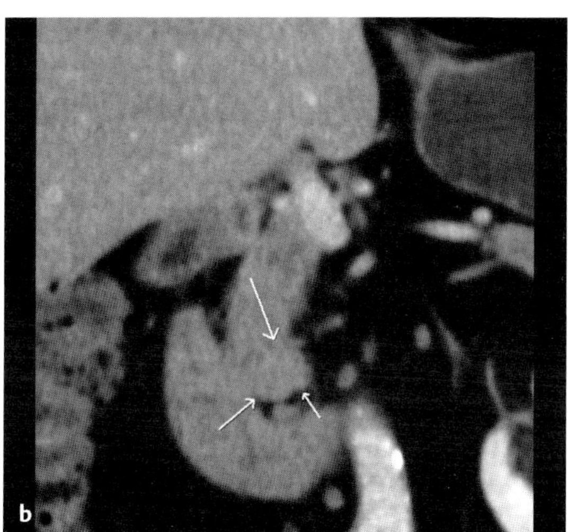

Abb. 75 a, b Gutartiges Insulinom des Pankreaskorpus.
a CT, arterielle Phase. Hypervaskularisierte Raumforderung (Pfeile).
b CT, portalvenöse Phase. Die Raumforderung hebt sich kaum mehr vom umgebenden Pankreasparenchym ab (Pfeile).

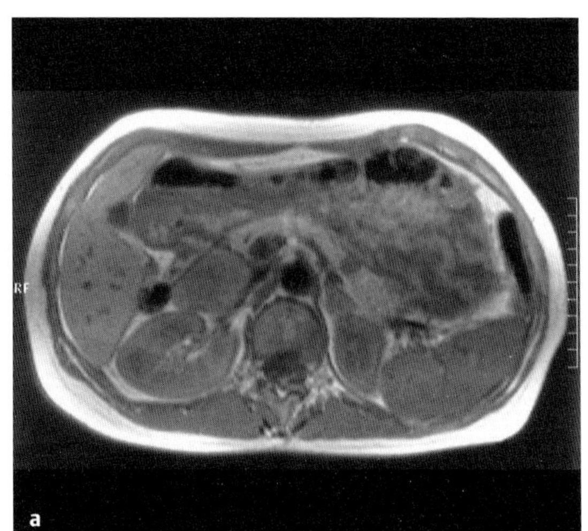

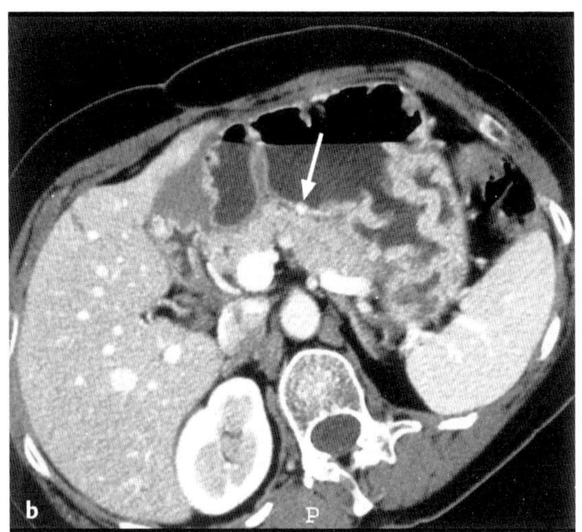

Abb. 76 a, b
Gastrinom.
a MRT, T1w. Am Übergang vom Pankreaskorpus zum Pankreasschwanz hebt sich ein kleiner rundlicher Tumor hypointens vom umgebenden Pankreasparenchym ab.
b CT. Die verbreiterten Schleimhautfalten des Magens bei Zollinger-Ellison-Syndrom sind etwas besser erkennbar. Daneben findet sich ein wenige Millimeter großer hypervaskularisierter Gastrinomknoten (Pfeil) in der Magenwand (**b**).

- **Endosonographie**
  Sehr sensitives Verfahren bei kleinen und multiplen Tumoren im Pankreas und in der Duodenal- oder Magenwand • Kombination von CT oder MRT mit Endosonographie erhöht die diagnostische Genauigkeit auf fast 100%.
- **Interventionelle Verfahren**
  Angiographie mit arterieller Stimulation und venösem Sampling mit selektiver arterieller Injektion (Calciumgluconat zum Nachweis von Insulinomen, Sekretin zum Nachweis von Gastrinomen) zur Lokalisationsdiagnostik haben an Bedeutung verloren.

Klinik

- **Typische Präsentation**
  Symptome hängen von den ausgeschütteten Hormonen ab:
  - Insulinom: Hypoglykämie • Tachykardie • Neuropsychiatrische Symptome
  - Gastrinom: peptische Ulzera • Diarrhö • Gewichtsverlust (Zollinger-Ellison-Syndrom)
  - VIPom: wässrige Diarrhö • Elektrolytstörungen • Hyperglykämie • Flush (Verner-Morrison-Syndrom)
  - Glucagonom: Diabetes • Diarrhö • Nekrolytisches Erythem
  - Somatostationom: Diabetes mellitus
- **Therapeutische Optionen**
  Operative Entfernung, wobei oberflächliche Tumoren lediglich enukleiert werden • Auch bei metastasierten Tumoren profitieren die Patienten von einer Entfernung des Primärtumors • Lebermetastasen können mit TACE oder TAE therapiert werden.
- **Verlauf und Prognose**
  Gute Prognose bei gutartigen Tumoren.
- **Was will der Kliniker von mir wissen?**
  Lage und Zahl der Tumoren • Zeichen einer malignen Entartung.

Differenzialdiagnose

duktales Adenokarzinom	– hypovaskulär – Aufweitung des Pankreasgangs
endokrine Tumoren (nicht hormonaktiv)	– meist hypovaskulär oder größere Tumoren – in 30% Verkalkungen
solider papillärer Tumor	– überwiegend bei jungen Frauen – meist zystische Areale oder Einblutungen
muzinöses Zystadenokarzinom	– meist besser abgegrenzt – manchmal Zeichen einer Einblutung – Verkalkungen in der Zystenwand

Typische Fehler

Nur einphasige Untersuchung im CT und MRT.

Ausgewählte Literatur

Horton KM et al. Multi-detector row CT of pancreatic islet cell tumors. RadioGraphics 2006; 26: 453 – 464

Ichikawa T et al. Islet cell tumor of the pancreas: biphasic CT versus MR imaging in tumor detection. Radiology 2000; 216: 163 – 171

Thoeni RF et al. Detection of small functional islet cell tumors in the pancreas: selection of MR imaging sequences for optimal sensitivity. Radiology 2000; 214: 483 – 490

Nicht hormonaktive endokrine Tumoren

Kurzdefinition

Neuroendokrine Tumoren des Pankreas, die durch ihre geringe Hormonausschüttung keine spezifische Symptomatik verursachen.

- **Epidemiologie**
  Machen 30–50% aller neuroendokrinen Tumoren des Pankreas aus • Kleinere Tumoren werden bisweilen zufällig entdeckt • Durchschnittsalter bei Diagnose 50–60 Jahre • Gleiche Geschlechtsverteilung.
- **Ätiologie/Pathophysiologie/Pathogenese**
  Hormonaktive und nicht hormonaktive Tumoren können mit immunhistochemischen Untersuchungen unterschieden werden.

Zeichen der Bildgebung

- **Methode der Wahl**
  CT • MRT
- **Pathognomonisch**
  Oft größer als hormonaktive Tumoren (durchschnittlich über 5 cm) • In 80% mindestens teilweise hypervaskularisiert, in 20% hypovaskulär • Häufig zystische oder nekrotische Veränderungen • Bei größeren Tumoren häufig Verkalkungen • Größere Tumoren (> 5 cm) häufig maligne • Bei größeren Tumoren und malignen Formen Obstruktion des Pankreasgangs möglich.
- **CT-Befund**
  Nativ große Tumoren mit Verkalkungen (30%) • Die Tumoren können nach KM-Gabe hyper-, iso- oder hypodens erscheinen • Die vitalen Tumoranteile reichern eher KM an, während Nekrosen und zystische Degenerationen kein KM aufnehmen.
- **MRT-Befund**
  In T1w hypointenses oder inhomogenes Signal • In T2w erhöhtes Signal, insbesondere in Nekrosen und zystischen Degenerationen • Bei kleinen Tumoren homogene oder inhomogene Kontrastierung • Bei größeren Tumoren heterogene Anreicherung • Bevorzugte Techniken: fettunterdrückte T1w SE- und GE-Sequenzen, T2w FSE und dynamische kontrastverstärkte Sequenzen • Aussagefähigkeit etwa dem CT vergleichbar.
- **Sonographie-Befund**
  Rundlicher gut abgrenzbarer, echoarmer Knoten • Bei kleineren Tumoren glatte Oberfläche • Größere Tumoren zeigen eine inhomogene Echostruktur • Meist gute Beurteilbarkeit von Lebermetastasen.
- **Endosonographie**
  Sehr sensitives Verfahren bei kleinen Tumoren im Pankreas.

Klinik

- **Typische Präsentation**
  Symptome werden durch Größe und Lage bestimmt • Schmerz • Ikterus • Darmobstruktion • Gewichtsverlust • Bestimmung von Hormonen ist diagnostisch nicht wegweisend.

Abb. 77 a, b Malignes Insulinom. CT. Inhomogener Tumor des Pankreasschwanzes in arterieller (**a**) und portalvenöser (**b**) Phase.

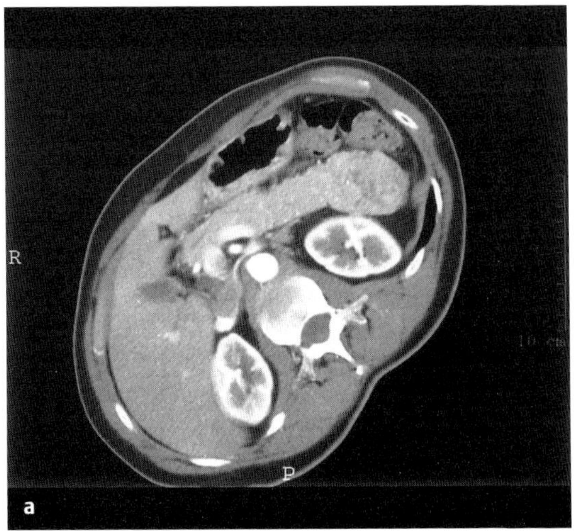

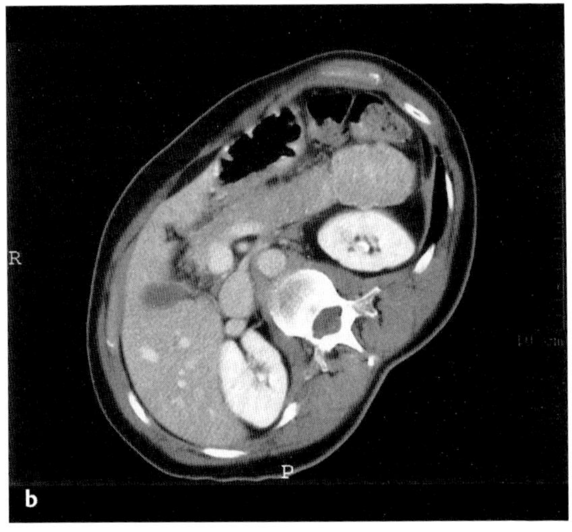

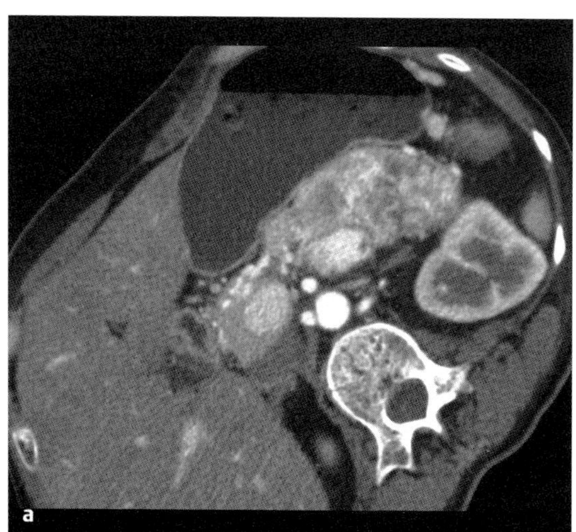

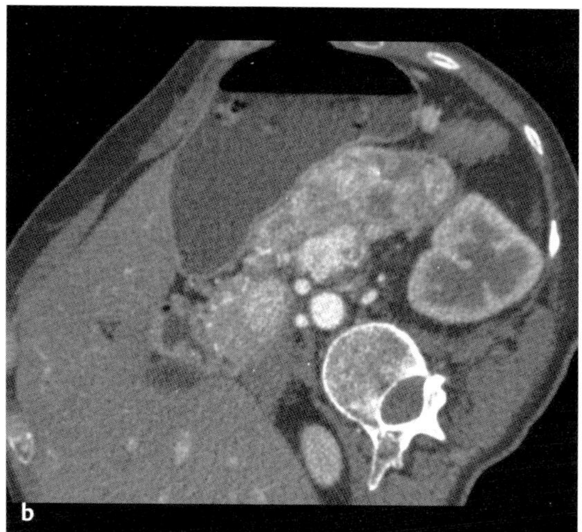

Abb. 78 a, b Nicht hormonaktiver Tumor des Pankreaskorpus und -schwanzes bei MEN I. CT. Der Tumor ist sowohl in der arteriellen Phase (**a**) als auch in der portalvenösen Phase (**b**) deutlich inhomogen.

- **Therapeutische Optionen**
  Operative Entfernung.
- **Verlauf und Prognose**
  Gute Prognose bei gutartigen Tumoren oder bei Tumoren, die noch nicht metastasiert haben.
- **Was will der Kliniker von mir wissen?**
  Lage und Größe der Tumoren • Zeichen einer malignen Entartung.

Differenzialdiagnose

duktales Adenokarzinom	– hypovaskulär
endokrine Tumoren (hormonaktiv)	– stark hypervaskularisiert – kleine Tumoren – keine Verkalkungen
solider papillärer Tumor	– überwiegend bei jungen Frauen – meist mit zystischen Arealen oder Einblutungen
muzinöses Zystadenokarzinom	– meist besser abgegrenzt – manchmal Zeichen einer Einblutung – Verkalkungen in der Zystenwand

Typische Fehler

Verwechslung mit duktalem Adenokarzinom.

Ausgewählte Literatur

Furukawa H et al. Nonfunctioning islet cell tumors of the pancreas: clinical, imaging, and pathologic aspects in 16 patients. Jpn J Clin Oncol 1998; 28: 255 – 261

Ichikawa T et al. Islet cell tumor of the pancreas: biphasic CT versus MR imaging in tumor detection. Radiology 2000; 216: 163 – 171

Gouya H et al. CT, endoscopic sonography, and a combined protocol for preoperative evaluation of pancreatic insulinomas. AJR 2003; 181: 987 – 992

Azinuszelltumor

Kurzdefinition

Maligner, exophytisch wachsender Tumor des Pankreas, der nicht vom Gangsystem ausgeht.

- **Epidemiologie**
  Macht 1% aller exokrinen Tumoren des Pankreas aus • Durchschnittsalter 50 – 70 Jahre • Männer sind etwas häufiger betroffen als Frauen.
- **Ätiologie/Pathophysiologie/Pathogenese**
  Epithelialer Tumor mit azinärer Differenzierung • Gelegentlich endokrine Anteile (gemischt azinär-endokrine Karzinome) • Tumor kann eine Hyperlipasämie hervorrufen, die zu subkutanen Fettgewebenekrosen (schmerzhafte gerötete Knoten) und Polyarthritiden (im Röntgenbild lytische Destruktionen) führen kann (10%) • Leicht bevorzugte Lage im Pankreaskopf • Aggressiver Tumor, der vorwiegend in die Leber metastasiert • Extraabdominale Aussaat ist selten.

Zeichen der Bildgebung

- **Methode der Wahl**
  CT • MRT
- **Pathognomonische Befunde**
  Meist großer, exophytisch wachsender und gut abgrenzbarer Tumor (2 – 15 cm Durchmesser, durchschnittlich 7 – 10 cm) • Unter 5 cm solide • Über 5 cm nekrotisch-zystischer Zerfall • Gelegentlich Hämorrhagien • Verkalkungen in 30% • Erweiterung des Gallengangs und des Pankreasgangs in 20 – 30% • Gelegentlich Infiltration des Duodenums und Magens • Gefäßinfiltration und Lymphknotenmetastasen sind selten.
- **CT-/MRT-Befund**
  - CT und MRT nativ: homogen oder heterogen (bei zystischem Zerfall oder Einblutungen).
  - CT und MRT nach KM-Gabe: homogene Kontrastierung der soliden Anteile • Im CT in der arteriellen Phase starke Anreicherung • Im MRT nach Mangan starke Anreicherung im Tumor.
- **Endosonographie**
  Möglichkeit der Punktion.

Klinik

- **Typische Präsentation**
  Abhängig von Lage und Größe • Druckgefühl oder Schmerzen • Appetitlosigkeit • Gewichtsverlust • Übelkeit • Selten Verschlussikterus • Gelegentlich erhöhte Pankreasenzyme • Eosinophilie • Stark erhöhtes AFP.
- **Therapeutische Optionen**
  Operative Entfernung • Palliativ Chemotherapie und Bestrahlung.
- **Verlauf und Prognose**
  Etwas bessere Prognose als beim duktalen Adenokarzinom • Schlechtere Prognose bei älteren Patienten, bei lipaseproduzierenden Tumoren, bei Lage im Pankreaskopf und bei Lebermetastasen.

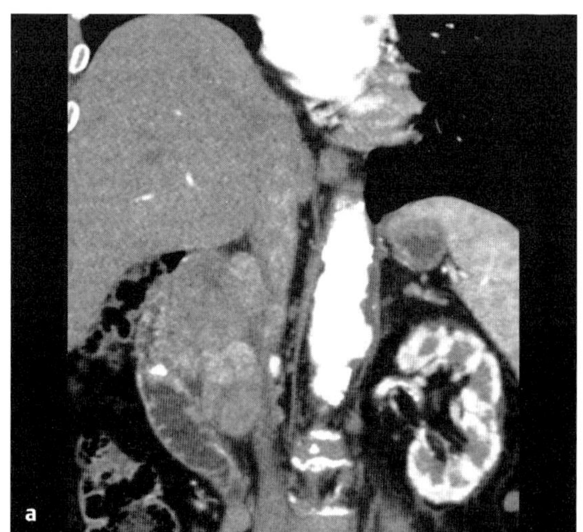

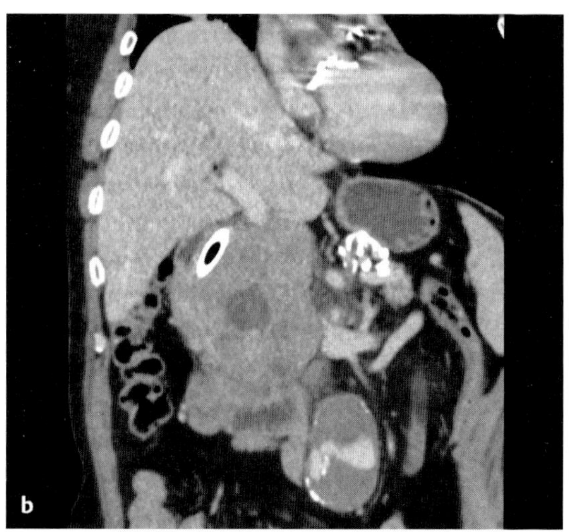

Abb. 79 a, b Azinuszelltumor des Pankreas. CT.
a Arterielle Phase. Teils knotig anreichernder großer Tumor des Pankreaskopfes.
b Portalvenöse Phase. Leicht inhomogene Anreicherung, zentrale Zerfallshöhle. Der Tumor ist mit einem Stent versorgt.

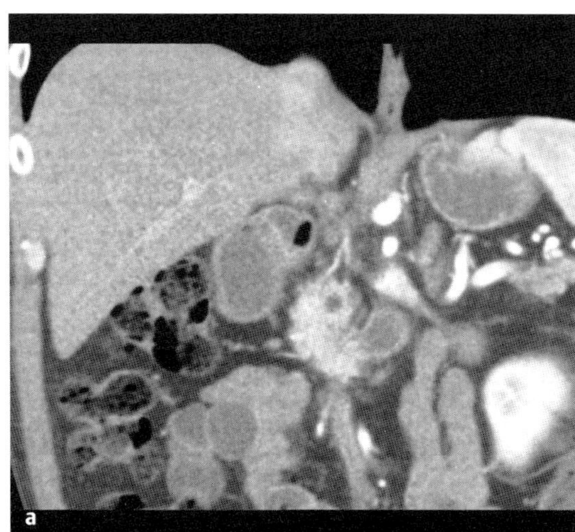

Abb. 80 a, b Azinuszelltumor des Pankreas. CT. Noch relativ kleiner, hypervaskularisierter Tumor des Pankreaskopfes (**a**), der eine deutliche Gangerweiterung und Parenchymatrophie verursacht hat und zusätzlich eine große hypervaskularisierte Metastase in der Leber gesetzt hat (**b**).

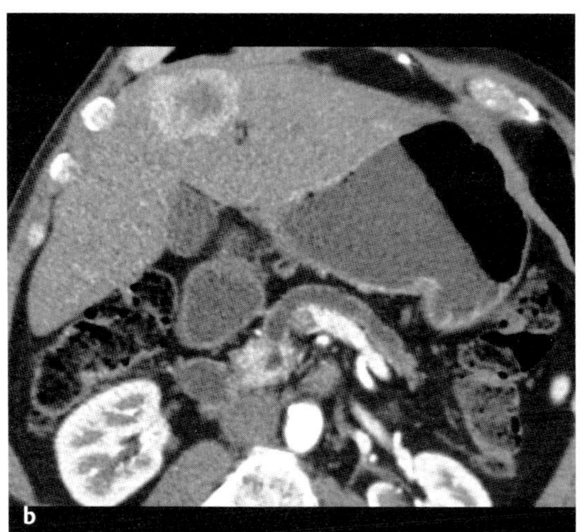

Azinuszelltumor

▸ **Was will der Kliniker von mir wissen?**
Unterscheidung vom duktalen Adenokarzinom. Größe und Lagebeziehungen des Tumors. Metastasen in der Leber.

Differenzialdiagnose

duktales Adenokarzinom	– ist meist kleiner – nimmt weniger KM auf – keine Verkalkungen – wächst infiltrierend mit unscharfen Grenzen
endokrine Tumoren (nicht hormonell aktiv)	– kaum zu unterscheiden – nach Mangan-Gabe keine Anreicherung
solider papillärer Tumor	– überwiegend bei jungen Frauen
muzinöses Zystadenom/ Zystadenokarzinom	– Zysten sind besser abgegrenzt – manchmal Zeichen einer Einblutung – Verkalkungen in der Zystenwand

Typische Fehler

Fehldeutung als duktales Adenokarzinom.

Ausgewählte Literatur

Klimstra DS et al. Acinar cell carcinoma of the pancreas: a clinicopathologic study of 28 cases. Eur Radiol 2005; 15: 1407 – 1414

Mustert BR et al. Appearance of acinar cell carcinoma of the pancreas on dual-phase CT. AJR 1998; 171: 1709

Sahani D et al. Functioning acinar cell pancreatic carcinoma: diagnosis on mangafodipir trisodium (Mn-DPDP)-enhanced MRI. J Comput Assist Tomogr 2002; 26: 126 – 128

Tatli S et al. CT and MRI features of pure acinar cell carcinoma of the pancreas in adults. AJR 2005; 184: 511 – 519

Lymphom des Pankreas

Kurzdefinition

Primärer oder sekundärer Lymphombefall des Pankreas.

- **Epidemiologie**
  Das primäre Lymphom des Pankreas ist sehr selten (weniger als 2% der extranodalen Non-Hodgkin-Lymphome) und macht 1% aller malignen Pankreastumoren aus • Durchschnittsalter 50–60 Jahre • Etwas häufiger bei Männern • Sekundärer Befall bei malignen peripankreatischen Lymphomen • 30% bei Non-Hodgkin-Lymphomen mit direkter Infiltration in das Pankreas.
- **Ätiologie/Pathophysiologie/Pathogenese**
  Gehäuft bei Patienten mit AIDS • Meist B-Zell-Lymphome.

Zeichen der Bildgebung

- **Methode der Wahl**
  MRT • CT
- **Pathognomonische Befunde**
  Primäres Lymphom: Meist großer Tumor (4–14 cm Durchmesser) • Häufig im Pankreaskopf • Ausschließlich peripankreatische Lymphknoten beteiligt • Pankreasgang häufig nur verlagert oder leicht stenosiert.
  Sekundäres Lymphom: Kontinuierliche Ausbreitung von Lymphomen in das Pankreas • Diffuser Befall des Organs.
- **MRT-Befund**
  In T1w hypointens oder isointens, in T2w leicht hyperintens • Nur geringe KM-Aufnahme • Keine Aufnahme manganhaltiger KM • Verlagerung oder leichte Einengung des Pankreasgangs in der MRCP.
- **CT-Befund**
  Homogen hypodens • Nur geringe, aber homogene KM-Aufnahme bei umschriebenen Tumoren oder generalisiertem Befall (wie bei Pankreatitis).
- **Sonographie-Befund**
  Meist homogene • Auffällig echoarme Raumforderung • Von auffällig vergrößerten Lymphknoten umgeben.
- **Biopsie**
  Bei primärem Lymphom endoskopisch oder perkutan.
- **PET**
  Starke FDG-Anreicherung.

Klinik

- **Typische Präsentation**
  Unspezifisches Beschwerdebild • Oberbauchschmerzen (70%) • Gewichtsverlust (50%) • Ikterus (40%) • Übelkeit (30%) • Erbrechen • Bei 10–50% B-Symptomatik (Fieber, Nachtschweiß und Gewichtsverlust) • Erhöhung der LDH.
- **Therapeutische Optionen**
  Kombinierte Chemo- und Radiotherapie • Rolle der Chirurgie umstritten.

Abb. 81 a–c Non-Hodgkin-Lymphom des Pankreas.
a CT. Homogene Raumforderung des Pankreaskopfes mit Anschnitt eines Plastik-Stents.
b MRT, T1w nativ. Deutlich hypointenser Tumor, der sich vom Restpankreas abhebt, das eine etwas höhere Signalintensität aufweist.

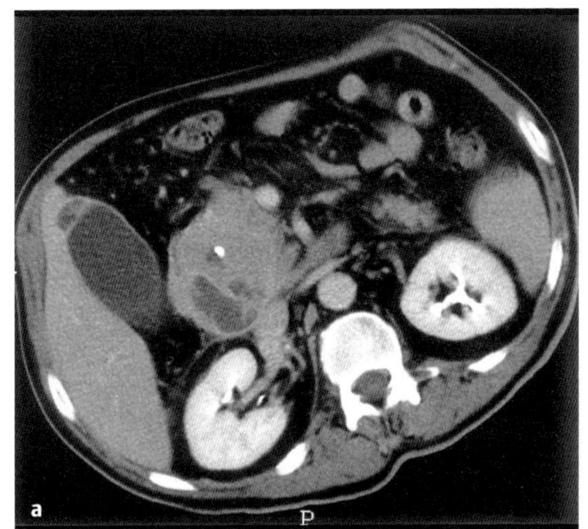

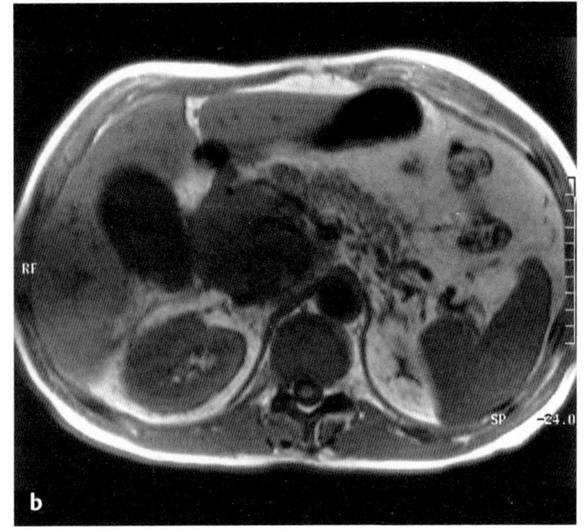

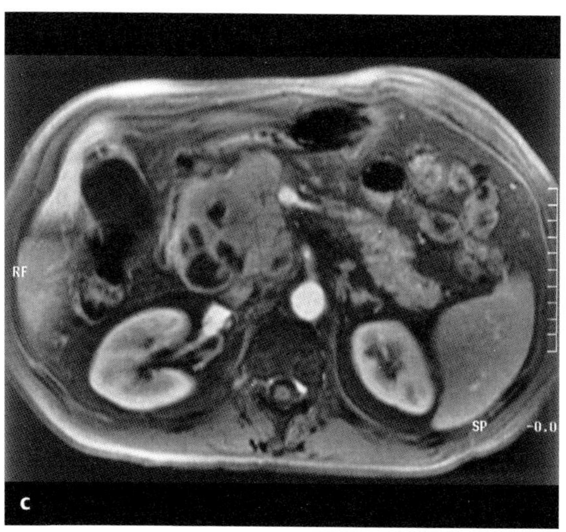

c Nach KM-Gabe geringe Anreicherung im Pankreaskopftumor. Die zystischen Anteile gehören nicht zum Tumor, sondern entsprechen einer Retentionszyste.

- **Verlauf und Prognose**
  Bei kombinierter Radio- und Chemotherapie Heilungsraten bis fast 50%.
- **Was will der Kliniker von mir wissen?**
  Unterscheidung von anderen Tumoren oder Pankreatitis.

Differenzialdiagnose

duktales Adenokarzinom	– stärkere Obstruktion des Pankreasgangs – kleinere Lymphknoten – häufig Lebermetastasen
Pankreatitis	– peripankreatische Flüssigkeitsansammlungen – Amylase und Lipase erhöht

Typische Fehler

Fehlinterpretation als duktales Adenokarzinom (bei Verdacht auf ein primäres Lymphom ist die Biopsie für die Therapie entscheidend).

Ausgewählte Literatur

Cario E et al. Diagnostic dilemma in pancreatic lymphoma. Int J Pancreatol 1997; 22: 67–71

Merkle EM et al. Imaging findings in pancreatic lymphoma. AJR 2000; 174: 671–675

Prayer L et al. CT in pancreatic involvement of non-Hodgkin lymphoma. Acta Radiol 1992; 33: 123–127

Lymphom des Pankreas

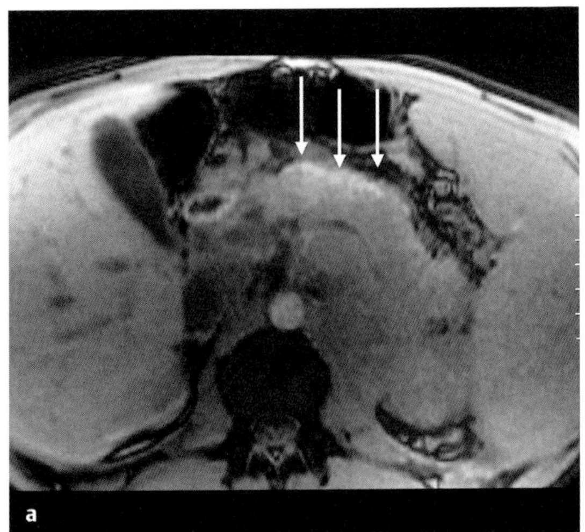

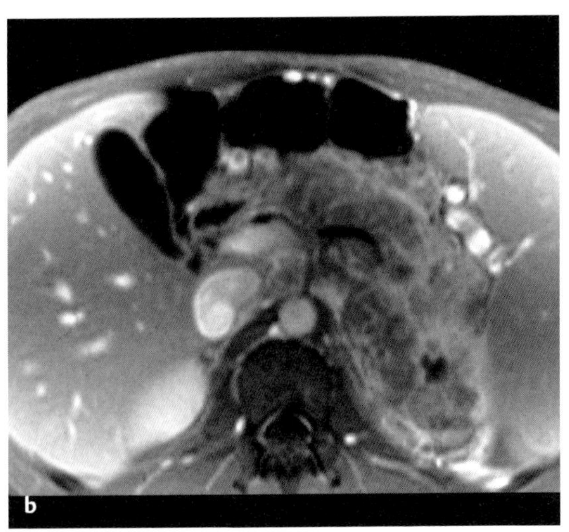

Abb. 82 a, b Ausgedehntes Burkitt-Lymphom, das von retroperitoneal in das Pankreas infiltriert. MRT.
a Das Pankreasparenchym ist noch in spärlichen Resten nachweisbar (Pfeile).
b Nach KM-Gabe inhomogene Kontrastierung des Lymphoms.

Pankreasmetastasen

Kurzdefinition

- **Epidemiologie**
  Seltener sekundärer Tumor des Pankreas • Meist erst bei fortgeschrittenen Tumorstadien und bisweilen in großem zeitlichen Intervall zur primären Tumordiagnose (insbesondere beim Nierenzellkarzinom) • In Autopsiestudien Inzidenz von 3–10%.
- **Ätiologie/Pathophysiologie/Pathogenese**
  Häufigste Primärtumoren: Nierenzellkarzinom • Bronchialkarzinom • Melanom • Mammakarzinom • Kolorektales Karzinom • Weichteilsarkom.

Zeichen der Bildgebung

- **Methode der Wahl**
  CT • Sonographie
- **Pathognomonische Befunde**
  Meist gut abgrenzbare Raumforderungen (1,5–2 cm im Durchmesser) • Manchmal mehrere Herde (20%) • Seltener diffuse Infiltration (5%) • Kontrastverhalten vom Primärtumor abhängig, meist heterogen • Aufweitung des Pankreasgangs und des Gallengangs (bei Lage im Pankreaskopf in 30–40%) • Meist auch Metastasen in anderen Organen (50%).
- **CT-Befund**
  Bei hypovaskulären Metastasen in der parenchymatösen Phase gute Unterscheidung zwischen Metastase und umgebendem Parenchym • Bei hypervaskularisierten Metastasen (Nierenzellkarzinom) meist bessere Abgrenzung in der arteriellen Phase.
- **Sonographie-Befund**
  Meist echoarm.
- **MRT-Befund**
  Auf T1w Aufnahmen hypointens • Bei Metastasen von Nierenzellkarzinomen hohe Signalintensität in T2w • Kräftige KM-Aufnahme nach Gd-Gabe • Sonst in der Aussagefähigkeit etwa dem CT vergleichbar.

Klinik

- **Typische Präsentation**
  Ikterus (bei Absiedlung im Pankreaskopf) • Appetitlosigkeit • Gewichtsabnahme • Selten Pankreatitis.
- **Therapeutische Optionen**
  Je nach Primärtumor Chemotherapie oder in Einzelfällen (späte Metastasierung und singuläre Metastasen bei Nierenzell- und Mammakarzinom) Resektion.
- **Verlauf und Prognose**
  Schlecht • Am günstigsten bei Resektion von spät auftretenden Metastasen eines Nierenzellkarzinoms.
- **Was will der Kliniker von mir wissen?**
  In Einzelfällen Beurteilung der Resektabilität • Abgrenzung von chronischer Pankreatitis und anderen weniger aggressiven Tumoren.

Pankreasmetastasen

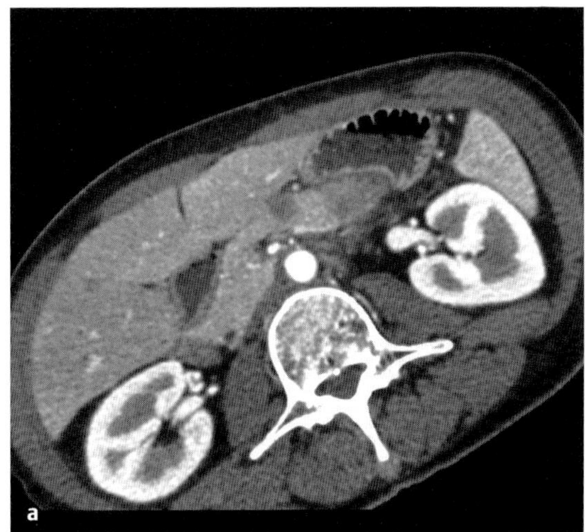

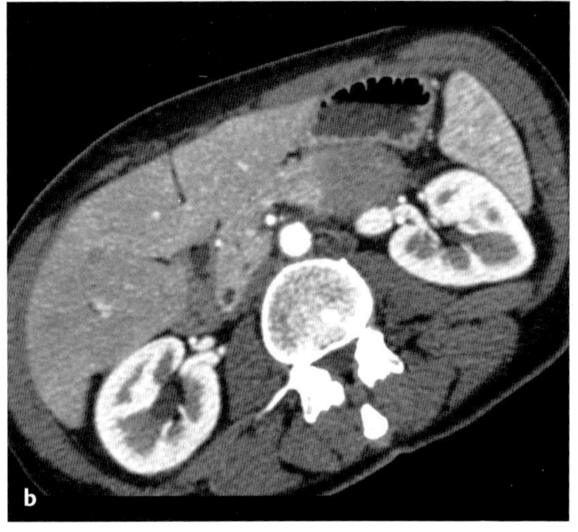

Abb. 83 a, b Hypodense Metastasen eines Bronchialkarzinoms im Pankreaskorpus (**a**) und Pankreasschwanz (**b**).

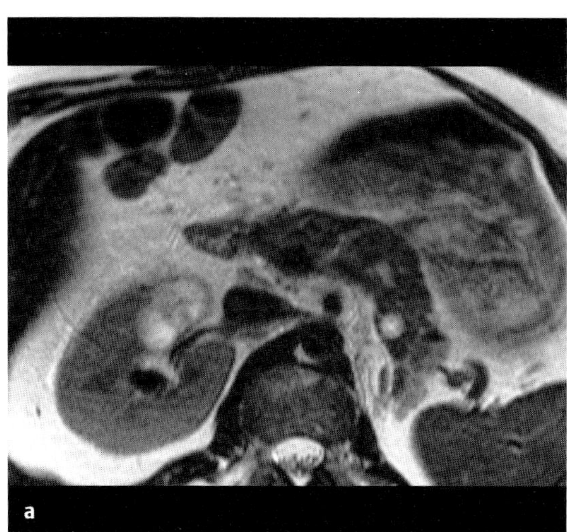

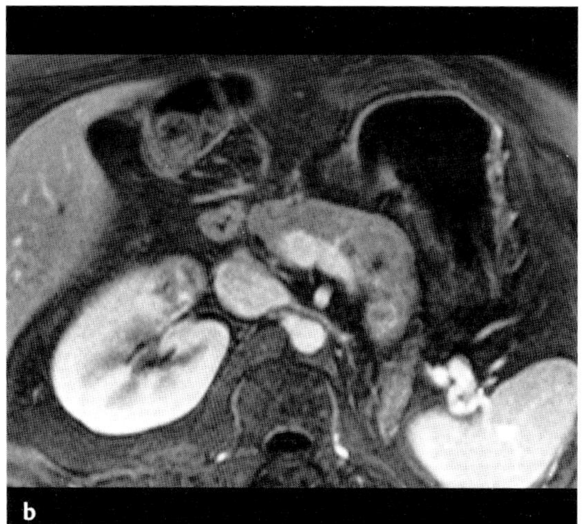

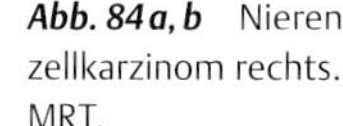

Abb. 84 a, b Nierenzellkarzinom rechts. MRT.
a T2w. Am Übergang vom Pankreaskorpus zum -schwanz und im Pankreasschwanz selbst 2 hyperintense Herde, die Metastasen entsprechen.
b Nach KM-Gabe stellt sich der Herd im Pankreasschwanz leicht hyperintens, der Herd am Übergang vom Pankreaskorpus zum Pankreasschwanz eher etwas hypointens dar.

Differenzialdiagnose

duktales Adenokarzinom	– meist unscharf abgrenzbar – hypovaskulär – praktisch immer mit Gangobstruktion
endokrine Tumoren (hormonell aktiv)	– stark hypervaskulär – klinische Symptomatik
Pankreaslymphom	– meist diffuser Befall des Organs (bei diffuser Metastasierung)

Typische Fehler

Fehldeutung als duktales Adenokarzinom.

Ausgewählte Literatur

Klein KA et al. CT characteristics of metastatic disease of the pancreas. RadioGraphics 1998; 18: 369 – 378

Merkle EM et al. Metastases to the pancreas. Brit J Radiol 1998; 71: 1208 – 1214

Wernecke K et al. Pancreatic metastases: US evaluation. Radiology 1986; 160: 399 – 402

Kurzdefinition

Wandüberschreitende chronisch entzündliche Darmerkrankung.

- **Epidemiologie**
  Manifestation meist im Alter von 15–30 Jahren • Gering häufiger beim weiblichen Geschlecht • Inzidenz regional sehr unterschiedlich • In Europa und USA leichtes Nord-Süd-Gefälle.
- **Ätiologie/Pathophysiologie/Pathogenese**
  Genetische Disposition mit veränderter Immunantwort auf bestimmte Keime oder unbekannte Stimuli • Diskontinuierliche Ausbreitung der Entzündung vom terminalen Ileum in Richtung Rektum • Transmurale Entzündungsausbreitung mit Fisteln zu benachbarten Darmschlingen, aber auch ins Weichteilgewebe und die Gelenke • Interenterische Abszesse.

Zeichen der Bildgebung

- **Methode der Wahl**
  Endoskopie • Sonographie • MR-Enteroklysma
- **Pathognomonische Befunde**
  Verdickte Darmwand (in distendiertem Zustand: Dünndarm >2 mm, Dickdarm >3 mm) • Starke KM-Aufnahme in der aktiven Phase • Pflastersteinrelief • Verlust der Haustrierung • Fibrös-fettige Proliferation („creeping fat sign") • Wechsel von gesunden und befallenen Darmsegmenten („skip lesions") • Vergrößerte Lymphknoten. Komplikationen: Strikturen • Abszesse • Fisteln.
- **Endoskopie**
  Befund je nach Schweregrad • Aphtöse Erosionen • Ulzerationen in gesunder Schleimhaut • Längs- und quergestellte Ulzerationen (Pflastersteirelief) • Stenosen • Fisteln.
- **Sonographie-Befund**
  Wichtig zur Primärdiagnostik • Verdickte Darmwand, die im floriden Stadium sehr stark durchblutet ist (Farbdoppler und Verwendung von Sonographie-KM) • Verminderte Peristaltik der verdickten Darmabschnitte • Stenosen sind gut nachweisbar.
- **MRT-Befund**
  Verdickung der Darmwand ist im aktiven Stadium stärker ausgeprägt • Teils betonte Schichtung • KM-Aufnahme in die Darmwand und die entzündete Umgebung • In fettunterdrückten T2w Aufnahmen gute Darstellung der akuten Entzündung (Ödem) • Dabei hyperintense Darmwand und Umgebung • Sehr gute Darstellung von Strikturen, Fisteln und Abszessen.
- **Enteroklysma**
  Schleimhautunregelmäßigkeiten bei Ulzerationen bis zum Pflastersteinrelief • Fisteln • Strikturen • Verliert zunehmend an Bedeutung gegenüber MRT und CT.

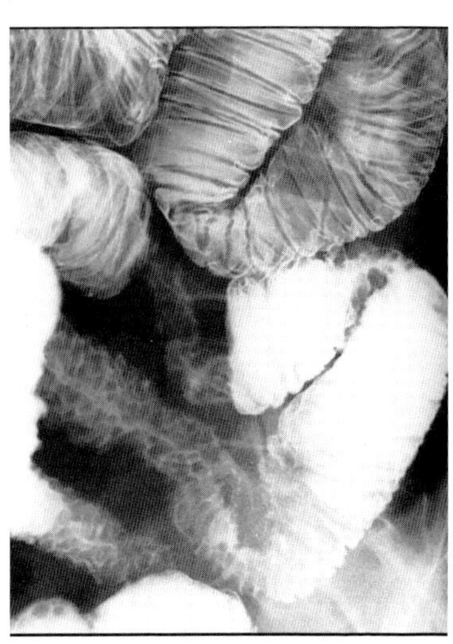

Abb. 85 Morbus Crohn. Ausschnitt aus einem Enteroklysma. Nebeneinander von normalen und entzündlich veränderten Darmschlingen mit Pflastersteinrelief durch längs- und quergerstellte Ulzerationen.

- **CT-Befund**
  In der floriden Entzündungsphase verdickte Darmwand mit kräftiger KM-Aufnahme • Gute Beurteilung der Komplikationen • Etwas aussagekräftiger als MR-Enteroklysma • Wegen der relativ hohen Strahlenbelastung bei den meist jungen Patienten mit Zurückhaltung einzusetzen.
- **Kolonkontrasteinlauf**
  Spielt praktisch keine Rolle mehr.
- **Abdomenübersicht**
  Zum Nachweis eines toxischen Megakolons.
- **Endokapsel**
  Zum Nachweis diskreter Veränderungen im Dünndarm mit gutem Erfolg eingesetzt • Vorher Ausschluss von Darmstenosen!

Klinik

- **Typische Präsentation**
  Bauchschmerzen • Durchfall • Fieber • Gewichtsverlust • Zeichen einer Mangelernährung • Bei Kolonbefall Darmblutungen • Analfisteln.
  Extraintestinale Manifestationen: Arthritis • Iridozyklitis • Aphtöse Stomatitis • Erythema nodosum • Cholelithiasis • Nephrolithiasis • PSC • Ankylosierende Spondylarthritis.
- **Therapeutische Optionen**
  Prednison und 5-ASA • Infliximab • Bei Komplikationen wie Strikturen, Fistel und Abszessen Operation (80% der Crohn-Patienten werden im Verlauf ihrer Erkrankung mindestens einmal operiert).

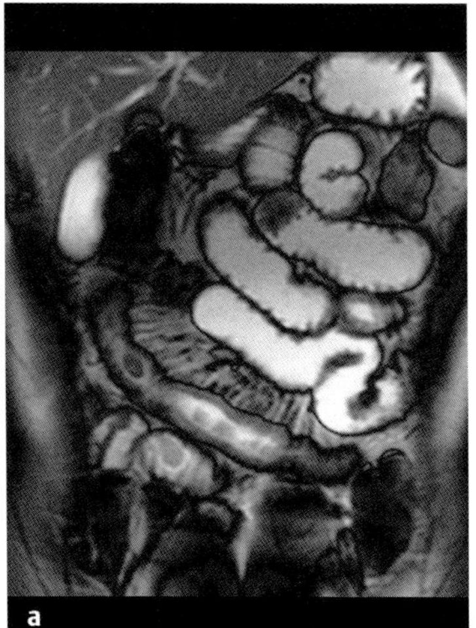

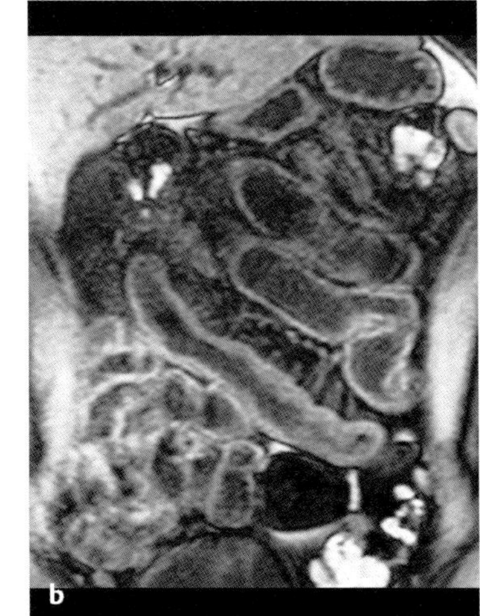

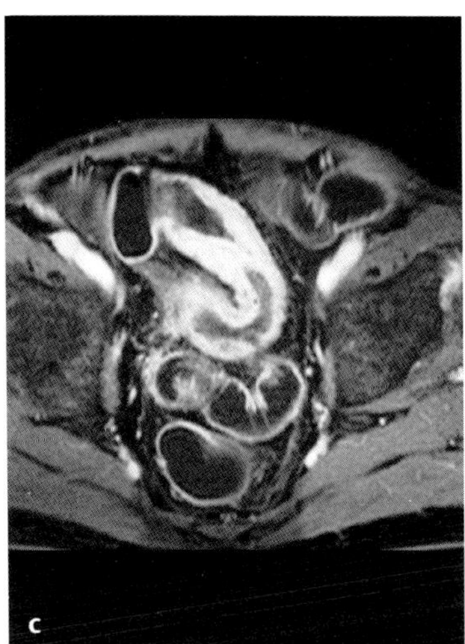

Abb. 86 a–c Morbus Crohn. MR-Enteroklysma. In der T2w (**a**) und T1w (**b**) Sequenz in koronarer Schnittführung gute Darstellung der langstreckigen Verdickung der Dünndarmwand. Nach i. v. KM-Gabe (**c**) sehr intensive Anreicherung in der verdickten Wand einer terminalen Ileumschlinge bei florider Entzündung.

- **Verlauf und Prognose**
  Sehr variabler klinischer Verlauf • Im Einzelfall nicht vorhersehbar • Im 1. Jahr hohes kumulatives Rezidivrisiko von 50% • Bei Kolonbefall erhöhtes Risiko für Kolonkarzinom.
- **Was will der Kliniker von mir wissen?**
  Abgrenzung zu anderen entzündlichen oder tumorösen Erkrankungen des Darms • Schweregrad • Aktivität • Komplikationen.

Differenzialdiagnose

Colitis ulcerosa	– kein Dünndarmbefall – nur Schleimhaut betroffen – keine Fisteln oder Abszesse – Ausbreitung vom Rektum zum Zäkum
ischämische Kolitis	– ältere Patienten – Gefäßveränderungen – verminderte Wandperfusion
infektiöse Enteritis	– kurze Anamnese – meist lebhafte Peristaltik in den befallenen Abschnitten
medikamentöse Schädigung (NSAR)	– sehr kurzstreckige Strikturen – nicht im terminalen Ileum betont
Lymphom	– im Bereich der verdickten Wandabschnitte ist das Lumen häufig weiter (Schleimhautnekrosen) – große mesenteriale Lymphknoten
Morbus Behçet	– nicht zu unterscheiden

Typische Fehler

Kollabierte Darmschlingen können eine Wandverdickung vortäuschen • MR- oder CT-Enteroklysma bei frühen und leichten Formen (sind nur bei fortgeschrittenen Formen mit hoher Wahrscheinlichkeit einer Komplikation wie Fistel, Abszess, Striktur indiziert).

Ausgewählte Literatur

Furakawa A et al. Cross-sectional imaging in Crohn disease. RadioGraphics 2004; 24: 689 – 702

Sturm EJC et al. Detection of ileocecal Crohn's disease using ultrasound as the primary imaging modality. Eur Radiol 2004; 14: 778 – 782

Umschaden HW et al. Small bowel disease: comparison of MR enteroclysis images with conventional enteroclysis and surgical findings. Radiology 2000; 215: 717 – 725

Kurzdefinition

Exophytisch wachsender mesenchymaler Tumor des Gastrointestinaltrakts.

- **Epidemiologie**
  Häufigster mesenchymaler Tumor des GI-Trakts • Ausgangspunkt sind interstitielle Zellen (Cajal-Zellen) • Macht 3% aller Tumoren des GI-Trakts aus • Inzidenz 0,7 : 100 000 • Durchschnittsalter 63 (40 – 70) Jahre • Männer sind 1,5-mal häufiger betroffen als Frauen • In Assoziation mit Morbus Recklinghausen multiple Tumoren, die nur im Dünndarm auftreten.
- **Ätiologie/Pathophysiologie/Pathogenese**
  Charakteristisch ist die Expression eines kit-Rezeptors (CD117), der unkontrolliertes Wachstum und eine Resistenz gegenüber Apoptose begünstigt • Häufigste Lokalisationen: 50 – 70 % Magen, 20 – 35 % Dünndarm, 5 – 7 % Kolon und Rektum, 1 – 2 % Ösophagus • Selten im Mesenterium, Omentum oder Retroperitonealraum.

Zeichen der Bildgebung

- **Methode der Wahl**
  CT • Im oberen GI-Trakt und Dickdarm Endoskopie
- **Pathognomonische Befunde**
  Meist großer, exophytisch wachsender Tumor (3 – 10 cm Durchmesser) • Kein konzentrisches Wachstum in der Wand • Manchmal aneurysmatische Dilatation des Darmlumens • Selten Verkalkungen • Keine Lymphknotenmetastasen • Keine vaskulären Infiltrationen • Nur die Tumorgröße (nicht zystische oder nekrotische Veränderungen oder Vaskularität) sagt etwas über das maligne Potenzial aus • Tumoren unter 2 cm sind meist gutartig, über 5 cm meist maligne.
- **CT-Befund**
  Kleine Tumoren können intensiv KM aufnehmen • Größere Tumoren reichern KM meist heterogen an • Nachweis einer akuten Blutung häufig im CT möglich • Nach Therapie mit Glivec bekommen ursprünglich hypervaskularisierte Metastasen ein zystisches Aussehen, evtl. auch Verkalkungen.
- **Endoskopie**
  Kleine Tumoren können submukös wachsen • Größere Tumoren durchbrechen die Schleimhaut und zeigen oft Ulzerationen mit hoher Blutungsneigung.
- **MRT-Befund**
  Oft eingeschränkte Qualität durch Bewegungsartefakte.
- **PET**
  Scheint zum frühen Nachweis eines therapeutischen Ansprechens auf Glivec überlegen zu sein.

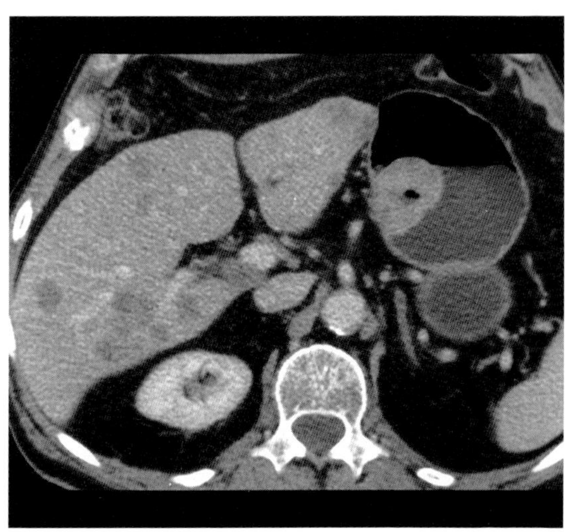

Abb. 87 Maligner GIST. CT. Der Tumor wächst polypös ins Magenlumen und hat bereits Lebermetastasen gesetzt.

Klinik

- **Typische Präsentation**
  Abhängig von Lage und Größe • Druckgefühl oder Schmerzen • Blutung und Anämie • Selten Verschlussikterus und Darmobstruktion.
- **Therapeutische Optionen**
  Operative Entfernung • Gezielte molekulare Therapie mit dem Tyrosinkinasehemmer Imatinib (Glivec) • Bestrahlung und Standardchemotherapie erfolglos.
- **Verlauf und Prognose**
  20–30% der Tumoren sind bei Diagnosestellung bereits maligne • 5-Jahres-Überlebensrate 45% • Nach Resektion häufig Rezidive • Metastasierung in die Leber und – besonders nach Resektion – in Mesenterium und Omentum.
- **Was will der Kliniker von mir wissen?**
  Größe und Lagebeziehungen des Tumors • Metastasen in der Leber • Ansprechen des Tumors/der Metastasen auf die Therapie:
  - keine KM-Aufnahme bei nur geringer Größenabnahme oder gleichbleibend großem Tumor (Apoptose statt Nekrose)
  - Rezidiv oder Progression: Größenzunahme, erneute KM-Aufnahme oder KM aufnehmende Knoten im gleichbleibend großen Tumor, neue Tumorknoten

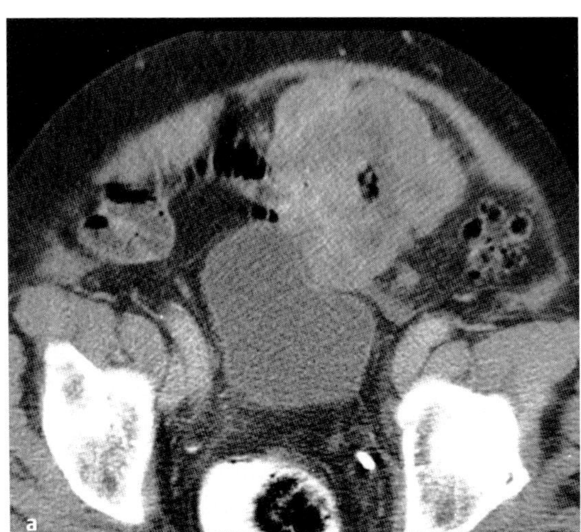

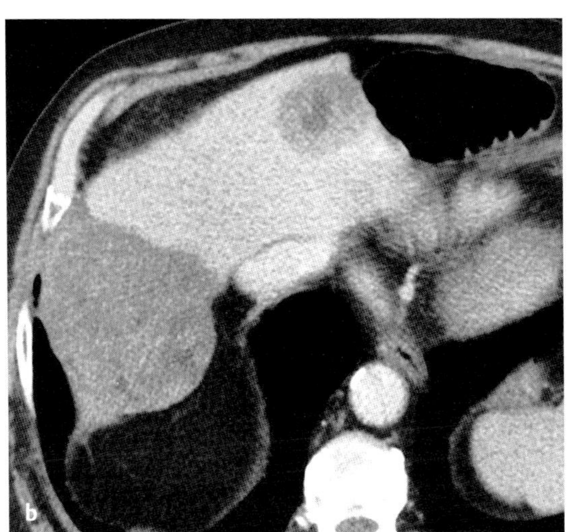

Abb. 88 a, b Großer GIST einer Dünndarmschlinge im linken Unterbauch. CT. Metastasen in der Leber sowie zwischen Leber und Zwerchfell (**b**).

Differenzialdiagnose

Adenokarzinom	– wächst konzentrisch und führt zur Obstruktion – weniger vaskularisiert als GIST
Lymphom	– meist große begleitende Lymphknoten – konzentrische Wandverdickung – oft weites Lumen
Leiomyosarkom	– führt zur Obstruktion – metastasiert im Gegensatz zu GIST-Tumoren häufig in die Lunge
Karzinoid	– meist im distalen Ileum und in der Appendix – kleine hypervaskularisierte Tumoren – mesenteriale Tumoren zeigen häufig Verkalkungen zum umgebenden Fettgewebe

Typische Fehler

Größenmessung der Tumoren oder Metastasen ist als Kriterium für ein therapeutisches Ansprechen nicht geeignet • Nach Therapie Fehldeutung von Lebermetastasen als Zysten.

Ausgewählte Literatur

Burkill GJC et al. Malignant gastrointestinal stromal tumor: distribution, imaging features, and pattern of metastatic spread. Radiology 2003; 226: 527 – 532

Sandrasegaran K et al. Gastrointestinal stromal tumors: CT and MRI findings. Eur Radiol 2005; 15: 1407 – 1414

Shankar S et al. Gastrointestinal stromal tumor: new nodule-within-a-mass pattern of recurrence after partial response to Imatinib Mesylate. Radiology 2005; 235: 892 – 898

Tran T et al. The epidemiology of malignant gastrointestinal stromal tumors: an analysis of 1458 cases from 1992 to 2000. Am J Gastroenterol 2005; 100: 162 – 168

Kurzdefinition

Neuroendokriner Tumor des Gastrointestinaltrakts. Die WHO-Klassifikation (2000) unterscheidet hochdifferenzierte neuroendokrine Tumoren, hochdifferenzierte neuroendokrine Karzinome und niedrigdifferenzierte neuroendokrine Karzinome. Zudem werden biologische Parameter berücksichtigt (Lage, Tumorgröße, Gefäßversorgung, proliferative Aktivität, Histologie, Metastasen, Invasion in Nachbarorgane, hormonelle Aktivität, Assoziation mit klinischen Syndromen oder Erkrankungen).

- **Epidemiologie**
  Macht 2% aller gastrointestinalen Tumoren aus • Zweithäufigster Tumor des Dünndarms • Meist im 5.–6. Lebensjahrzehnt.
- **Ätiologie/Pathophysiologie/Pathogenese**
  85–90% entstehen im Gastrointestinaltrakt • Überwiegend im Ileum (25%), in der Appendix (12%) und Rektum (14%) • Seltener in Magen, Duodenum und Pankreas • Die Tumoren wachsen langsam • 70% sind maligne • 30% wachsen multifokal • Metastasen vorwiegend in Leber und Knochen • Karzinoide bilden Serotonin und andere Mediatoren.

Zeichen der Bildgebung

- **Methode der Wahl**
  MDCT • Szintigraphie
- **Pathognomonische Befunde**
  Kleine Tumoren wachsen submukös • Große Tumoren breiten sich extraintestinal aus und infiltrieren die Mesenterialgefäße • Desmoplastische Reaktion (sternförmige Ausläufer im Fettgewebe) • Verkalkungen (bis zu 70%) • Dünndarmtumoren treten in 30–40% multipel auf.
  Metastasierung in Lymphknoten und Leber korreliert mit Tumorgröße:
  - 20–30% bei Tumoren < 1 cm
  - 60–80% (Lymphknoten) und 20% (Leber) bei 1–2 cm Größe
  - 80% (Lymphknoten) und 40–50% (Leber) bei Tumoren > 2 cm
- **CT-Befund**
  Im MDCT in Dünnschnitt-Technik in der früharteriellen Phase (mit raschem KM-Fluss) stark anreichernde submuköse Knoten • Mit dieser Technik sind auch hypervaskularisierte Metastasen in Lymphknoten und Leber besser darstellbar • Extraintestinale Tumoranteile sind erkennbar als unscharf begrenzte Raumforderungen mit sternförmig ausstrahlenden Bindegewebszügen und Verkalkungen.
- **Somatostatinrezeptor-Szintigraphie**
  Zum Nachweis eines Karzinoids oder von Metastasen geeignet • Sensitivität 75%, da die räumliche Auflösung begrenzt ist.

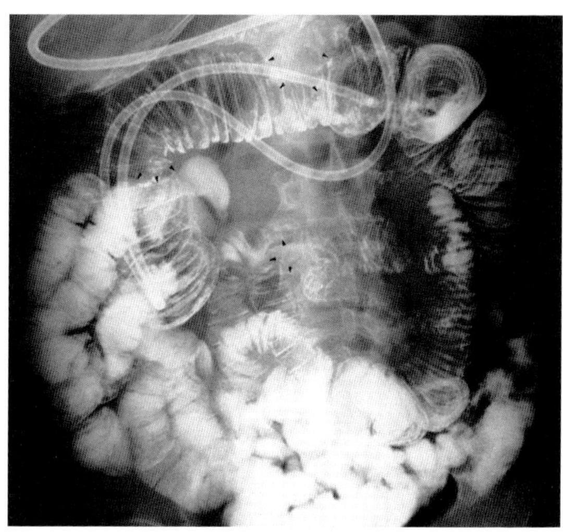

Abb. 89 Multiple Dünndarmkarzinoide. Enteroklysma. Die Karzinoide sind erkennbar an den rundlichen Einschnürungen und Wanddefekten.

- **MRT-Befund**

  Umschriebene Knoten • In T1w meist isointens zur Muskulatur, T2w hyperintens oder isointens • In einigen Fällen nur gleichförmige Verdickung der Darmwand • In beiden Erscheinungsformen deutliche KM-Aufnahme nach KM-Gabe • Bei Tumoren im Mesenterium dornenartige Ausläufer • Lebermetastasen sind T1w hypointens und T2w leicht bis stark hyperintens (vergleichbar Flüssigkeit) • In der früharteriellen Phase deutlich hypervaskularisiert • Bei großen Metastasen mit zentralen Nekrosen heterogenes Anreicherungsmuster • Selten auch zentripetales Anreicherungsmuster wie bei Hämangiomen.
- **Enteroklysma**

  Submuköse Knoten mit glatter Oberfläche, die sich ins Darmlumen vorwölben • Mit zunehmender Ausdehnung Verdickung der Darmwand und der Schleimhautfalten • Bei extraintestinaler Ausbreitung werden die benachbarten Darmschlingen mesenterialwärts gezogen und fixiert.

Klinik

- **Typische Präsentation**

  Abhängig von Größe und Lage des Primärtumors sowie der Serotoninsekretion • Meist späte klinische Manifestation mit ausgedehntem Lokalbefund und Metastasierung • Das Karzinoidsyndrom (Flush, Diarrhö, Asthma, Ödeme) entwickelt sich nur bei 10% der Patienten und meist erst bei Lebermetastasen • Kardiale Komplikationen (Endokardfibrose, Pulmonalstenose, Trikuspidalinsuffizienz) sind Spätfolgen • Als Tumormarker eignet sich Chromogranin A.

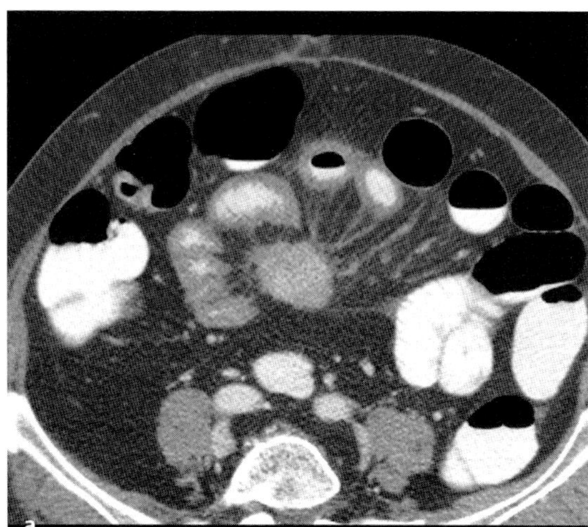

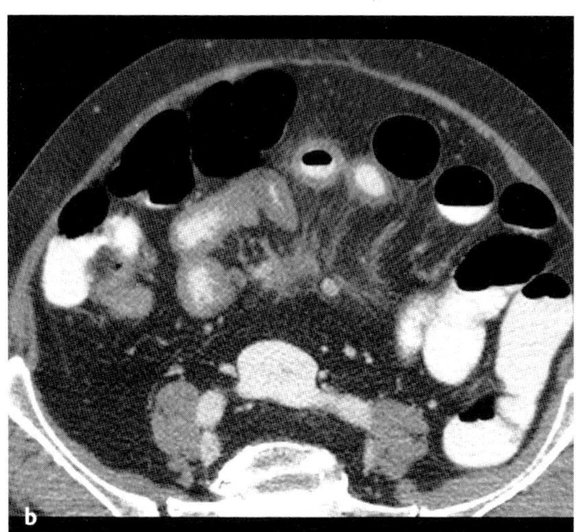

Abb. 90 a, b Karzinoid im mesenterialen Fettgewebe. CT. Streifige Ausläufer (**a**) vom Karzinoid aus. Verdickung der benachbarten Dünndarmschlingen (**b**).

- **Therapeutische Optionen**
  Operative Entfernung des Primärtumors • Radiofrequenzablation oder Chemoembolisation von Lebermetastasen • Zur Symptomlinderung Somatostatin-Analoga (Octreoid).
- **Verlauf und Prognose**
  5-Jahre-Überlebensrate bei primär inoperablen Tumoren 50%, bei Lebermetastasen 30% • Ummauerung der Mesenterialgefäße kann zu ausgedehnter Darmischämie führen • Hohe 5-Jahres-Überlebensrate bei Befall der Appendix (> 95%) und des Rektums (> 85%).
- **Was will der Kliniker von mir wissen?**
  Metastasierung in die Lymphknoten oder die Leber.

Differenzialdiagnose

retraktile Mesenteritis	– eher flächige Ausbreitung im Mesenterium – kein Tumor im Dünndarm
Lymphome (Non-Hodgkin-Lymphom)	– keine sternförmigen Ausläufer – meist multiple Lymphome – kein Verschluss der Mesenterialgefäße
GIST	– scharf abgrenzbar – oft großer Tumor – zentrale Nekrosen
Dünndarmkarzinom	– häufiger im Jejunum – wächst zirkulär mit Verschlusssymptomatik – weniger kräftig perfundiert
Desmoidtumor	– geht meist von einer Operationsnarbe aus – meist scharf begrenzt – jüngere Patienten (20 – 40 Jahre)

Typische Fehler

Fehlinterpretation als Lymphknotenmetastase.

Ausgewählte Literatur

Dromain C et al. MR imaging of hepatic metastases caused by neuroendocrine tumors: comparing four techniques. AJR 2003; 180: 121 – 128

Horton KM et al. Carcinoid tumors of the small bowel: a multitechnique imaging approach. AJR 2004; 182: 559 – 567

Maccioni F et al. Magnetic resonance imaging of an ileal carcinoid tumor. Correlation with CT and US. Clin Imaging 2003; 27: 403 – 407

Kurzdefinition

- **Epidemiologie**
  Steigende Inzidenz mit zunehmender Alterung der Bevölkerung • 1% der Patienten mit einem akuten Abdomen haben eine mesenteriale Ischämie.
- **Ätiologie/Pathophysiologie/Pathogenese**
  2 Formen: in 75% okklusive Form (Thromben und Embolien in der A. mesenterica, Thromben in der V. mesenterica), in 20–30% nicht okklusive Form (Hypovolämie) • Zahlreiche Erkrankungen können zu einer Verschlechterung der Durchblutung beitragen: Darmobstruktion, Vaskulitis, Tumoren, Medikamente, Strahlentherapie • Über 90% der Fälle eines akuten Verschlusses der A. mesenterica superior haben eine chronische Herzerkrankung • Folgen: reversible funktionelle Störung bis zur transmuralen Nekrose des Darms.

Zeichen der Bildgebung

- **Methode der Wahl**
  MDCT mit CT-Angiographie • Angiographie
- **Pathognomonische Befunde**
  Kompletter oder teilweiser Verschluss eines Mesenterialgefäßes • Spastisches arterielles Gefäßbild („non-occlusive disease") • Darmwandverdickung • Dilatierte Darmschlingen (Dünndarm > 3 cm) • Mesenteriales Ödem oder diffuse intraperitoneale Flüssigkeitsansammlungen • Minderperfusion der verdickten Darmwand • Gas in der Darmwand und in den mesenterialen Venen.
- **Angiographie**
  Verlegung des Hauptstamms oder eines Segmentasts der A. mesenterica • Bei Mesenterialvenenthrombose keine Füllung der V. mesenterica • Bei Gefäßspasmus entsprechendes Gefäßbild (nur bei diesem klinischen Bild ist die Angiographie noch überlegen).
- **MDCT-Befund**
  Verlegung des Lumens der A. oder V. mesenterica • Verminderte Perfusion • Dilatation und Wandverdickung der zugehörigen Darmabschnitte • Intramurales Gas • Eine Perforation oder mesenteriale Flüssigkeit sind meist gut zu erkennen • Entwickelt sich zum diagnostischen Goldstandard (Sensitivität 96%, Spezifität 94%).
- **Sonographie-Befund**
  Insbesondere bei thrombotischem Verschluss der V. mesenterica ist eine rasche Diagnostik möglich • Wahrscheinlich auch gutes Verfahren für die Diagnostik und die Verlaufsbeobachtung bei ischämischer Kolitis.
- **Endoskopie**
  Bei ischämischer Kolitis indiziert • Oft ist eine partielle Koloskopie ausreichend, da 85% der Perfusionsstörungen an der linken Flexur oder unterhalb davon liegen • Die Schleimhaut kann ödematös, hämorrhagisch oder livide mit Ulzerationen imponieren.
- **Abdomenübersicht**
  In frühen Phasen häufig unauffällig • Auch bei Fortschreiten der Erkrankung unspezifisch (Bild eines paralytischen Ileus).

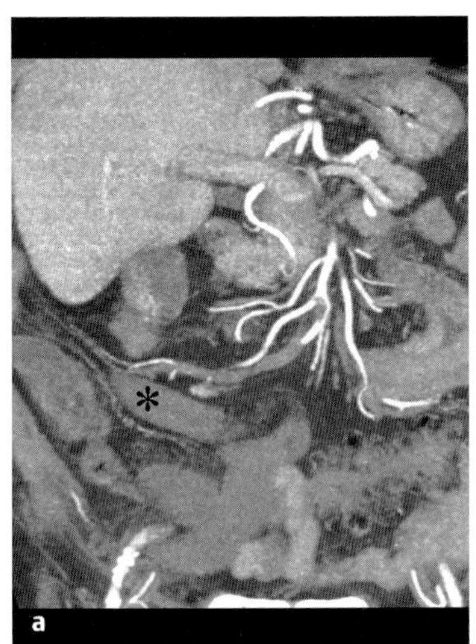

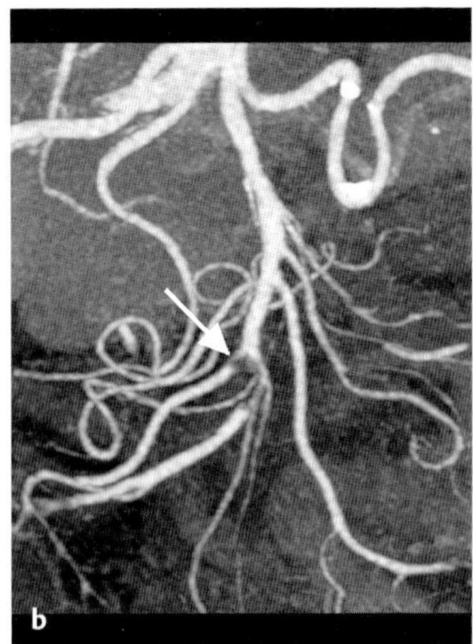

Abb. 91 a, b Akute mesenteriale Ischämie. Histologisch nicht transmuraler Infarkt des terminalen Ileums. CT.

a Koronare Rekonstruktion. Verdickte terminale Ileumschlinge (Stern).

b Embolus in einer Gabelung der A. mesenterica superior (Pfeil).

Klinik

- **Typische Präsentation**
  Plötzliche starke Schmerzen (bei Embolien) oder schleichende diffuse Bauchschmerzen • Kurze Zeit später Durchfälle • Druckschmerzhaftes Abdomen • Körpertemperatur leicht erhöht • Häufig vorübergehende Besserung der Beschwerden (freies Intervall) • Anschließend dramatische klinische Verschlechterung.
- **Therapeutische Optionen**
  Bei nachgewiesenem Gefäßverschluss Embolektomie bzw. Thrombektomie • Resektion von infarzierten Darmschlingen.
- **Verlauf und Prognose**
  Hohe Mortalität bis 60%, insbesondere bei verschleppter Diagnose • Bei ischämischer Kolitis ist eine spontane Besserung möglich.
- **Was will der Kliniker von mir wissen?**
  Arterieller oder venöser Gefäßverschluss.

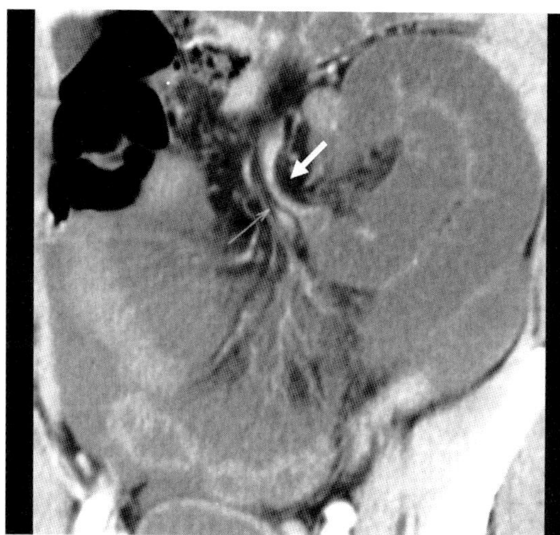

Abb. 92 Akute mesenteriale Ischämie. CT. Durch Bride obstruierte Dünndarmschlinge (großer Pfeil) und obstruierte Mesenterialvene (dünner Pfeil). Die linksseitigen Dünndarmschlingen sind dadurch erweitert und schlechter durchblutet.

Differenzialdiagnose

chronisch entzündliche Darmerkrankung	– lange Anamnese – unauffälliges arterielles und venöses Gefäßbild – wandverdickte Darmabschnitte nehmen vermehrt KM auf – Stenosen und prästenotische Dilatationen
Dünndarmlymphom	– unauffälliges arterielles und venöses Gefäßbild – verdickte Wand – oft weites Lumen – keine Perfusionsstörungen

Typische Fehler

Zu langes Intervall bis zur Durchführung einer MDCT.

Ausgewählte Literatur

Kirkpatrick IDC et al. Biphasic CT with mesenteric CT angiography in the evaluation of acute mesenteric ischemia: initial experience. Radiology 2003; 229: 91 – 98

Ripollés T et al. Sonographic findings in ischemic colitis in 58 patients. AJR 2005; 184: 777 – 785

Wildermuth S et al. Multislice CT in the pre- and postinterventional evaluation of mesenteric perfusion. Eur Radiol 2005; 15: 1203 – 1210

Pneumatosis intestinalis

Kurzdefinition

Zystische Ansammlungen von Gas in den subserösen oder submukösen Schichten des Darms.

- **Epidemiologie**
  Meist im 5 – 7. Lebensjahrzehnt • Keine Geschlechtsbevorzugung.
- **Ätiologie/Pathophysiologie/Pathogenese**
  Primäre Form (20%): Am häufigsten im Kolon.
  Sekundäre Form (80%): Am häufigsten im Dünndarm. Mit verschiedenen Erkrankungen wie COPD (20%) assoziiert • Darmnekrose durch Infarkt • Nach Endoskopie (kleine Schleimhauteinrisse) • Medikamenteninduziert (z.B. bei Steroiden und Immunsuppressiva, die die Darmpermeabilität beeinflussen) • Autoimmunerkrankungen (die mit einer erhöhten Darmpermeabilität assoziiert sind).

Zeichen der Bildgebung

- **Methode der Wahl**
  Endoskopie • CT
- **Pathognomonische Befunde**
  Polypöse Schleimhautvorwölbungen • Intramurales Gas, blasig oder länglich.
- **CT-Befund**
  Primäre Form: Intramurales Gas (blasenförmig) ohne sonstige Auffälligkeiten am Darm • Regelrechte Perfusion.
  Sekundäre Form: Intramurales Gas (blasenförmig und bandförmig) • Dilatierte Darmschlingen • Bisweilen verdickte Wand • Verminderte Perfusion • Gelegentlich Gas in den Mesenterialvenen und der Pfortader oder freie Luft im Bauchraum.
- **Abdomenübersicht**
  Röntgentransparente lineare oder rundliche Areale entlang der Darmwand.
- **Doppelkontrast-Untersuchungen**
  Groteske Schleimhautoberfläche durch polypenartige Aussparungen.
- **Endoskopie**
  Flache, prallelastische Vorwölbungen, die sich eindrücken lassen und über denen die Schleimhaut unauffällig aussieht.

Klinik

Meist Zufallsbefund bei der Endoskopie, bei Röntgenuntersuchungen oder während einer Operation • Diarrhö • Schleimabgang • Blutung • Obstipation.
Komplikationen (in 3%): Volvulus • Obstruktion • Blutung • Perforation.

- **Typische Präsentation**
  Bei sekundärer Pneumatosis abhängig von der Begleiterkrankung • Bei Darmnekrose akutes Abdomen.
- **Therapeutische Optionen**
  Abhängig von der Grunderkrankung • Bei primären Formen meist kein Handlungsbedarf • Bei Ischämie Resektion des nekrotischen Darms.

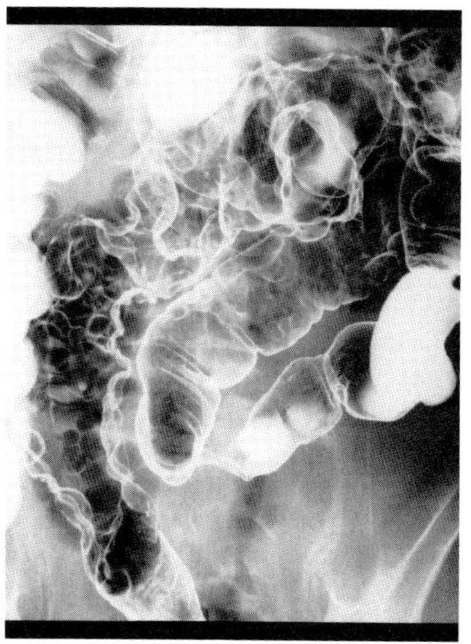

Abb. 93 Pneumatosis intestinalis. Doppelkontrastdarstellung des Kolons. Ausgeprägte idiopathische Pneumatosis im Sigma mit irregulären Wandkonturen und polsterartig polypöser Schleimhautoberfläche.

- **Verlauf und Prognose**
  Abhängig von der Grunderkrankung.
- **Was will der Kliniker von mir wissen?**
  Darmnekrose oder harmlose Form?

Differenzialdiagnose

Ischämie	– Verschluss der A. mesenterica oder eines Asts – verminderte Perfusion der Darmwand nach KM-Gabe – Flüssigkeit im Mesenterium
Polyposis	– in Schnittbildverfahren weichteildicht – in Doppelkontrasttechnik ganz unterschiedliche Formen, die insgesamt nicht so plump wirken

Typische Fehler

Fehldeutung einer primären Form als Darmnekrose.

Ausgewählte Literatur

Boerner RM et al. Pneumatosis intestinalis. Two case reports and a retrospective review of the literature from 1985 to 1995. Dig Dis Sciences 1996; 41: 2272 – 2285
Kernagis LY et al. Pneumatosis intestinalis in patients with ischemia: correlation of CT findings and prognosis. Radiology 2003; 180: 733 – 736
Pear BL et al. Pneumatosis intestinalis: a review. Radiology 1998; 207: 13 – 19

Abb. 94 a, b Pneumatosis im Colon ascendens mit freier Flüssigkeit um den Zäkumpol (**a**). Die Ursache war eine ischämische Schädigung durch einen obstruierenden Tumor am Sigma-Descendens-Übergang (Pfeil in **b**).

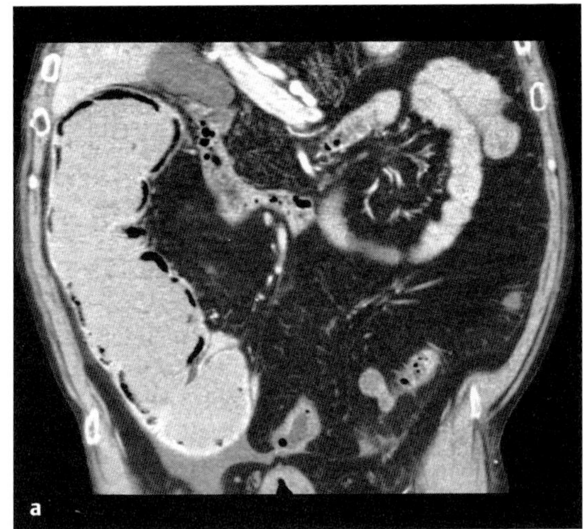

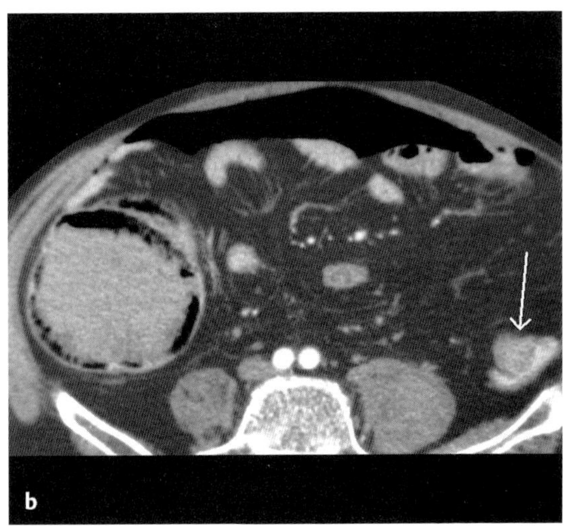

Kurzdefinition

- **Epidemiologie**
  50% der Fälle bei über 60-Jährigen • Bei Männern häufiger • Etwa jede vierte akute Blutung ist lebensbedrohlich • Okkulte Blutungen bei 1–2% der asymptomatischen Bevölkerung über 40 Jahre.
- **Ätiologie/Pathophysiologie/Pathogenese**
  Unterscheidung zwischen oberer und unterer Blutung: Blutungsquelle proximal (80–90%) oder distal (10–20%) der Flexura duodenojejunalis • Schwere der Blutung: akute oder okkulte Blutung • Häufige Ursachen von Hämatemesis und Teerstuhl: Magen- und Duodenalulzera (> 50%), Ösophagusvarizen (15%), Mallory-Weiss-Syndrom (5%), Tumoren (5%) • Häufige Ursachen einer Hämatochezie (frisches Blut im Stuhl): Kolondivertikel (40%), Angiodysplasien (25%), Polypen, kolorektales Karzinom (15%), Colitis ulcerosa (10%), Hämorrhoiden und Fissuren.

Zeichen der Bildgebung

- **Methode der Wahl**
  Endoskopie • MDCT • Angiographie
- **Pathognomonische Befunde**
  Austritt von KM aus einem Gefäß (direktes Zeichen) • Gefäßabbruch • Gefäßveränderungen (z. B. Pseudoaneurysma) • Tumor (z. B. GIST) • Darmwandverdickung mit vermehrter Perfusion.
- **Endoskopie-Befund**
  Direkter Nachweis einer Blutung • Möglichkeit zur Blutstillung.
- **CT-Befund**
  Extravasation von KM ins Darmlumen • Mit Rekonstruktionstechniken ist eine angiographieähnliche Darstellung möglich, sodass auch blutungsrelevante Gefäßveränderungen erkennbar sind • Meist indiziert, wenn endoskopisch keine Blutungsursache gefunden wurde.
- **Angiographie-Befund**
  Direkter Nachweis eines KM-Austritts • Nachweis einer Gefäßveränderung, die Indikator für eine wahrscheinliche Blutung ist • Möglichkeit zur Blutstillung.
- **Kapselendoskopie**
  Zunehmend häufig bei okkulten Blutungen mit sehr gutem Erfolg eingesetzt.
- **Enteroklysma**
  Spielt eine untergeordnete Rolle • Diagnostische Ausbeute sehr gering • Szintigraphische Verfahren (mit ^{99}Tc-markierten Erythrozyten) • Bei hämodynamisch stabilen Patienten oder bei okkulten Blutungen.

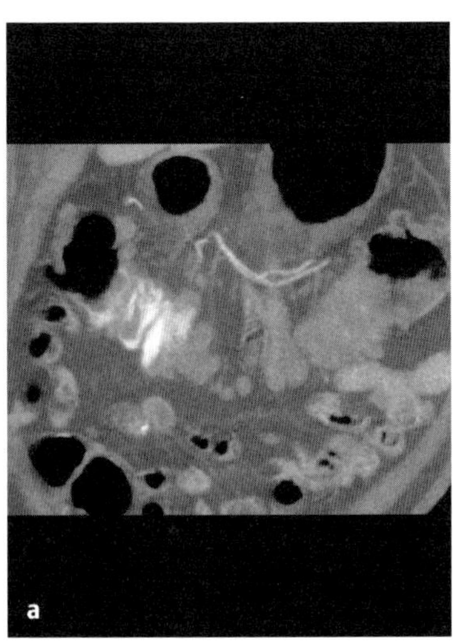

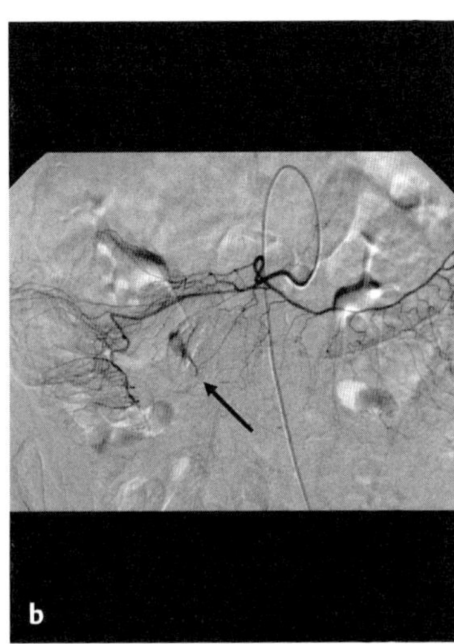

Abb. 95 a, b Divertikelblutung.
a CT. Frischer KM-Austritt ins Lumen des Colon transversum.
b Angiographie.

Klinik

- **Typische Präsentation**
  Akute Blutungen: Bluterbrechen • Teerstuhl • Hämatochezie • Schweißausbruch • Hypotonie • Schock.
  Chronische Blutungen: rezidivierende Blutungen • Anämie.
- **Therapeutische Optionen**
  Endoskopische Blutstillung • Transarterielle Blutstillung (klinischer Erfolg über 80%, bei Blutungen aus dem unteren Gastrointestinaltrakt besser als aus dem oberen).
- **Verlauf und Prognose**
  Blutungen aus dem unteren Gastrointestinaltrakt sind meist nicht akut lebensbedrohlich und sistieren in 80–95% spontan • Blutungen aus dem oberen Gastrointestinaltrakt sistieren in 60–80% spontan • Wenn obere Blutungen rezidivieren, dann meist innerhalb von 3 Tagen • Bei einem Rezidiv steigt die Letalität auf das 5- bis 10-fache.
- **Was will der Kliniker von mir wissen?**
  Lage der Blutung • Blutungsursache.

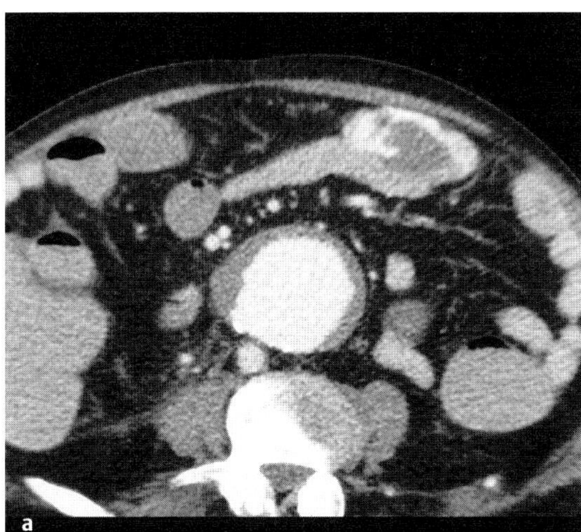

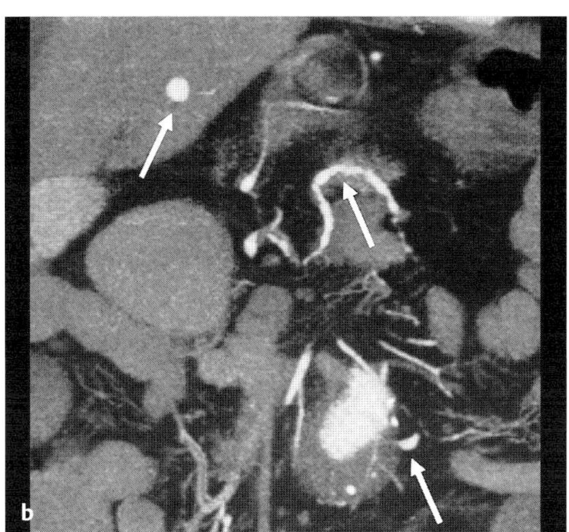

Abb. 96 a, b Frischer KM-Austritt in eine Ileumschlinge (**a**) bei multiplen Aneurysmen (Pfeile) der Mesenterialgefäße und der Leber (**b**).

Differenzialdiagnose

Ösophagusvarizen	– Leberzirrhose oder Pfortaderverschluss – Varizen in der Magen- und Ösophaguswand
Angiodysplasie	– manchmal kräftige zuführende Arterie – fleckige bis flächige Mehranreicherung der Darmschleimhaut – sehr frühe und kräftige Füllung der zugehörigen Venen
Divertikelblutung	– Divertikulose – KM-Austritt in der Umgebung von Divertikeln
Tumorblutung	– intramuraler (GIST) oder exophytisch wachsender Tumor
Gefäßfehlbildungen	– Pseudoaneurysmen oder ektatische Gefäße
Meckel-Divertikel	– Angiographie: Nachweis der A. Vittellini – Enteroklysma oder CT: Aussackung, meist 50 – 60 cm von der Bauhin-Klappe entfernt

Typische Fehler

Verzögerter Einsatz radiologischer Verfahren bei unklarer Blutungsquelle und bei bekannter Blutung, die endoskopisch nicht suffizient zu stillen ist.

Ausgewählte Literatur

Ernst O et al. Helical CT in acute lower gastrointestinal bleeding. Eur Radiol 2003; 13: 114 – 117

Ko HS et al. Blutungslokalisation mittels 4-Zeilen-Spiral-CT bei Patienten mit klinischen Zeichen einer akuten gastrointestinalen Hämorrhagie. Fortschr Röntgenstr 2005; 177: 1649 – 1654

Tew K et al. MDCT of acute lower gastrointestinal bleeding. AJR 2004; 182: 427 – 430

Aneurysmen der viszeralen Gefäße

Kurzdefinition

Sakkuläre Erweiterungen oder divertikelartige Aussackungen der Viszeralgefäße.

► **Epidemiologie**
Aneurysmen der A. lienalis und der A. hepatica sind im Bauchraum am häufigsten und machen zusammen 80% aller viszeralen Aneurysmen aus.

► **Ätiologie/Pathophysiologie/Pathogenese**
Arteriosklerose • Amyloidose • Infektion • Trauma • Operation • Radiologische Intervention • Arteriitis • Eine Sonderform sind Pseudoaneurysmen im Rahmen einer chronischen Pankreatitis, die durch enzymatische Andauung eines Gefäßes oder durch eine Erosion einer Pseudozyste in ein Gefäß (Milzarterie, pankreatikoduodenale und gastroduodenale Arterien) entstehen.

Zeichen der Bildgebung

► **Methode der Wahl**
MDCT • Angiographie

► **Pathognomonische Befunde**
Sakkuläre erweiterte Gefäßabschnitte (meist echte Aneurysmen) • Umschriebene Aussackungen (meist Pseudoaneurysmen) • Zum Teil Thrombosen oder Verkalkungen • Zeichen von Einblutungen (in parenchymatöse Organe [insbesondere Leber], Pankreaspseudozysten, Magen-Darm-Trakt).

► **MDCT-Befund**
In der arteriellen Phase mit Rekonstruktionstechniken (MIP) angiographieähnliche Darstellung der Gefäße und der Komplikationen • Meist auch gute Beurteilung, ob eine radiologische Intervention sinnvoll ist.

► **Angiographie-Befund**
Etwas detailliertere, aber invasive Darstellung der Gefäße, die bei Verfügbarkeit von MDCT diagnostisch nicht mehr nötig ist • Bei interventioneller Option indiziert.

► **Sonographie-Befund**
Aneurysmen und Pseudoaneurysmen der A. hepatica und Pseudoaneurysmen bei chronischer Pankreatitis sind gut erkennbar.

► **MRT-Befund**
Mit MR-Angiographie ähnliche Aussagekraft wie CT-Angiographie, aber wesentlich aufwendiger.

Klinik

► **Typische Präsentation**
Mitunter Zufallsbefund mit modernen hochauflösenden bildgebenden Verfahren • Nach spontaner Ruptur akutes Abdomen • Unspezifische abdominale Symptome können dem akuten Ereignis über Monate vorausgehen.

► **Therapeutische Optionen**
Embolisation • Operative Ligatur.

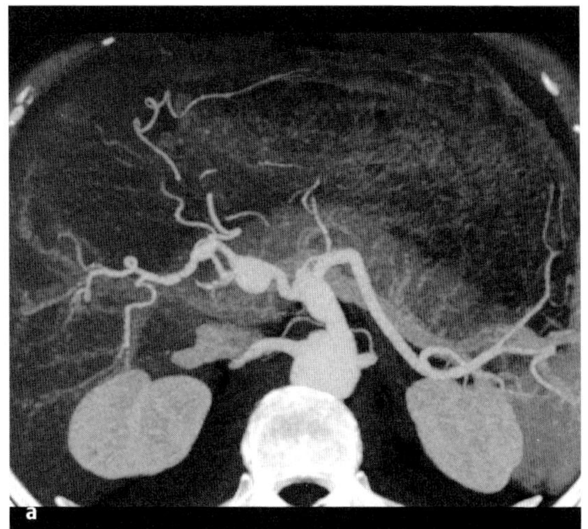

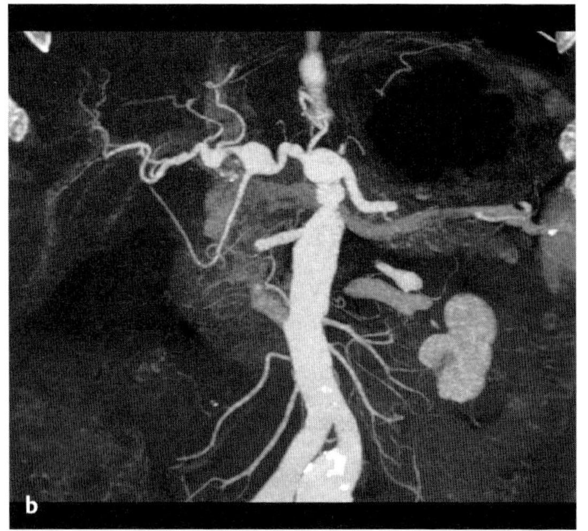

Abb. 97 a, b Viszerale Aneurysmen. CT. Axiale (**a**) und koronare (**b**) MIP-Rekonstruktion. Ausgeprägte Aneurysmen des Truncus coeliacus und der A. hepatica communis.

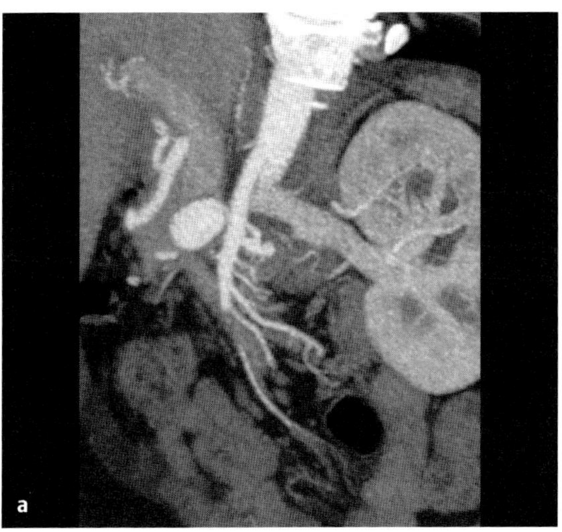

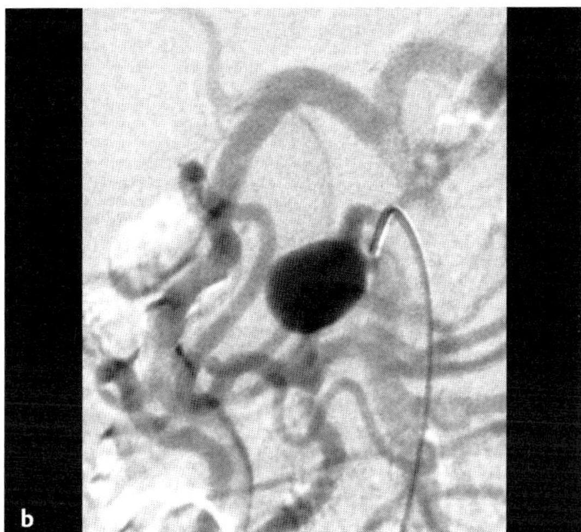

Abb. 98 a, b Aneurysma der A. mesenterica superior.
a CT. Die Zuordnung zum Gefäß ist problemlos möglich.
b Angiographie. Aneurysma mit kurzem Hals, das einer Embolisation zugänglich ist.

- **Verlauf und Prognose**
  Abhängig von Grunderkrankung und Gefäß • Bei 3 – 10% der Patienten mit Aneurysmen der Milzarterie kommt es spontan zur Ruptur mit hoher Mortalität (> 30%).
- **Was will der Kliniker von mir wissen?**
  Pseudoaneurysmen oder Aneurysmen größer als 2 cm (erhöhtes Risiko) • Möglichkeit einer radiologischen Intervention.

Typische Fehler

Im MDCT Untersuchung in falscher Phase und zu geringer KM-Fluss.

Ausgewählte Literatur

Berceli SA. Hepatic and splenic artery aneurysms. Semin Vasc Surg 2005; 18: 196 – 201

Iannaccone R et al. Multislice CT angiography of mesenteric vessels. Abdom Imaging 2004; 29: 146 – 152

Soudack M et al. Celiac artery aneurysm: diagnosis by color Doppler sonography and three-dimensional CT angiography. J Clin Ultrasound 1999; 27: 49 – 51

Kurzdefinition

- **Epidemiologie**
  Zenker Divertikel bei 1% aller KM-Darstellungen des Ösophagus.
- **Ätiologie/Pathophysiologie/Pathogenese**
  70% in Höhe des Killian-Dreiecks (zervikales oder Zenker-Divertikel) • 22% in Höhe der Trachealbifurkation (Traktionsdivertikel) • 8% knapp oberhalb des Zwerchfells (epiphrenisches Divertikel).
  Zenkel-Divertikel bilden sich an einer Schwachstelle, an der sich die Muskelfasern des krikopharyngealen Sphinkters mit den schrägen Fasern des M. constrictor pharyngis inferior treffen • Ursache scheint eine inkomplette Relaxation des oberen Ösophagussphinkters zu sein • Traktionsdivertikel meist durch entzündete Lympknoten bei Tuberkulose und Histoplasmose • Epiphrenische Divertikel können mit Motilitätsstörungen assoziiert sein • Seltene Sonderform: intramurale Pseudodivertikel, die dilatierten submukösen Drüsen entsprechen und die sich als multiple fistelartige Ausstülpungen präsentieren.

Zeichen der Bildgebung

- **Methode der Wahl**
  Ösophagus-Breischluck.
- **Pathognomonische Befunde**
  Mit KM gefüllte Aussackung des Ösophagus • Meist an der linken dorsalen Seite des oberen Ösophagus (Zenker-Divertikel) • Prominenter M. cricopharyngeus (Zenker-Divertikel) • Haarfeine fistelartige Kanäle durch die Ösophaguswand (intramurale Pseudodivertikel)
- **Ösophagus-Breischluck**
  Zenker-Divertikel: Mit KM gefüllte Aussackung unterhalb des Hypopharynx • Im seitlichen Strahlengang dorsale Aussackung, die sich bei größeren Divertikeln nach unten ins Mediastinum ausdehnt • Divertikelhals oberhalb der Einschnürung durch den M. cricopharyngeus • KM bleibt im Divertikel liegen und kann sich nach weiterem Schlucken in den Hypopharynx entleeren.
  Traktions-Divertikel: Meist kleine längliche oder dreieckige Aussackung • Leert sich, wenn der Ösophagus kollabiert.
  Epiphrenisches Divertikel: Meist rechtsseitige, mit KM gefüllte Aussackung • Oft mit Hiatushernie oder Achalasie vergesellschaftet.
- **CT-Befund**
  Bei Traktionsdivertikeln kann die Beziehung zu vergrößerten oder verkalkten Lymphknoten dargestellt werden.
- **Endoskopie**
  Oft Zufallsbefunde • Meist gute Sichtbarkeit des Divertikelhalses • Typisches Bild bei intramuraler Pseudodivertikulose.

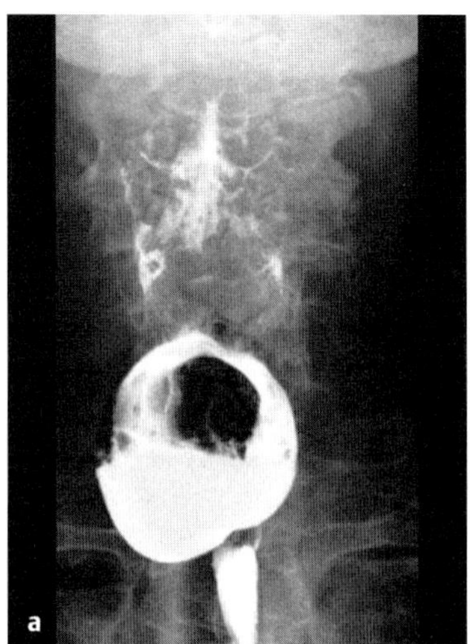

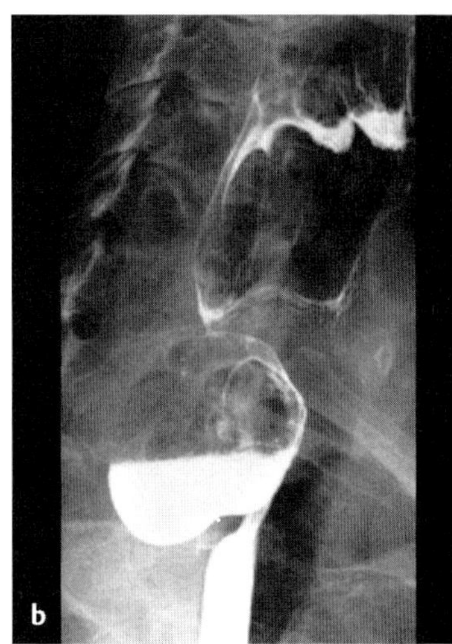

Abb. 99 a, b Großes Zenker-Divertikel. Konventionelle Röntgenaufnahme nach oraler KM-Gabe (Breischluck) in a. p. (**a**) und seitlicher (**b**) Projektion. In der seitlichen Darstellung Einschnürung in Höhe des M. cricopharyngeus.

Klinik

- **Typische Präsentation**
  Regurgitation von unverdauten Speisen und Speichel • Foetor ex ore • Manchmal Dysphagie.
- **Therapeutische Optionen**
  Nur symptomatische Zenker-Divertikel sind therapiebedürftig • Bei kleinen Divertikeln endoskopische Divertikulotomie • Sonst chirurgische Abtragung.
- **Verlauf und Prognose**
  Meist unkompliziert • Divertikel können durch unachtsame Endoskopie oder Einlage von Magensonden perforiert werden.
- **Was will der Kliniker von mir wissen?**
  Größe und Lage des Divertikels.

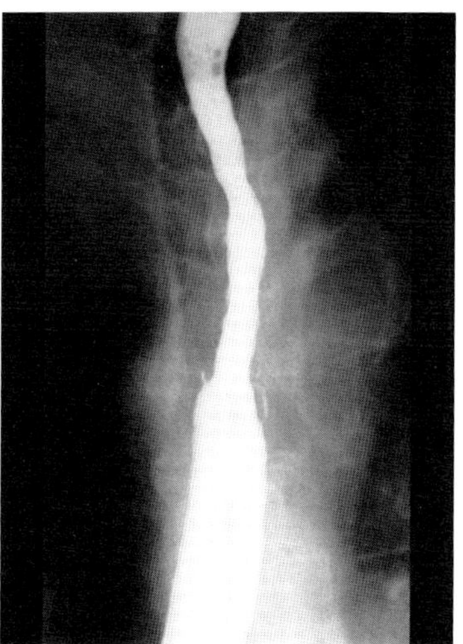

Abb. 100 Konventionelle Röntgenaufnahme nach oraler KM-Gabe (Breischluck). Langstreckige leichte Einengung des oberen Ösophagusdrittels mit kleinen intramuralen Divertikeln.

Differenzialdiagnose

oropharyngealer Pouch (bei Zenker-Divertikel)	– passagere pharyngozelenartige Ausbuchtung der Membrana thyreohyoidea – kleiner als Zenker-Divertikel – geht nicht über die hintere Kontur des Ösophagus hinaus
Perforation (bei Traktions- und Pseudodivertikeln)	– Schmerzen und Fieber – freie Luft im Mediastinum – leert sich nicht, wenn der Ösophagus kollabiert
Hiatushernie (bei epiphrenischem Divertikel)	– lässt sich in Kopftieflage und beim Pressen dem Magen zuordnen – Magenfalten im hernierten Teil

Typische Fehler

Fehlinterpretation als Perforation (insbesondere bei Traktionsdivertikeln).

Ausgewählte Literatur

Canon CL et al. Intramural tracking: a feature of esophageal intramural pseudodiverticulosis. AJR 2000; 175: 371 – 374

Fasano NC et al. Epiphrenic diverticulum: clinical and radiographic findings in 27 patients. Dysphagia 2003; 18: 9 – 15

Ponette E et al. Radiological aspects of Zenker's diverticulum. Hepatogastroenterology 1992; 39: 115 – 122

Ösophaguskarzinom

Kurzdefinition

► **Epidemiologie**
Häufigster maligner Tumor des Ösophagus • Macht 1% aller Karzinome und 7% der gastrointestinalen Karzinome aus • Inzidenz 3:100000 • Der Tumor hat in den letzten 20 Jahren zugenommen, Lage und Histologie haben sich gleichzeitig verändert: das distal wachsende Adenokarzinom ist nun häufiger als das Plattenepithelkarzinom • Deutlich häufiger bei Männern (5:1) • Bevorzugt im 5–6. Lebensjahrzehnt • 25% im oberen Ösophagusdrittel, 50% im mittleren Drittel und 25% im unteren Drittel.

► **Ätiologie/Pathophysiologie/Pathogenese**
Plattenepithelkarzinom (50–70%): Wichtigste Risikofaktoren: Alkoholabusus und Rauchen • Außerdem Nahrungsgifte (Aflatoxine, Nitrosamine) • Laugenverätzungen • Achalasie • Barrettösophagus • Sklerodermie.
Adenokarzinom (30–50%): Risikofaktoren: Refluxkrankheit • Barrettösophagus.

Zeichen der Bildgebung

► **Methode der Wahl**
Endoskopie • Endosonographie • Ösophagus-Breischluck • CT

► **Pathognomonische Befunde**
Einengung des Lumens • Starre, irreguläre Kontur • Bisweilen polypöse Konturen • Verdickte Wand und frühe Ausdehnung ins Mediastinum • Vergrößerte Lymphknoten.

► **Ösophagus-Breischluck**
Irreguläre Kontur und Einengung des Lumens • Stenosegrad und Längenausdehnung können zuverlässig angegeben werden • Insbesondere bei hochgradigen Stenosen indiziert, wenn der Tumor endoskopisch nicht mehr passierbar ist.

► **Endoskopie und Endosonographie**
Bestimmung der Lage und Ausdehnung • Bioptische Sicherung • T- und N-Klassifikation mit der Endosonographie relativ zuverlässig.

► **CT-Befund**
Verdickte Ösophaguswand, die nur gering KM aufnimmt • Nach oraler KM-Gabe bessere Darstellung der Stenose.

- Stadium I: umschriebener Tumor mit leichter Wandverdickung (3–5 mm)
- Stadium II: umschriebene Wandverdickung (> 5 mm), glatte Außenkonturen
- Stadium III: Übergreifen auf mediastinale Strukturen (Lymphknoten, Tracheobronchialbaum, Perikard, Aorta)
- Stadium IV: subdiaphragmale Lymphknoten, Metastasen in Lunge und Pleura, Leber und Nebennieren

► **MRT-Befund**
Begrenzte Wertigkeit wegen Bewegungsartefakten.

► **PET**
FDG-PET ist zum Nachweis regionaler und entfernter Metastasen überlegen • Beim Tumornachweis stadienabhängige diagnostische Genauigkeit (40% bei T1 bis 100% bei T4) • Kombination mit CT vorteilhaft – könnte eine wichtige Methode für das Staging werden.

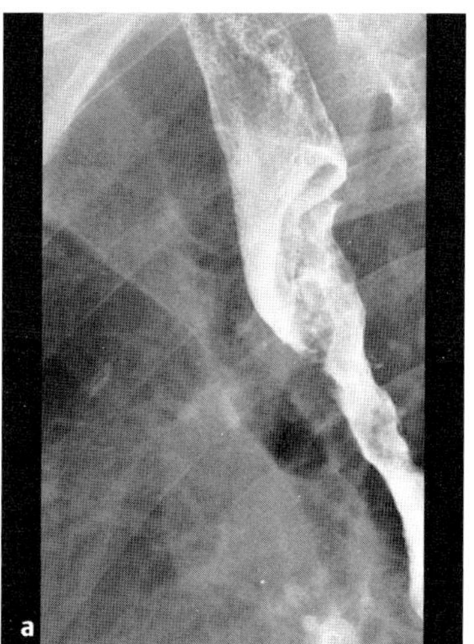

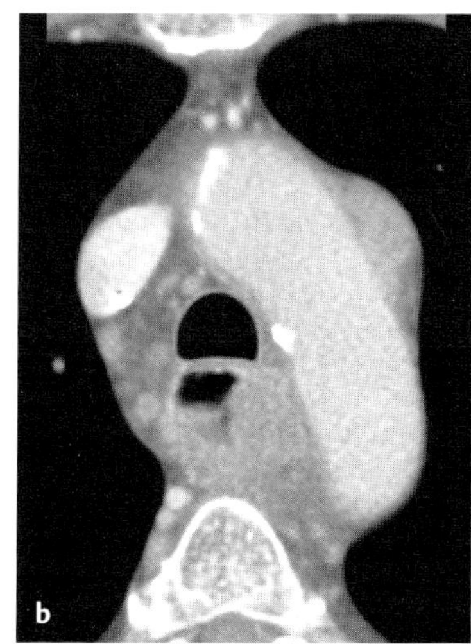

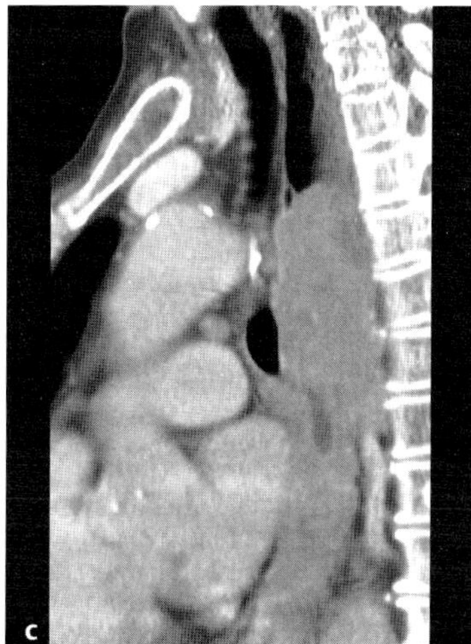

Abb. 101 a–c Großes Ösophaguskarzinom im oberen bis mittleren Drittel.
a Doppelkontrastdarstellung. Irreguläre Kontureneinengung.
b CT. Exzentrisch wachsendes Ösophaguskarzinom.
c CT. Ausgedehnte Tumorinfiltration im prävertebralen Abschnitt.

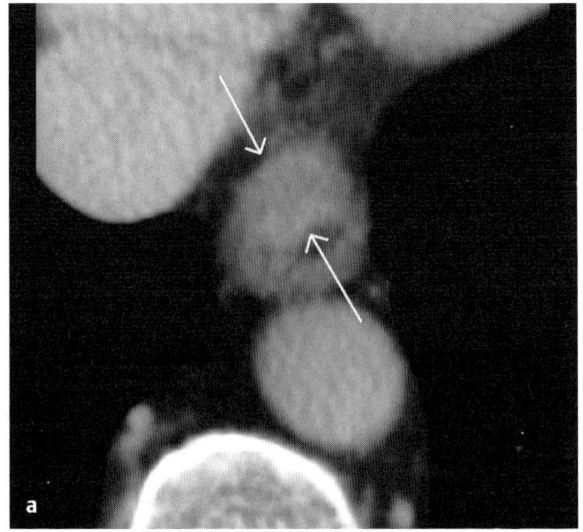

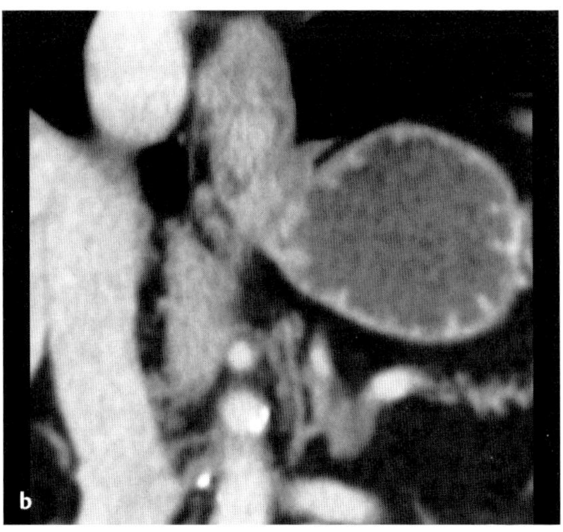

Abb. 102 a, b Ösophaguskarzinom. CT. Exophytisch intraluminal wachsender maligner Tumor des distalen Ösophagus, der an der Kardia haltmacht.

Klinik

- **Typische Präsentation**
  Zunehmende Dysphagie, zuerst für feste Nahrung, später auch für breiige oder flüssige Kost • Retrosternale Schmerzen und Brennen • Regurgitation • Singultus.
- **Therapeutische Optionen**
  Resektion des Tumors mit Entfernung der mediastinalen, perikardialen und suprapankreatischen Lymphknoten (R0-Resektion in 40%) • Bei nicht operablen Patienten Bestrahlung und Chemotherapie • Bei fortgeschrittenen Fällen endoskopische Palliation (Lasertherapie und Stent-Implantation).
- **Verlauf und Prognose**
  Abhängig von Ausdehnung und Lage des Tumors sowie von der Zahl der befallenen Lymphknoten • Mittlere 5-Jahres-Überlebenszeit liegt unter 10% • Nur 10% sind Frühkarzinome mit einer Heilungswahrscheinlichkeit.
- **Was will der Kliniker von mir wissen?**
  Lokalisation und Längsausdehnung • N- und M-Klassifikation.

Differenzialdiagnose

entzündliche Striktur	– kontinuierlicher Übergang in eine Stenose – nimmt oft noch an der Peristaltik teil – nur leicht irreguläre oder glatte Innenkontur – Anamnese mit chronischem Reflux oder Verätzung
submuköser Tumor	– polypöse Vorwölbung ins Lumen – glatte Schleimhautkontur

Typische Fehler

Fehlinterpretation als benigne Striktur.

Ausgewählte Literatur

Gupta S et al. Usefulness of barium studies for differentiating benign and malignant strictures of the esophagus. AJR 2003; 180: 737 – 744

Iyer BB et al. Diagnosis, staging, and follow-up of esophageal cancer. AJR 2003; 181: 785 – 793

Kato H et al. The incremental effect of positron emission tomography on diagnostic accuracy in the initial staging of esophageal carcinoma. Cancer 2005; 103: 148 – 156

Hiatushernie

Kurzdefinition

Teilweise oder komplette Verlagerung des Magens in den Thorax • Häufig Mischformen von axialer und paraösophagealer Hernie.

- axiale Hernie (Gleithernie, > 90%): axiale Verlagerung der Kardia nach intrathorakal
- paraösophageale Hernie (< 5%): regelrechte Position der Kardia • Ein Teil des Magens (meist der Fundus) tritt in den Thorax
- Maximalform: Verlagerung des gesamten Magens in den Thoraxraum („upside down stomach")

► **Epidemiologie**
Prävalenz nimmt mit dem Alter zu • Über 50% der über 60-Jährigen haben axiale Hernien • Bei Frauen häufiger.

► **Ätiologie/Pathophysiologie/Pathogenese**
Erhöhter intraabdominaler Druck (Adipositas und Schwangerschaft) • Defekte der Zwerchfelllücke (angeboren oder posttraumatisch) • Schwächen in der phrenoösophagealen Membran.

Zeichen der Bildgebung

► **Methode der Wahl**
Endoskopie • Ösophagus-Breischluck

► **Pathognomonische Befunde**
Magenschleimhaut im Thoraxraum (axiale Hernie) • Neben dem distalen Ösophagus liegende Magenanteile • Irreguläre Schleimhaut des distalen Ösophagus durch Reflux.

► **Endoskopie**
Kardia liegt oberhalb des Diaphragmas • Bei Inversion des Gastroskops ist die Öffnung der paraösophagealen Hernie erkennbar • Beste Beurteilung der gastroösophagealen Refluxerkrankung.

► **Ösophagus-Breischluck**
Axiale Hernie: Längsgestellte Magenfalten oberhalb des Zwerchfellniveaus.
Paraösophageale Hernie: Auf Thoraxaufnahmen Höhle mit oder ohne Spiegelbildung neben oder hinter dem Ösophagus • Ausmaß und Reversibilität einer paraösophagealen Hernie lassen sich nach Bariumbreischluck am besten erkennen • In Doppelkontrastdarstellung entzündliche und ulzeröse Schleimhautveränderungen.

► **CT-Befund**
Häufiger Zufallsbefund bei CT des Thorax und Abdomens • Dehiszenz des Zwerchfells (> 15 mm) • Bisweilen hernieren bei paraösophagealen Hernien auch Teile des Omentums • Ein kollabierter hernierter Magenanteil kann wie eine Raumforderung des unteren Ösophagus imponieren • Ein „upside down stomach" ist in Dünnschnitt-Technik mit Rekonstruktionsverfahren am besten darstellbar.

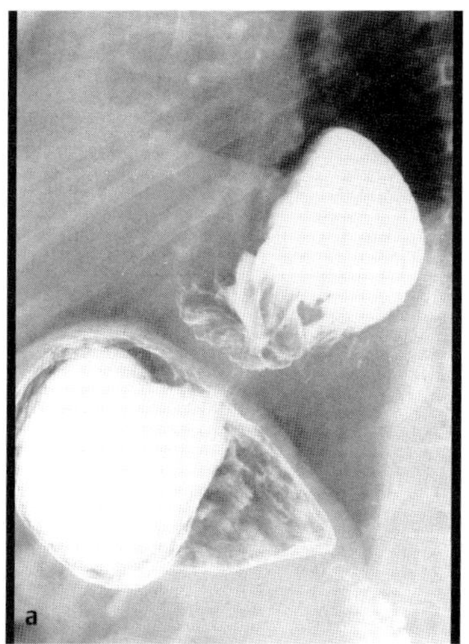

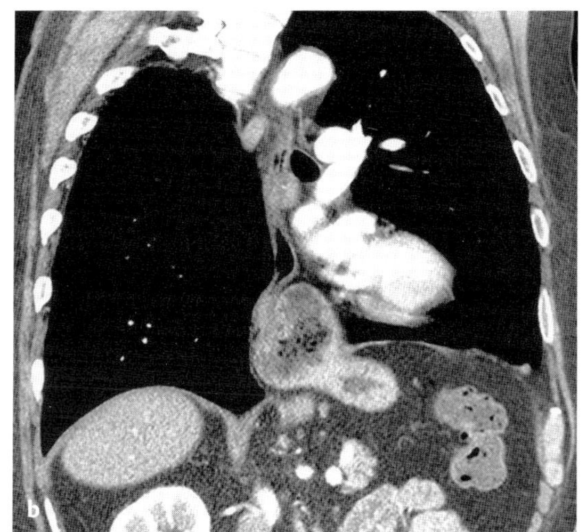

Abb. 103 a, b Hiatushernie.
a MDP in seitlicher Projektion. Der Magenfundus ist in den Thoraxraum verlagert.
b CT, koronare Rekonstruktion.
Verlagerung der Kardia und des Fundus in den Thoraxraum.

Abb. 104 a, b „Upside down stomach“.
a MDP p. a. Verlagerung des gesamten Magens in den Thorax.
b CT, axial. Komplette Verlagerung des Magens in den Thoraxraum. Zusätzlich ist das Pankreas (Stern) in den Thorax verlagert.

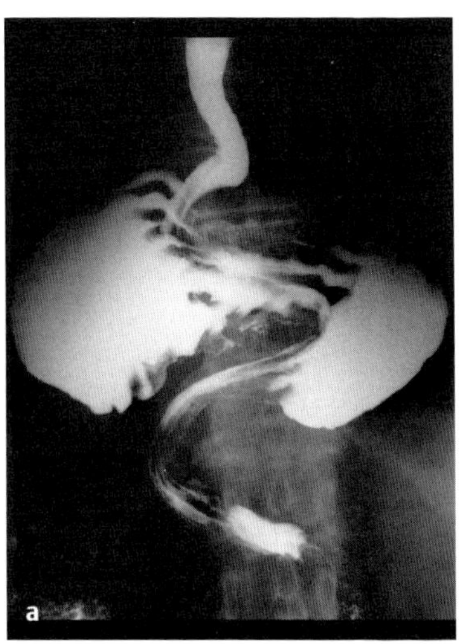

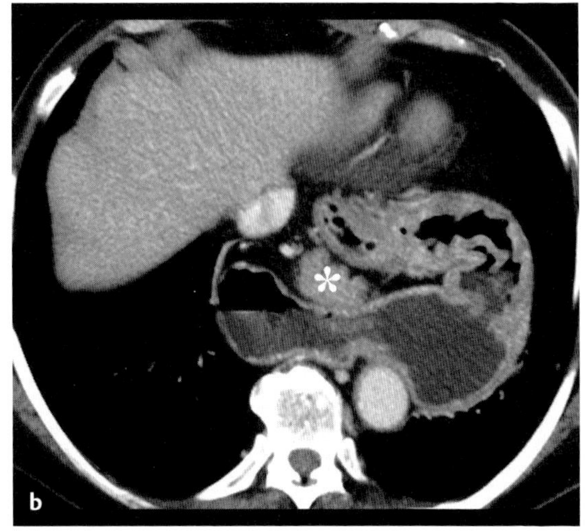

Klinik

- **Typische Präsentation**
  Axiale Gleithernien sind oft ein Zufallsbefund und meist symptomlos • In weniger als 50% mit gastroösophagealer Refluxerkrankung assoziiert • Paraösophageale Hernien sind von retrosternalem Druckgefühl, Aufstoßen und Dysphagie begleitet • Meist ohne Refluxsymptome • Bei paraösophagealer Hernie sind Ulzerationen und chronische Blutungen als Komplikationen möglich • Schwere Komplikationen wie Obstruktion, Strangulation und Perforation sind selten.
- **Therapeutische Optionen**
  Bei axialer Gleithernie abgesehen von der Behandlung der gastroösophagealen Refluxerkrankung keine Therapie • Bei paraösophagealer Hernie chirurgische Revision.
- **Verlauf und Prognose**
  Bei paraösophagealer Hernie ist eine Operation auch ohne Beschwerden wegen der Gefahr von Komplikationen indiziert.
- **Was will der Kliniker von mir wissen?**
  Ausschluss eines Abszesses (Thoraxbild) • Therapiebedarf.

Differenzialdiagnose

epiphrenisches Divertikel	– sackartige Ausstülpung des distalen Ösophagus – geht von der lateralen Ösophaguswand aus

Typische Fehler

Fehldeutung einer paraösophagealen Hernie als Abszess.

Ausgewählte Literatur

Chen YM et al. Multiphasic examination of the esophagogastric region for strictures, rings, and hiatal hernia: evaluation of the individual techniques. Gastrointest Radiol 1985; 10: 311 – 316

Insko EK et al. Benign and malignant lesions of the stomach: evaluation of CT criteria for differentiation. Radiology 2003; 228: 166 – 171

Pupols A et al. Hiatal hernia causing a cardia pseudomass on computed tomography. J Comput Assist Tomogr 1984; 8: 699 – 700

Magenkarzinom

Kurzdefinition

- **Epidemiologie**
  Häufigster maligner Tumor des Magens • Inzidenz seit Jahren rückläufig (Männer 25, Frauen 9 : 100 000) • Distale Magenkarzinome nehmen ab, kardianahe Tumoren nehmen zu • Häufigkeitsgipfel jenseits des 5. Lebensjahrzehnts.
- **Ätiologie/Pathophysiologie/Pathogenese**
  Risikofaktoren: Helicobacter-pylori-Infektion • Nitrathaltiges Trinkwasser • Geräucherte Nahrungsmittel • Typ-A-Gastritis • Morbus Ménétrier • Bei erstgradigen Verwandten 2 – 3-fach erhöhtes Risiko • 90% aller Karzinome sind Adenokarzinome.

Zeichen der Bildgebung

- **Methode der Wahl**
  Endoskopie • Endosonographie • CT
- **Pathognomonische Befunde**
  Einengung des Lumens • Unterbrechung des Längsfaltenreliefs • Starre, irreguläre Kontur • Bisweilen polypöse Konturen • Verdickte Wand (> 1 cm) • Vergrößerte Lymphknoten.
- **Endoskopie und Endosonographie**
  Bestimmung der Lage und der Ausdehnung und bioptische Sicherung • T- und N-Klassifikation mit Endosonographie relativ zuverlässig.
- **CT-Befund**
  Verdickte Magenwand, die nur gering KM aufnimmt • Nach oraler Gabe von Wasser bessere Abgrenzung der verdickten Magenwand • Teils exzentrische, teils konzentrische Wandverdickung • Gelegentlich bizarre Innenkontur • Bei Infiltration ins umgebende Fettgewebe strähnige Ausläufer • Insbesondere bei Dünnschnitt-Technik (MDCT) ist die serosale Ausdehnung gut erkennbar (diagnostische Genauigkeit > 90%) • Gleichzeitig verbesserte Diagnostik von Lebermetastasen und Lymphknotenbefall.
- **Magen-Darm-Passage**
  Irreguläre Kontur und Einengung des Lumens • Stenosegrad und Längenausdehnung können zuverlässig angegeben werden • Spielt nur noch eine untergeordnete Rolle.
- **MRT-Befund**
  Umschriebene, asymmetrische Wandverdickung, die im Vergleich zur umgebenden Magenwand unterschiedlich (mehr oder weniger) KM aufnimmt.

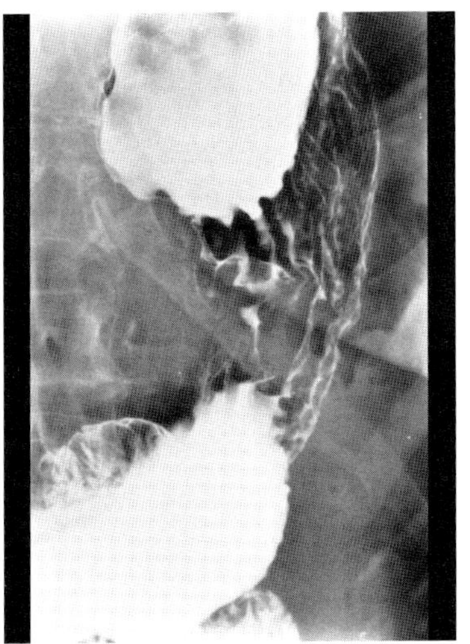

Abb. 105 Magenkarzinom. MDP. In Korpusmitte an der kleinen Kurvatur eine Raumforderung mit Faltenabbruch und zentraler Nekrose.

Klinik

- **Typische Präsentation**
  Uncharakteristische Oberbauchschmerzen (Ulkusschmerz) • Abgeschlagenheit • Gewichtsverlust • Anämie • Bluterbrechen.
- **Therapeutische Optionen**
  Bei bestimmten Formen des Frühkarzinoms endoskopische Mukosaresektion • Bei lokal begrenztem Tumor totale oder subtotale Gastrektomie • Bei lokal inoperablem Tumor Kontrolle von Tumorkomplikationen wie Obstruktion und Blutung • Chemotherapie.
- **Verlauf und Prognose**
  Bei frühem Karzinom 5-Jahre-Überlebensrate 85 – 100% • Bei fortgeschrittenem Tumor 0 – 35%.
- **Was will der Kliniker von mir wissen?**
  Lokalisation und Ausdehnung • N- und M-Staging.

Abb. 106 a, b
Magenkarzinom.
MRT, T1w nativ.
Zirkuläre Wandverdickung des Antrums.

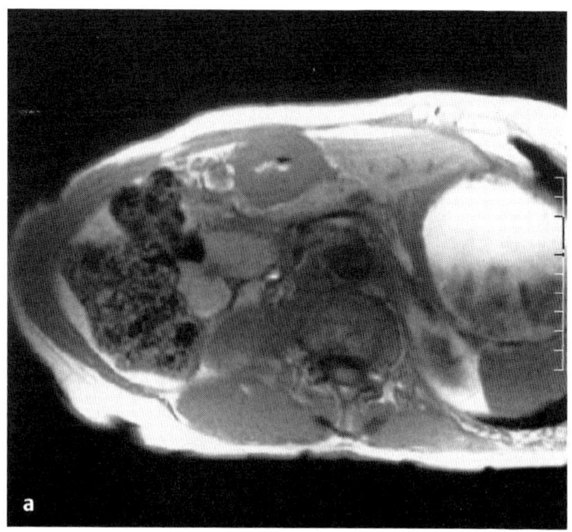

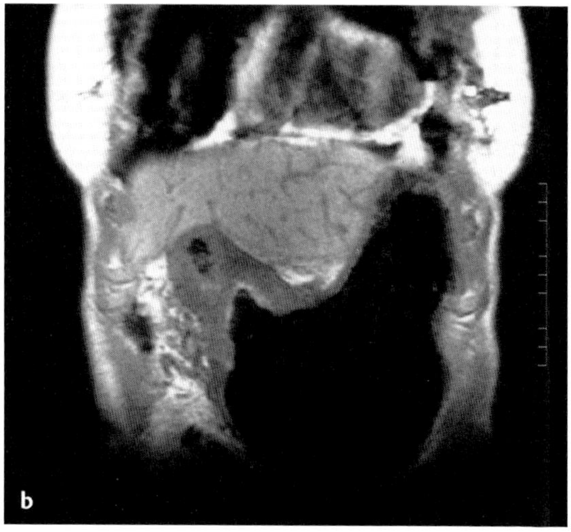

Differenzialdiagnose

Gastritis	– relativ gleichmäßig verdickte Magenfalten – relativ gleichförmig verdickte Magenwand – nimmt an der Peristaltik teil
Magenlymphom	– deutlich verdickte Magenwand – verdickte Falten
GIST	– große exophytische Raumforderung – oft mit ausgedehntem extraintestinalen Anteil
Morbus Ménétrier	– gleichmäßig verdickte Falten

Typische Fehler

Overstaging und understaging.

Ausgewählte Literatur

Habermann CR et al. Preoperative staging of gastric adenocarcinoma: comparison of helical CT and endoscopic ultrasound. Radiology 2004; 230: 465 – 471

Insko EK et al. Benign and malignant lesions of the stomach: evaluation of CT criteria for differentiation. Radiology 2003; 228: 166 – 171

Kumano S et al. T staging of gastric cancer: role of multi-detector row CT. Radiology 2005; 237: 961 – 966

Duodenaldivertikel

Kurzdefinition

Hernierung von Mukosa und Muscularis mucosae durch die Duodenalwand.

- **Epidemiologie**
  Prävalenz nach ERCP-Befunden bis zu 25% • Nimmt mit dem Alter zu • Etwas häufiger bei Frauen • Meist zufälliger Befund bei der Endoskopie oder Schnittbildgebung.
- **Ätiologie/Pathophysiologie/Pathogenese**
  75% der Divertikel sind in unmittelbarer Nachbarschaft der Papille (juxtapapilläre Divertikel) • Hierbei gehäuft Gallengangsteine • Komplikationen: Fehlbesiedlung und Enterolithen.

Zeichen der Bildgebung

- **Methode der Wahl**
  CT • MRCP
- **Pathognomonische Befunde**
  Mit Luft oder Flüssigkeit gefüllte Aussackung des Duodenums • An der medialen Seite des Duodenums • Häufig mit Gallengangsteinen assoziiert.
- **MRT-Befund**
  In T2w bei Wasserfüllung signalreiche Raumforderung an der medialen Seite des Duodenums • Nach oraler Gabe eines eisenhaltigen KM verliert der Divertikelinhalt das Signal.
- **CT-Befund**
  Aussackung des Duodenallumens, die mit Luft, Flüssigkeit oder Speisebrei gefüllt ist • Kann bei Verlaufsuntersuchungen je nach Füllungsgrad unterschiedliche Ausmaße aufweisen.
- **Endoskopie**
  In unmittelbarer Nähe der Papille Aussackung, in der sich auch die Papille verstecken kann • Bei sehr engem Hals ist das Divertikel oft nicht erkennbar • Nach ERCP oft Füllung des Divertikels mit KM.
- **Magen-Darm-Passage**
  In unmittelbarer Nähe der Papille Aussackung, die sich mit KM füllt.

Klinik

- **Typische Präsentation**
  Meist symptomlos • Beschwerden durch die gehäuft auftretenden Gallengangsteine • Selten Entzündung (Divertikulitis) mit Schmerzen, Fieber, Übelkeit oder Erbrechen.
- **Therapeutische Optionen**
  Operation nur bei Perforation oder Blutung • Bei Fehlbesiedlung antibiotische Therapie.
- **Verlauf und Prognose**
  Meist unkompliziert.
- **Was will der Kliniker von mir wissen?**
  Ausschluss eines Tumors.

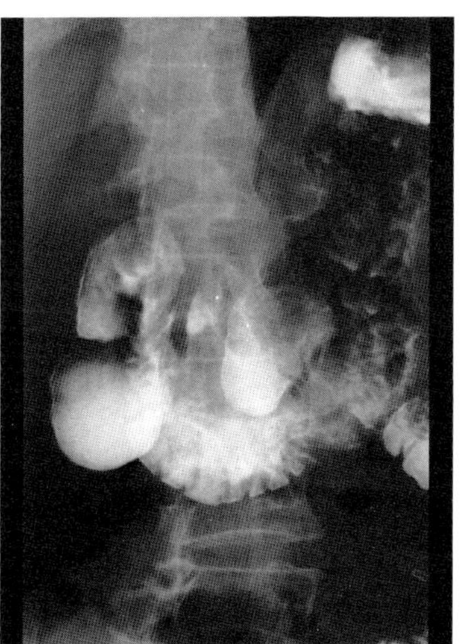

Abb. 107 Duodenaldivertikel. MDP. Großes duodenales Divertikel am aufsteigenden Schenkel des Duodenums.

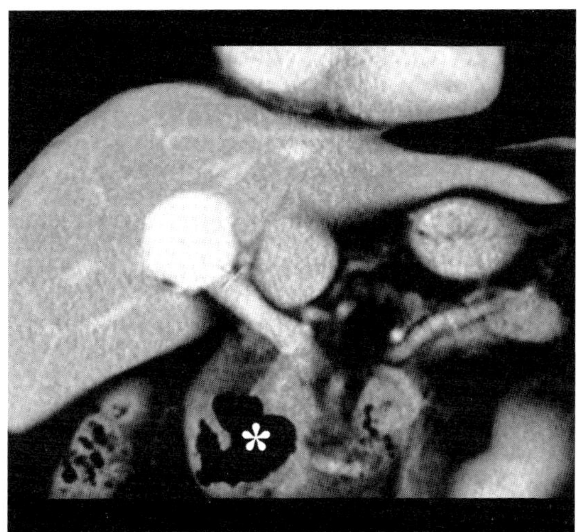

Abb. 108 Duodenaldivertikel. CT. Großes juxtapapilläres Divertikel (Stern), breite Kommunikation mit dem Duodenallumen. Nebenbefundlich große hypervaskularisierte Raumforderung im Leberhilus (Aneurysma der Portalvene).

Differenzialdiagnose

Pseudozyste des Pankreas	– erweiterter oder irregulärer Pankreasgang – klinisches Bild einer Pankreatitis
zystischer Pankreastumor	– multizystisch oder septiert – nach oraler Eisengabe bleibt die Pseudozyste unverändert
perforiertes Duodenalulkus	– Flüssigkeit und Zeichen einer Entzündung um das Ulkus – freie Luft im Abdomen

Typische Fehler

Fehlinterpretation als Pankreaspseudozyste oder zystischer Tumor des Pankreaskopfs.

Ausgewählte Literatur

Cem Balci N et al. Juxtapapillary diverticulum. Findings on CT and MRI. Clin Imag 2003; 27: 82 – 88

Macari M et al. Duodenal diverticula mimicking cystic neoplasm of the pancreas: CT and MR imaging findings in seven patients. AJR 2003; 180: 195 – 199

Mazziotti S et al. MR cholangiopancreatography diagnosis of juxtapapillary duodenal diverticulum simulating a cystic lesion of the pancreas: usefulness of an oral negative contrast agent. AJR 2005; 185: 432 – 435

Kurzdefinition

Sackartige Ausstülpung im Ileum durch Persistenz des Ductus omphaloentericus.

- **Epidemiologie**
  Häufigste angeborene Anomalie des Gastrointestinaltrakts • Inzidenz 1 – 3%.
- **Ätiologie/Pathophysiologie/Pathogenese**
  Inkomplette Rückbildung des Ductus omphalomesentericus • In 50% neben Ileumschleimhaut auch ektopes Gewebe (meist Magenschleimhaut).

Zeichen der Bildgebung

- **Methode der Wahl**
  Enteroklysma • CT
- **Pathognomonische Befunde**
  4 – 10 cm langes Divertikel im Ileum • In einem Abstand bis zu 100 cm von der Ileozaekalklappe entfernt (meist 50 – 60 cm).
  Komplikationen: Blutung (aus heterotoper Magenschleimhaut) • Dünndarmobstruktion • Divertikulitis • Invagination • Volvulus • Hernierung (Littre-Hernie).
- **Enteroklysma**
  Sackartige, blind endende Ausstülpung des Ileums • Meist im rechten Unterbauch oder im Becken • Breite Öffnung oder schmaler Hals • Manchmal mit Füllungsdefekten durch Fremdkörper oder Enterolithen.
- **CT-Befund**
  Beim akutem Abdomen indiziert • Auch wenn ein Meckel-Divertikel als Ursache einer Obstruktion oder anderen Komplikation nicht immer nachweisbar ist, sind Lage und akute Situation erkennbar • Bisweilen ist das Divertikel zu erkennen: Flüssigkeitsspiegel oder mit fäkalienartigem Material gefüllt • Bei Divertikulis oft Enterolith nachweisbar • MDCT auch bei schwerer Blutung indiziert.
- **Sonographie-Befund**
  Insbesondere bei Kindern diagnostisch wegweisend • Rundliche oder längliche zystische Struktur • Dicke echoreiche innere Wand • Echoarme äußere Wand.
- **Angiographie**
  Bei schwerer Blutung Extravasation von KM • Bei Blutung nach einer A. Vitellini suchen!
- **Szintigraphie-Befund (Tc)**
  Bei vorhandener Magenschleimhaut kleines rundliches Areal mit erhöhter Aktivität im rechten Unterbauch (bei Erwachsenen geringere Sensitivität als bei Kindern!).
- **Endokapsel**
  Bei okkulten Blutungen bei Erwachsenen sinnvoll.

Klinik

- **Typische Präsentation**
  Meist symptomlos • Etwa ein Drittel wird durch Komplikationen auffällig • Häufig innerhalb der ersten 10 Lebensjahre.

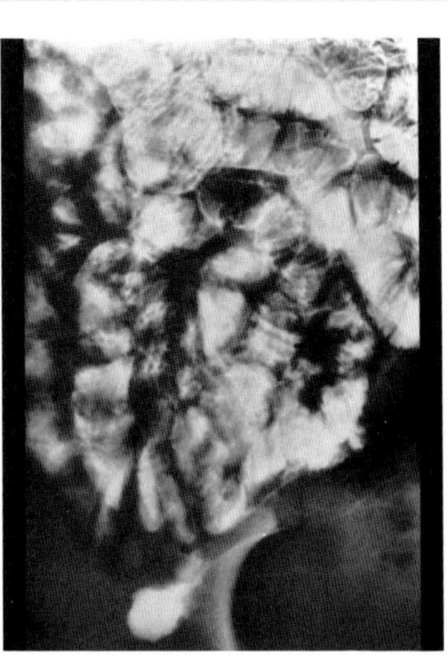

Abb. 109 Sackförmiges Meckel-Divertikel an einer terminalen Ileumschlinge. Enteroklysma.

Komplikationen: Blutung aus dem mittleren Gastrointestinaltrakt • Dünndarmobstruktion mit Schmerzen • Bei Divertikulitis Schmerzen, Fieber und Erbrechen.

- **Therapeutische Optionen**
  Chirurgische Resektion.
- **Verlauf und Prognose**
  Komplikationsrisiko bis zum Alter von 20 Jahren 4%, bis 40 Jahre 2%, geht im höheren Alter gegen Null • Tumoren treten im Divertikel im höheren Alter sehr selten auf (meist Karzinoide).
- **Was will der Kliniker von mir wissen?**
  Meckel-Divertikel als Ursache einer gastrointestinalen Blutung?

Differenzialdiagnose

Appendizitis	– in unmittelbarer Nachbarschaft zum Zäkum – sonographisch nicht komprimierbar
rechtsseitige Divertikulitis	– perikolische Entzündung – Kolondivertikel – verdickte Kolonwand
erworbenes Divertikel	– oft multiple Divertikel
Pseudosakkulationen (Morbus Crohn)	– verdickte Dünn- und Dickdarmschlingen – fibrös-fettige Proliferation – Fisteln
Lymphom/GIST	– meist verdickte Darmwand – geht unmittelbar in das normale Darmlumen über (keine Ausstülpung)

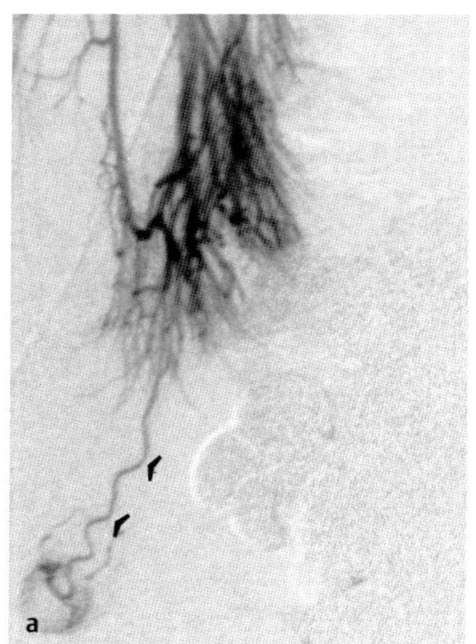

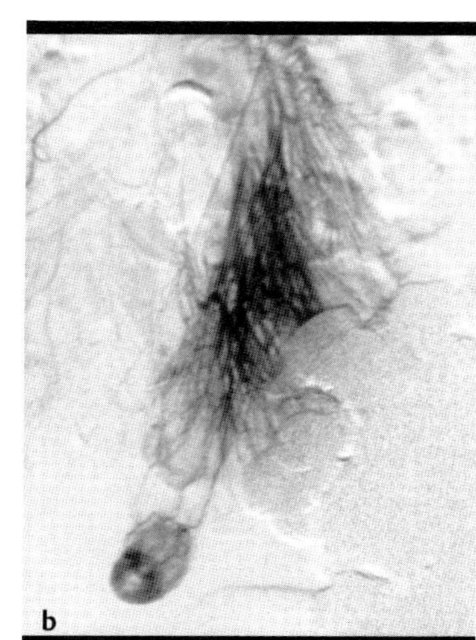

Abb. 110 a, b Meckel-Divertikel. DSA.
a Nachweis der A. Vitellini (Pfeilspitzen).
b Spätarterielle Phase. Sehr kräftige Perfusion des Divertikels.

Typische Fehler

A. Vitellini bei der Angiographie nicht aufgesucht (CT-Angiographie?).

Ausgewählte Literatur

Bennet GL et al. CT of Meckel's diverticulitis in 11 patients. AJR 2004; 182: 625 – 629

Levy AD et al. Meckel diverticulum: radiologic features with pathologic correlation. RadioGraphics 2004; 24: 565 – 587

Mitchell AW et al. Meckel's diverticulum: angiographic findings in 16 patients. AJR 1998; 170: 1329 – 1333

Lymphom des Dünndarms

Kurzdefinition

- **Epidemiologie**
  Dritthäufigster Tumor des Dünndarms • Macht 10 – 15 % aller Dünndarmtumoren aus • Meist im 5. – 6. Lebensjahrzehnt und bei Kindern.
- **Ätiologie/Pathophysiologie/Pathogenese**
  In den meisten Fällen Non-Hodgkin-Lymphome vom B-Zelltyp (95 %) • Etwa 5 % gehören zu den peripheren T-Zell-Lymphomen • Non-Hodgkin-Lymphome wachsen überwiegend im Magen (50 %), Dünndarm (35 %), Kolon (15 %) und Ösophagus(< 1 %) • Im Dünndarm überwiegend im distalen Ileum • T-Zell-Lymphome kommen häufiger im Duodenum und Jejunum vor, zeigen eine geringer ausgeprägte Verdickung der Wand und neigen häufiger zu Perforationen.

Zeichen der Bildgebung

- **Methode der Wahl**
  CT • Enteroklysma
- **Pathognomonische Befunde**
  - infiltrative Form: bis zu 50 % • Oft langstreckige Verdickung der Darmwand • Destruktion der Schleimhautstruktur • Selten Obstruktion • Paradoxe Erweiterung des Lumens im befallenen Darmabschnitt
  - polypoide Form: einzelne oder mehrere Polypen, in der Darmwand verteilt • Manchmal Ulzerationen • Kann zu Invaginationen führen • Selten obstruierend
  - noduläre Form: multiple submuköse Knoten
  - exophytische Form: ausgedehnte Ulzerationen • Höhlenbildungen außerhalb des Darmlumens
  - mesenteriale Form: Infiltration benachbarter Darmschlingen • Ummauerung der mesenterialen Gefäße • Vergrößerte oder vermehrte retroperitoneale Lymphknoten
- **CT-Befund**
  - infiltrative Form: verdickte Wand ohne Schichtung • Nur geringe KM-Aufnahme • Häufig erweitertes Lumen
  - polypoide Form: knotige Raumforderungen unterschiedlicher Größe
  - noduläre Form: erst bei Knoten über 1 – 2 cm erkennbar
  - mesenteriale Form: meist mehrere mesenteriale Knoten, die die Gefäße ummauern • Manchmal streifige oder flächige Infiltrationen des umgebenden Fettgewebes
- **Enteroklysma**
  - infiltrative Form: verdickte Wand ohne Faltenrelief • Häufig erweitertes Lumen
  - polypoide Form: polypöse Raumforderungen unterschiedlicher Größe
  - noduläre Form: noduläre Schleimhautstruktur
  - mesenteriale Form: Verlagerung oder Kompression von Dünndarmschlingen
- **Sonographie-Befund**
  Echoarme, verdickte Dünndarmwand • Aufgehobene Peristaltik • Vergrößerte Lymphknoten.

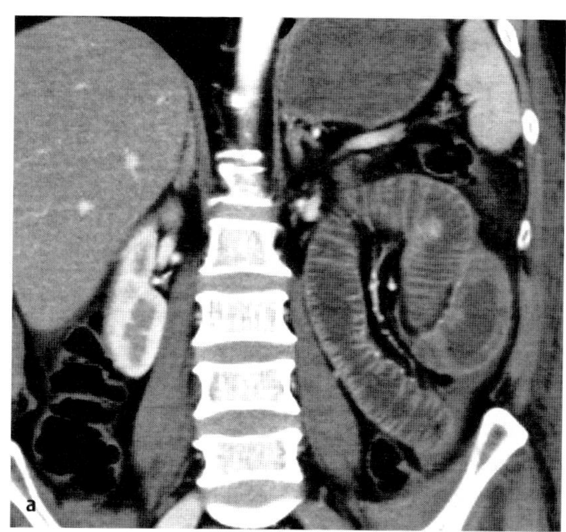

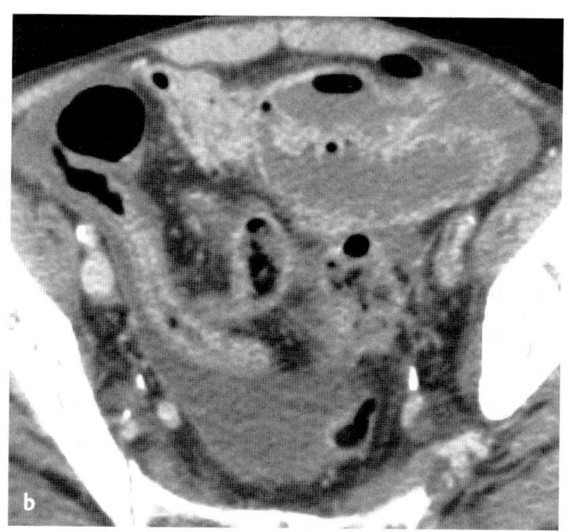

Abb. 111 a, b Lymphom des Dünndarms. CT.
a Leichte, gleichmäßige Wandverdickung einer oberen Ileumschlinge.
b Langstreckige Verdickung einer teminalen Ileumschlinge, Aszites im kleinen Becken.

Lymphom des Dünndarms

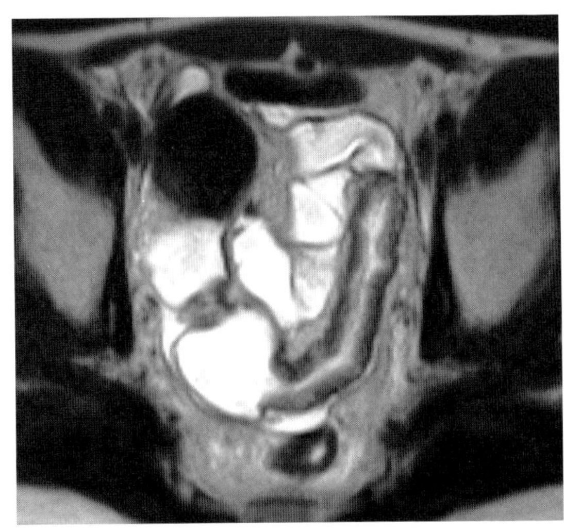

Abb. 112 Burkitt-Lymphom des Dünndarms. MRT. Langstreckige Verdickung eines Ileumabschnitts.

Klinik

- **Typische Präsentation**
  Abhängig von Größe und Lage des Primärtumors • Diarrhö • Gewichtsverlust • Uncharakteristische Schmerzen • Fieber.
- **Therapeutische Optionen**
  Operative Entfernung • Chemotherapie • Bestrahlung.
- **Verlauf und Prognose**
  Bessere Prognose als Dünndarmkarzinome.
- **Was will der Kliniker von mir wissen?**
  Unterscheidung von entzündlicher Darmerkrankung (Morbus Crohn).

Differenzialdiagnose

Dünndarmkarzinom	– häufiger im Jejunum – wächst zirkulär mit Verschlusssymptomatik – weniger kräftig perfundiert
M. Crohn	– führt zu Strikturen – Fisteln – starke KM-Aufnahme der akut entzündeten Wand
GIST	– oft große Tumoren – mit zentralen Nekrosen

Typische Fehler

Fehldiagnose Morbus Crohn.

Ausgewählte Literatur

Buckley JA et al. Small bowel cancer: imaging features and staging. Radiol Clin North Am 1997; 35: 381 – 402

Byun JH et al. CT findings in peripheral T-cell lymphoma involving the gastrointestinal tract. Radiology 2003; 227: 59 – 67

Horton KM et al. Multidetector-row computed tomography and 3-dimensional computed tomography imaging of small bowel neoplasms. Current concept in diagnosis. J Comput Assist Tomogr 2004; 28: 106 – 116

Akute Dünndarmobstruktion

Kurzdefinition

- **Epidemiologie**
  In 10 – 20% Ursache eines akuten Abdomens • Obstruktion des Dünndarms mit 75% deutlich häufiger als die des Dickdarms.
- **Ätiologie/Pathophysiologie/Pathogenese**
  Bride (50 – 80%) • Hernie (10 – 15%) • Tumor (10 – 15%) • Morbus Crohn • Intussuszeption • Volvolus • Endometriose • Gallensteine • Hämatom.

Zeichen der Bildgebung

- **Methode der Wahl**
  Abdomenübersicht • MDCT (bei akutem Abdomen)
- **Pathognomonische Befunde**
  Dilatierte Dünndarmschlingen (> 2,5 cm) • Mit Flüssigkeit und Gas gefüllt • Plötzliche Übergangszone zwischen erweiterten und kollabierten Schlingen • Perfusionsunterschiede bei Strangulation • Obstruktion des venösen Abflusses (häufigste Ursache der Ischämie) • Flüssigkeit oder strähnige Veränderungen im Mesenterium • Freie Luft bei Perforation.
- **Abdomenübersicht**
  Dilatierte Dünndarmschlingen mit Spiegeln • Wenig Luft und Stuhl im Kolon • In einem Drittel unauffällig • Einfache Obstruktion kann nicht von einer Strangulation mit Darmischämie unterschieden werden.
- **CT-Befund**
  Bei hochgradiger Obstruktion und bedrohlichem klinischen Bild Methode der Wahl • Nachweis der Ursache in 90 – 95% • Relativ sicherer Nachweis einer Ischämie (Sensitivität 90%) • Gute Darstellung der Übergangszone und der seltenen Ursachen einer Obstruktion • Direkter Nachweis einer Bride ist eher ungewöhnlich (Ausschlussdiagnose) • Bei hochgradiger Obstruktion ist keine orale KM-Gabe erforderlich, da Flüssigkeit und Gas genügend Kontrast bieten • Intravenöse KM-Gabe notwendig, um Aussagen über die Perfusion der Darmschlingen zu machen.
- **MRT-Befund**
  Bei sehr jungen Patienten oder Schwangeren als Alternative zur CT.
- **Sonographie-Befund**
  Bei Kindern und Jugendlichen indiziert • Bei Erwachsenen bei akutem Abdomen mit starken Schmerzen meist nicht zielführend.
- **Magen-Darm-Passage und Enteroklysma**
  Bei hochgradiger Obstruktion nicht indiziert.

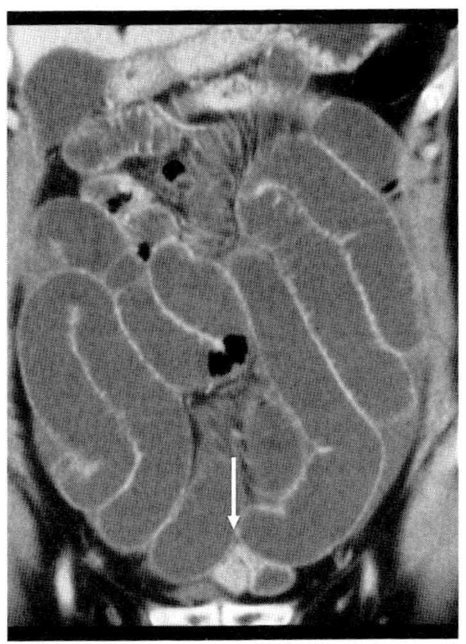

Abb. 113 Bridenileus. CT. Erweiterte und flüssigkeitsgefüllte Dünndarmschlingen. Verschluss und Übergang von normalem in veränderten Darm im mittleren Unterbauch (Pfeil).

Klinik

- **Typische Präsentation**
  Krampfartige Oberbauchschmerzen • Gespanntes Abdomen • Übelkeit • Erbrechen • Die präoperative Diagnose einer Strangulation ist in mehr als 50% unzuverlässig.
- **Therapeutische Optionen**
  Bei hochgradiger Obstruktion und Ischämie sofortige Operation • Bei geringgradiger Obstruktion Magensonde.
- **Verlauf und Prognose**
  Mortalität liegt um 1–2% • Als Komplikationen drohen Ischämie und Perforation, die die Morbidität und Mortalität deutlich erhöhen.
- **Was will der Kliniker von mir wissen?**
  Besteht eine Obstruktion? • Ursache, Höhe und Ausmaß der Obstruktion.

Differenzialdiagnose

paralytischer Ileus	– erweiterte Dünn- und Dickdarmschlingen – keine Übergangszone – keine sonstige Obstruktionsursache

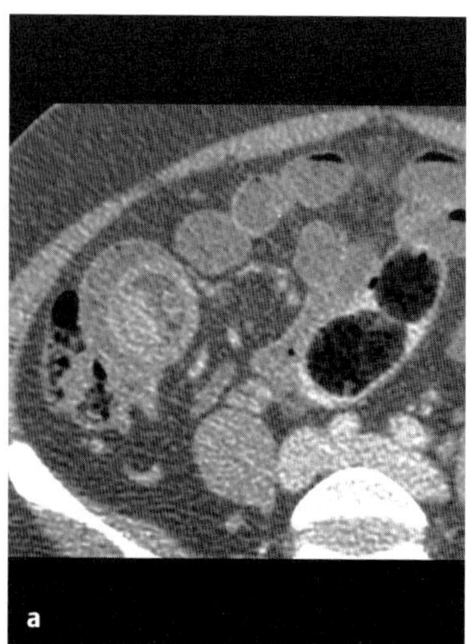

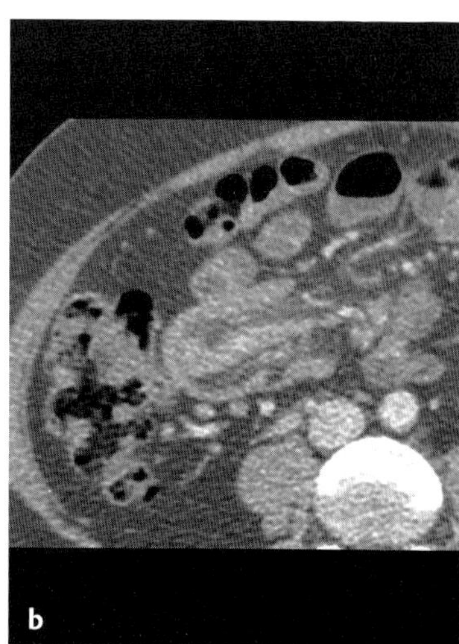

Abb. 114 a, b Invagination einer Ileumschlinge. CT. Querschnitt (**a**) und Längsschnitt (**b**).

Typische Fehler

Verzögerte Indikationsstellung zur CT • Umständliche Klärung über Magen-Darm-Passage oder Enteroklysma.

Ausgewählte Literatur

Aufort S et al. Multidetector CT of bowel obstruction: value of post-processing. Eur Radiol 1997; 15: 625 – 636

Maglinte DDT et al. Current concepts of small bowel obstruction. Radiol Clin North Am 2003; 41: 263 – 283

Taourel P et al. Non-traumatic abdominal emergencies: imaging of acute intestinal obstruction. Eur Radiol 2002; 12: 2151 – 2160

Kurzdefinition

Perikolische Entzündung nach Mikro- oder Makroperforation eines Kolondivertikels (Peridivertikulitis).

Modifizierte Klassifikation nach Hinchey:

- Stadium Ia: umschriebene perikolische Entzündung
- Stadium Ib: umschriebener perikolischer Abszess (< 3 cm)
- Stadium II: größerer gedeckter Abszess im Becken oder Retroperitoneum
- Stadium III: eitrige Peritonitis
- Stadium IV: freie Perforation mit fäkaler Peritonitis

► **Epidemiologie**

Eine Divertikulose findet sich in 5 – 10% bei über 45-Jährigen und in 50 – 60% bei über 80-Jährigen. Bis zu 20% der Patienten mit einer Divertikulitis sind jünger als 50 Jahre. Eine Symptomatik bildet sich bei 20% aus. Bei beiden Geschlechtern gleich häufig. 85% der Entzündungen treten im Sigma und Colon descendens auf.

► **Ätiologie/Pathophysiologie/Pathogenese**

Erhöhter intraluminaler Druck und Schwäche der Darmwand • Dadurch Hernierung der Mukosa und Muscularis mucosae (Pseudodivertikel) am Eintritt der Vasa recta (Schwachstelle) • In den Divertikeln Retention von Stuhl • Entzündung der Schleimhaut • Prinzipiell liegt der Divertikulitis eine Mikroperforation zugrunde.

Zeichen der Bildgebung

► **Methode der Wahl**

CT • Sonographie (in leichten Fällen)

► **Pathognomonische Befunde**

Divertikel (als Indikatoren) • Entzündliche Veränderungen im perikolischen Fettgewebe • Wandverdickung des Kolons (meist langstreckig) • Intramurale oder perikolische Abszesse (prognostisches Kriterium!) • Fisteln (meist zur Blase) • Darmobstruktion • Freie Luft (selten).

► **CT-Befund**

Verdickte Kolonwand • Verdichtungen im umgebenden Fettgewebe • Faszienverdickung • Abszesse • Perikolische Flüssigkeitsansammlungen • Bei freier Perforation freie Luft.

► **Sonographie-Befund**

Verdicktes echoarmes Kolonsegment • Divertikel (echoarme oder echoreiche parakolische Foci) • Schlecht abgrenzbare echoarme Areale um die entzündeten Divertikel • Schmerz bei Druck auf die entzündete Region.

► **MRT-Befund**

Hypointense Wandverdickung in T1w • In T2w mit Fettunterdrückung gute Abschätzung der perikolischen Entzündungsausbreitung anhand des hyperintensen Ödems • KM-Anreicherung in der entzündlich verdickten Wand (bei jüngeren Patienten und in der Schwangerschaft indiziert).

Divertikulitis des Dickdarms

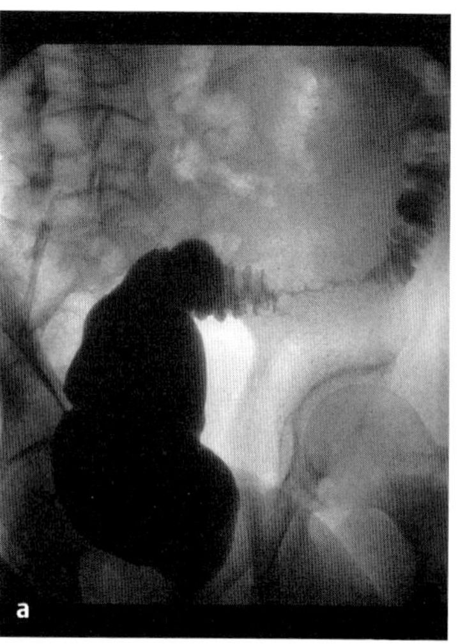

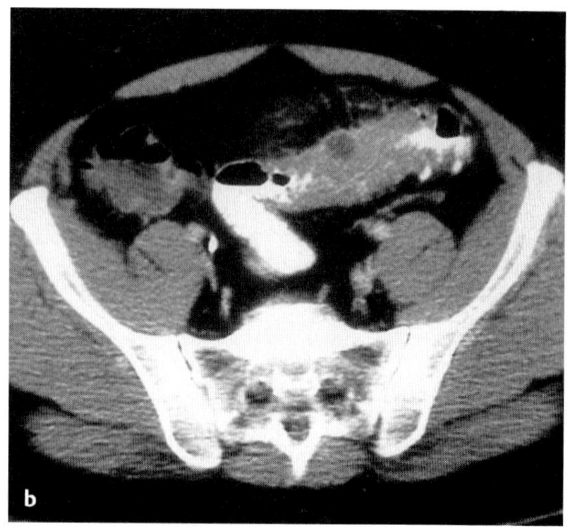

Abb. 115 a, b Sigmadivertikulitis.
a Konventionelle Röntgenaufnahme, Kontrasteinlauf. Hochgradige langstreckige Stenose des Sigma.
b CT. Hochgradige Verdickung der Wand mit einem kleinen Abszess in der ventralen Wand.

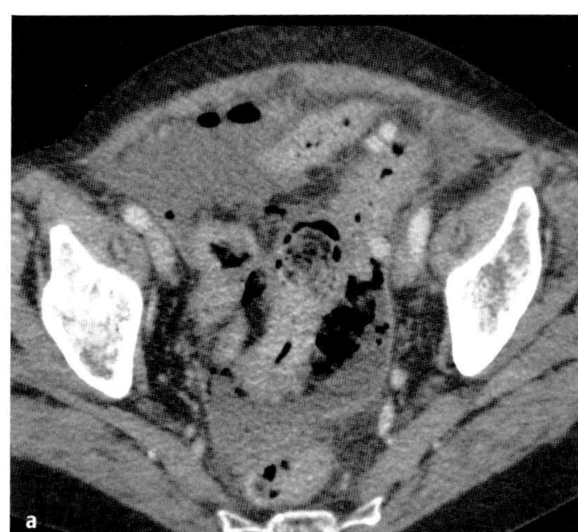

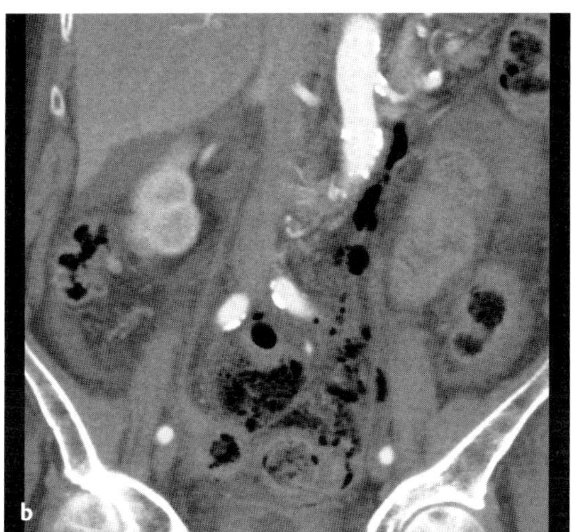

Abb. 116 a, b Akute Divertikulitis mit freier Perforation. Perikolische Ansammlung von Flüssigkeit und Gas (**a**). Das Gas lässt sich retroperitoneal bis zum Abgang der linken Nierenarterie verfolgen (**b**).

- **Kolonkontrasteinlauf**
  Verliert zunehmend an Bedeutung, da das Ausmaß der perikolischen Entzündung nur schlecht abgeschätzt werden kann.
- **Endoskopie**
  Im akuten Stadium schmerzhaft • Diagnostisch nicht hilfreich, da sich die extraluminale Entzündung nicht abschätzen lässt.

Klinik

- **Typische Präsentation**
  Schmerzen im linken Unterbauch • Fieber • Leukozytose • Druckschmerz • Manchmal palpabler Tumor • Bei kolovesikalen Fisteln Pneumaturie, Stuhl im Urin und/oder rezidivierende Harntraktentzündungen • Die Blutung ist eine Komplikation der Divertikulose, nicht der Divertikulitis!
- **Therapeutische Optionen**
  Bei leichten Formen Antibiotikatherapie • Bei schweren Formen Operation (20%) • In Einzelfällen perkutane Abszessdrainage. • Bei generalisierter Peritonitis oder Sepsis und bei immunsupprimierten Patienten Operation.
- **Verlauf und Prognose**
  In 70% leichte Form, die gut auf eine konservative Therapie anspricht • Schwere Formen haben eine Mortalität um 2–5% • Bei jüngeren Patienten schwerere Verläufe • Bei Niereninsuffizienz und Immunsuppression geringer ausgeprägte Symptomatik, gehäuft freie Perforation und erhöhte postoperative Morbidität und Mortalität.
- **Was will der Kliniker von mir wissen?**
  Schweregrad der Entzündung (entscheidet über konservatives, chirurgisches oder interventionelles Vorgehen).

Differenzialdiagnose

Kolonkarzinom	– Anamnese: schleichender Beginn der Erkrankung, häufig Blut im Stuhl – keine Entzündungszeichen – kurzstreckige Wandverdickung (oft mehr als 2 cm), häufig exzentrisch – weniger perikolische Veränderungen und keine Faszienverdickung
entzündliche Darmerkrankung	– keine perikolischen Veränderungen bei Colitis ulcerosa – meist Dünndarmbefall oder diskontinuierlicher Befall bei Morbus Crohn
ischämische Kolitis	– langstreckige uniforme Darmwandverdickung, meist im Versorgungsgebiet der A. mesenterica inferior – geringe perikolische Reaktion – in fortgeschrittenen Fällen Pneumatosis
Appendizitis	– rechtsseitiger Schmerz – sonographischer Nachweis der Appendizitis
Appendagitis	– perikolischer rundlicher Fettknoten mit umgebender Entzündung

Typische Fehler

Fehldeutung als Tumor.

Ausgewählte Literatur

Ambrosetti P et al. Colonic diverticulitis: impact of imaging on surgical management – a prospective study of 542 patients. Eur Radiol 2002; 12: 1145 – 1149

Kaiser AM et al. The management of complicated diverticulitis and the role of computed tomography. Am J Gastroenterol 2005; 100: 910 – 917

Kircher MF et al. Frequency, sensitivity, and specificity of individual signs of diverticulitis on thin-section helical CT with colonic contrast material: experience with 312 cases. AJR 2002; 178: 1313 – 1318

Colitis ulcerosa

Kurzdefinition

Auf die Schleimhaut beschränkte, chronisch entzündliche Erkrankung des Dickdarms.

- **Epidemiologie**
  Manifestation meist im Alter von 20 – 40 Jahren, 2. Gipfel in höherem Alter • Gering häufiger beim weiblichen Geschlecht • Inzidenz regional sehr unterschiedlich: in Europa, USA und Australien häufiger als in anderen Teilen der Welt.
- **Ätiologie/Pathophysiologie/Pathogenese**
  Ätiologie unklar (Infektion, Allergie auf Nahrungsbestandteile, Immunreaktion auf Bakterien oder bakterielle Antigene?) • Es besteht eine genetische Disposition • Beginn unmittelbar hinter dem Analring • Kontinuierliche Ausbreitung nach kranial • Proktosigmoiditis in 40 – 50%, linksseitige Kolitis in 30%, subtotale Kolitis (bis zur rechten Flexur) und Pankolitis in 20% • Bei Schädigung der Bauhini-Klappe kann die Entzündung als Backwash-Ileitis auf das terminale Ileum übergehen.

Zeichen der Bildgebung

- **Methode der Wahl**
  Endoskopie • Sonographie • MR-Enteroklysma
- **Pathognomonische Befunde**
  Darmwand verdickt auf über 3 mm in distendiertem Zustand • Starke KM-Aufnahme in der aktiven Phase • Verlust der Haustrierung (schlauchförmiger Darm).
  Komplikationen: toxisches Megakolon (Durchmesser über 5 – 6 cm) • Perforation • Narbige Striktur • Kolonkarzinom • In 3% mit PSC assoziiert.
- **Endoskopie-Befund**
  Samtartige und granulierte Schleimhautoberfläche • Erhöhte Blutungsneigung • Schmierig belegte Ulzerationen • Nach Abheilung atrophische Schleimhaut und entzündliche Pseudopolypen in einem schlauchförmigen Kolon.
- **Sonographie-Befund**
  Wichtige Methode zur Primärdiagnostik • Verdickte Darmwand, die im floriden Stadium sehr stark durchblutet ist (Farbdoppler und Verwendung von Sonographie-KM) • Verminderte Peristaltik der verdickten Darmabschnitte • Stenosen sind sonographisch gut nachweisbar.
- **Abdomenübersicht**
  Zum Nachweis des toxischen Megakolons (Durchmesser über 5 – 6 cm) • Evtl. irreguläre Wandverdickungen • Kein Stuhl im Dickdarm.
- **Kolonkontrasteinlauf**
  Granulierte Schleimhaut (Kontrastbelag wie Zuckerguss) • Ulzerationen, die auf die Schleimhautoberfläche begrenzt bleiben, manchmal die Schleimhaut unterhöhlen und bis an die Muskularis reichen (Kragenknopf-Ulzerationen) • Später Kontrastaussparungen durch rundliche oder längliche Pseudopolypen • Nur noch marginale Bedeutung wegen der Dominanz der Endoskopie.
- **CT-Befund**
  Verdickte Darmwand • Kräftige KM-Aufnahme in der floriden Entzündungsphase • Gute Beurteilung der meist langstreckigen Stenosen • Indikation: überwiegend bei Komplikationen, insbesondere Perforation.

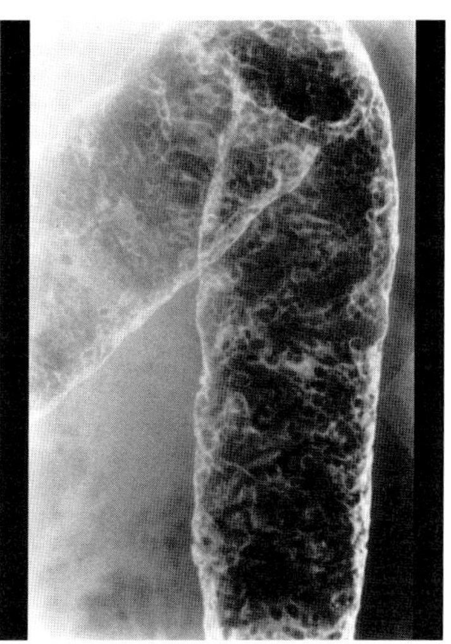

Abb. 117 Spätphase einer Colitis ulcerosa. Doppelkontrast. Kolon an der linken Flexur. Aufhebung der Haustrierung und multiple rundliche bis längliche Pseudopolypen.

► **MRT-Befund**
Spielt nur eine untergeordnete Rolle • Verdickung der Darmwand • In T2w mit Fettunterdrückung gute Darstellung der akuten Entzündung (Ödem) mit starkem Signal in der Darmwand und ihrer Umgebung • Gute Methode zur Darstellung von Stenosen.

Klinik

► **Typische Präsentation**
Perianale Blutungen • Blutige Durchfälle • Tenesmenartige Entleerungen geringer Stuhlmengen • Häufig Bauchschmerzen.
Extraintestinale Symptome: Arthropathien der großen Gelenke (5–10%) • Episkleritis und Uveitis • Erythema nodosum • Pyoderma gangraenosum (1–2%) • PSC (3%) • Ankylosierende Spondylarthritis.

► **Therapeutische Optionen**
Primär topische Therapie mit 5-ASA- oder Kortikoid-Klysmen • Bei schwererem Verlauf Kortikoide oder Immunsuppressiva • Bei 20–30% ist eine chirurgische Behandlung erforderlich (therapieresistente Formen, Perforation, toxisches Megakolon).

► **Verlauf und Prognose**
Sehr variabler klinischer Verlauf • Hohes Rezidivrisiko (80%) • Remissionsphasen von Wochen bis Jahren • Bei 10–15% chronisch aktiver Krankheitsverlauf • Nur 1% der Patienten hat nur einen einzigen Erkrankungsschub • Erhöhtes Risiko für Kolonkarzinom (bei langer Dauer und hoher Aktivität).

► **Was will der Kliniker von mir wissen?**
Abgrenzung zu anderen entzündlichen oder ischämischen Erkrankungen des Darms • Ausdehnung • Schweregrad • Komplikationen.

Colitis ulcerosa

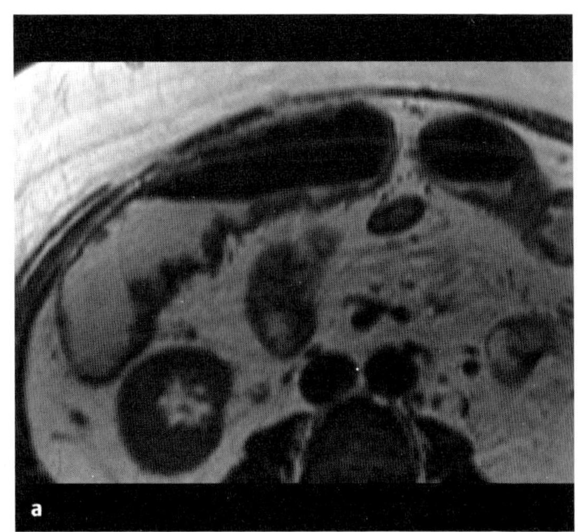

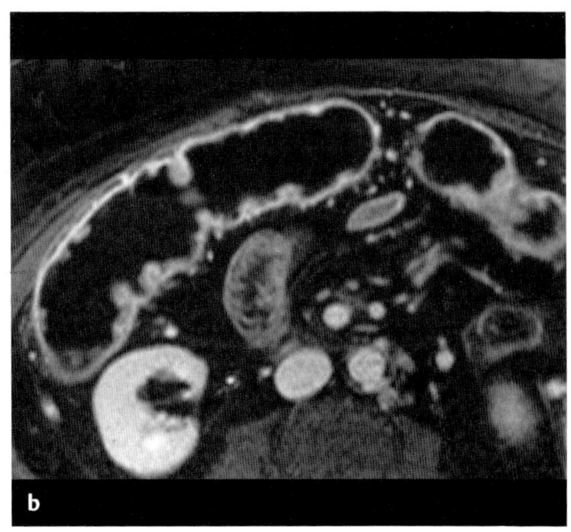

Abb. 118 a, b Colitis ulcerosa. MRT.
a Leichte Wandverdickung des Colon ascendens und transversum, pseudopolypöse Wandverdickungen.
b Nach KM-Gabe Anreicherung in der Darmwand und in den pseudopolypösen Wandverdickungen.

Differenzialdiagnose

Morbus Crohn	– häufig mit Dünndarmbefall – transmurale Entzündung: Fistel und Abszesse – fibrös-fettige Proliferation – Ausbreitung vom terminalen Ileum in Richtung Rektum
ischämische Kolitis	– ältere Patienten – Gefäßpathologie – verminderte Wandperfusion
Divertikulitis	– Divertikel – umschriebene Wandverdickung – perikolische Entzündung im Fettgewebe – verdickte Faszien – meist auf das Sigma beschränkt
pseudomembranöse Kolitis	– Komplikation von Antibiotika und Zytostatika – meist stärkere Wandverdickung als bei entzündlichen Darmerkrankungen – auffällig kräftige Kontrastierung der Mukosa

Typische Fehler

Kollabierte Darmschlingen können eine Wandverdickung vortäuschen.

Ausgewählte Literatur

Carucci LR et al. Radiographic imaging in inflammatory bowel disease. Gastroenterol Clin North Am 2002; 31: 93 – 117

Gore RM et al. CT features in ulcerative colitis and Crohn's disease. AJR 1996; 167: 3 – 15

Horton KM et al. CT evaluation of the colon: inflammatory disease. RadioGraphics 2000; 20: 399 – 418

Pseudomembranöse Kolitis

Kurzdefinition

Entzündliche Erkrankung des Dickdarms, die im Rahmen einer antibiotischen Therapie vorkommt.

- **Epidemiologie**
  Haupterregerreservoir für Clostridium difficile (das nicht Bestandteil der gesunden Darmflora ist) ist der Mensch • Bei gesunden Erwachsenen finden sich die Erreger in 2 – 3 %, bei asymptomatischen ambulanten und stationären Patienten nach Antibiotikatherapie in 5 – 15 %.
- **Ätiologie/Pathophysiologie/Pathogenese**
  Die Überwucherung durch Clostridium difficile ist eine nosokomiale Infektion, die meist nach Antibiotikatherapie auftritt • Weitere prädisponierende Faktoren sind Immunsuppression, Chemotherapie, Intensivtherapie und größere Operationen • Die Erkrankung wird durch das Toxin des Keims verursacht • Ausbildung von pseudomembranösen, exsudativ-entzündlichen Plaques im Kolon • Bisweilen auch im Dünndarm.

Zeichen der Bildgebung

- **Methode der Wahl**
  Endoskopie • Sonographie • CT
- **Pathognomonische Befunde**
  Darmwand ödematös verdickt auf über 4 mm • Starke KM-Aufnahme der Schleimhaut • Verdickte restliche Wand ohne KM-Aufnahme (Ödem) • Haustrierung bleibt erhalten • Meist nur geringe perikolische Entzündung • Rektum und Sigma in 80 – 90 % befallen • Segmentaler Befall häufiger als diffuser Befall.
  Komplikationen: toxisches Megakolon (Durchmesser > 5 – 6 cm) • Perforation.
- **Endoskopie-Befund**
  Cremefarbene konfluierende Plaques oder Pseudomembranen auf vulnerabler Schleimhaut • Überwiegend im Rektum und Sigma • Bisweilen auch ausschließlich im Colon ascendens.
- **Sonographie-Befund**
  Verdickte Darmwand, die im floriden Stadium sehr stark durchblutet ist (Farbdoppler und Verwendung von Sonographie-KM) • Verminderte Peristaltik der verdickten Darmabschnitte.
- **CT-Befund**
  Geschwollene Darmwand • Manchmal mehrschichtig („target sign“) • Kräftige KM-Aufnahme in die Schleimhaut • Keine Kontrastierung der ödematösen Wand • In sehr schweren Fällen Aszites möglich • Oral oder rektal verabreichtes KM fängt sich zwischen den geschwollenen Schleimhautfalten (Akkordeon-Zeichen).
- **Abdomenübersicht**
  Zum Nachweis des toxischen Megakolons (Durchmesser über 5 – 6 cm) • Bisweilen irreguläre Wandverdickungen • Kein Stuhl im Dickdarm • Ausmaß und Schweregrad werden eher unterschätzt.

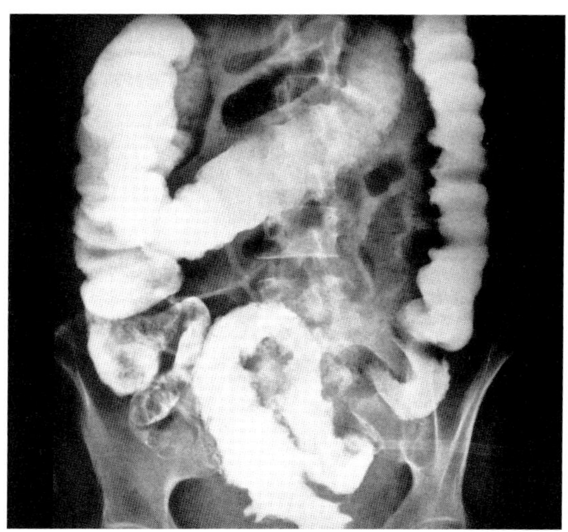

Abb. 119 Pseudomembranöse Kolitis. Einfachkontrastdarstellung des Kolons. Irreguläre Kontur von Rektum und Sigma.

- **Kolonkontrasteinlauf**
  Weitgehend durch Endoskopie oder Schnittbildverfahren verdrängt • Kleine noduläre Füllungsdefekte durch die pseudomembranösen Plaques • Sehr irreguläre Schleimhautoberfläche, wenn die Pseudomembranen konfluieren.
- **MRT-Befund**
  Verdickung der Darmwand • In T2w mit Fettunterdrückung gute Darstellung der akuten Entzündung (Ödem) • Starkes Signal in der Darmwand und ihrer Umgebung • Gute Methode zur Darstellung von Stenosen • Spielt dennoch nur eine untergeordnete Rolle.

Klinik

- **Typische Präsentation**
  Breites Symptomspektrum • Leichte Diarrhö, die nach Abschluss der Antibiotikatherapie sistieren kann • Alle Schweregrade sind möglich bis zur schweren Kolitis mit starken, wässrigen, in 10% blutigen Durchfällen, Bauchkrämpfen und Fieber • Evtl. lebensbedrohliche Komplikationen durch Schock, Kolonperforation und Megakolon • In 5% akutes Abdomens oder abdominale Sepsis • Die Beschwerden können unmittelbar nach Beginn der Antibiotikagabe, aber auch erst nach Wochen einsetzen • Toxinnachweis im Stuhl.
- **Therapeutische Optionen**
  Absetzen der Antibiotika • Flüssigkeits- und Elektrolytsubstitution • In schwereren Fällen Metronidazol und Vancomycin.

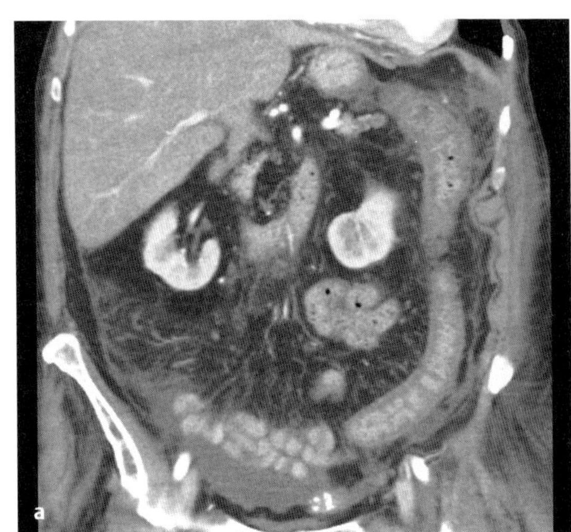

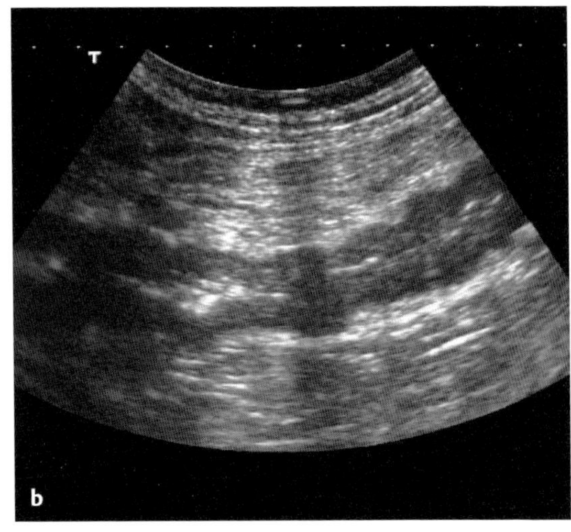

Abb. 120 a – c Pseudomembranöse Kolitis.
a CT. Deutliche Wandverdickung des gesamten dargestellten Kolons bis zur linken Flexur, sehr kräftige Perfusion der Schleimhaut, freie Flüssigkeit im Unterbauch.
b Sonographie. Verdickte echoarme Wand im Sigma-Deszendens-Übergang.

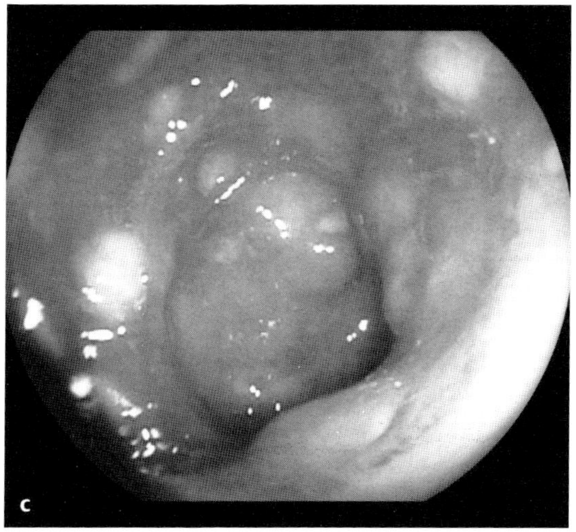

c Endoskopie. Typische kleieartige Auflagerungen auf der Schleimhautoberfläche.

▸ **Verlauf und Prognose**
Mortalität 1 – 3,5 % • Die schwere unbehandelte Form hat eine Letalität von 15 – 30 %.

▸ **Was will der Kliniker von mir wissen?**
Abgrenzung zu ischämischen Erkrankungen des Darms • Ausdehnung • Schweregrad • Komplikationen.

Differenzialdiagnose

ischämische Colitis	– ältere Patienten – mit Gefäßpathologie – verminderte Wandperfusion
Divertikulitis	– Divertikel – perikolische Entzündung im Fettgewebe – verdickte Faszien – meist im Sigma am stärksten ausgeprägt
Morbus Crohn	– häufig Dünndarmbefall – transmurale Entzündung: Fistel und Abszesse – fibrös-fettige Proliferation – Ausbreitung vom terminalen Ileum in Richtung Rektum
einfache antibiotika-assoziierte Kolitis	– wässrige (nicht blutige) Durchfälle, die nach Absetzen spontan sistieren – keine Plaques oder Membranen

Typische Fehler

Ein normaler CT-Befund schließt eine Clostridium-Kolitis nicht aus • Umgekehrt besteht bei schweren morphologischen Veränderungen nur eine schwache Korrelation mit dem klinischen Bild.

Ausgewählte Literatur

Ash L et al. Colonic abnormalities on CT in adult hospitalised patients with clostridium difficile colitis: prevalence and significance of findings. AJR 2006; 186: 1393 – 1400

Kawamoto S et al. Pseudomembraneous colitis: spectrum of imaging findings with clinical and pathological correlation. RadioGraphics 1999; 19: 887 – 897

Kirkpatrick IDC, Greenberg HM: Evaluating the CT diagnosis of clostridium difficile colitis: should CT guide therapy? AJR 2001; 176: 635 – 639

Kurzdefinition

Akute Entzündung der Appendix durch Verlegung des Lumens.

- **Epidemiologie**
  Lebenszeitrisiko für eine akute Appendizitis liegt bei 7% • Kommt in allen Altersstufen vor • Geringfügig häufiger bei Männern • Häufigste Ursache für eine Operation in der Kindheit.
- **Ätiologie/Pathophysiologie/Pathogenese**
  Obstruktion des Lumens der Appendix • Dadurch Distension, Entzündung und schließlich Perforation.

Zeichen der Bildgebung

- **Methode der Wahl**
  Sonographie • CT bei Verdacht auf Perforation
- **Pathognomonische Befunde**
  Kolbig aufgetriebene Appendix mit Kokarde (Durchmesser > 7 mm) • Fingerförmig blind endend • Verdickte Wand (> 3 mm) • Appendikolith • Perizäkale Flüssigkeit bzw. Infiltration des Fettgewebes.
- **Sonographie-Befund**
  Auftreibung der Appendix als echoarmes, doppelschichtiges Band • Bei dosierter Kompression Schmerz über der Appendix • Echoarmes, inhomogen strukturiertes Areal in der Region der Appendix spricht für Perforation mit perityphlitischem Abszess • Vermehrtes Signal im Farb-Doppler • Luft in der Appendix spricht gegen eine akute Entzündung • Eine retrozäkale Appendizitis kann wegen Luftüberlagerung übersehen werden • Die Treffsicherheit liegt bei Geübten über 90% und die negative Appendektomierate kann gegenüber der alleinigen klinischen Untersuchung deutlich gesenkt werden.
- **CT-Befund**
  Verdickte Appendix mit entzündlicher Infiltration des umgebenden Fettgewebes • Appendikolith in 30–40% sichtbar • Bei ausgeprägter Entzündung oder Perforationen Ileus im terminalen Ileum (Wächterschlingen) • Nach KM-Gabe hebt sich die entzündete Appendix besser ab • Bei Perforationen (insbesondere bei retrozäkaler Appendix) ist die CT der Sonographie überlegen.
- **MRT-Befund**
  Verdickte Appendix • Sehr starke Kontrastierung der Appendix und der entzündeten Umgebung nach i. v. KM-Gabe (insbesondere mit Fettsättigung) • Insbesondere guter Nachweis einer Perforation mit Abszess • Bei Schwangeren und jungen Patienten indiziert, bei denen die Sonographie unzureichend ist.

Klinik

- **Typische Präsentation**
  Periumbilikaler Schmerz, der in den rechten Unterbauch wandert • Übelkeit • Erbrechen • Fieber • Druckschmerzhafter McBurney-Punkt • Klassische klinische Präsentation nur in 60%, daher Bedeutung der Bildgebung.

Abb. 121 a, b Appendizitis. Sonographie. Verdickte Wand und vergrößerter Durchmesser der Appendix im Längsschnitt (**a**) und Querschnitt (**b**).

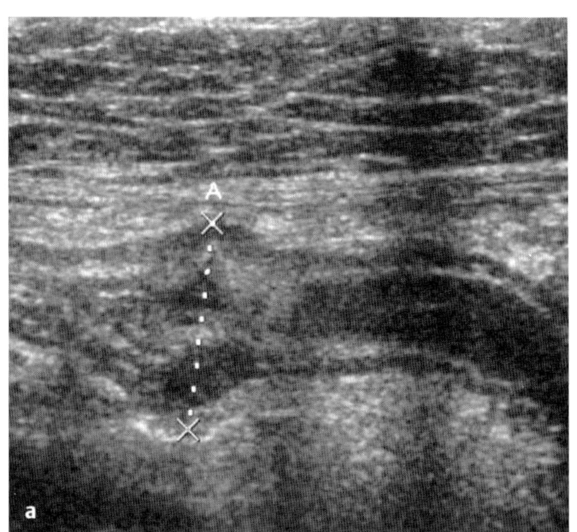

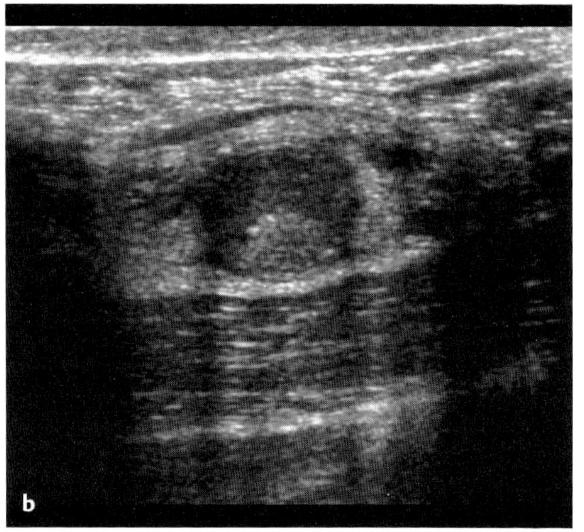

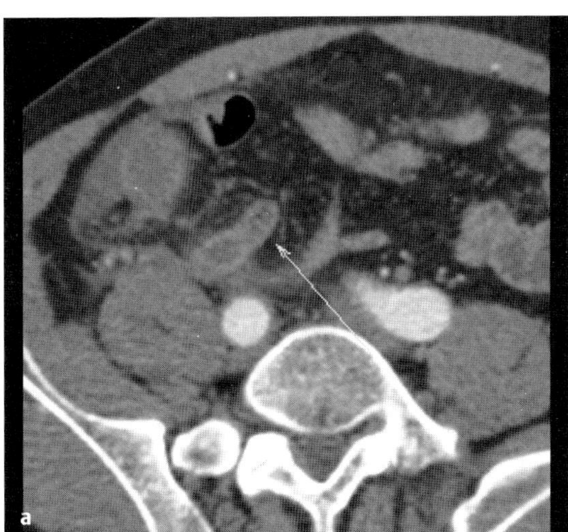

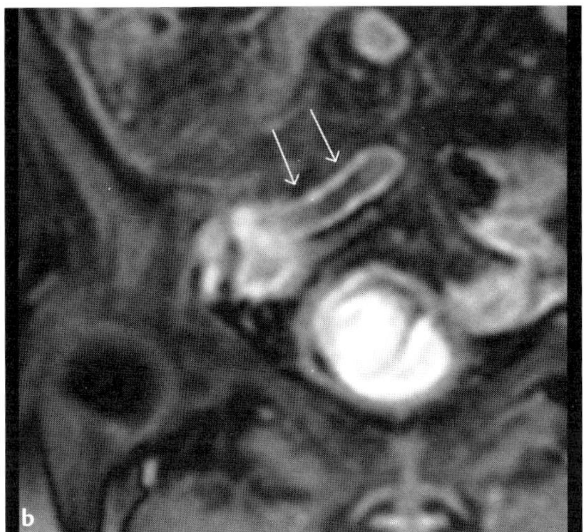

Abb. 122 a, b
Appendizitis. Vergrößerte und vermehrt KM aufnehmende Appendix im CT (**a**) und MRT (**b**).

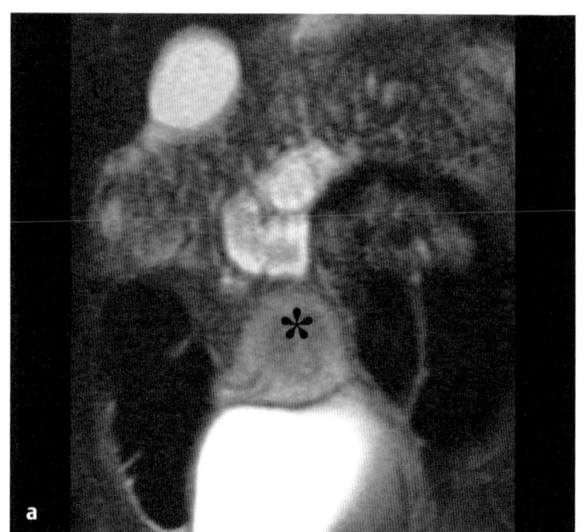

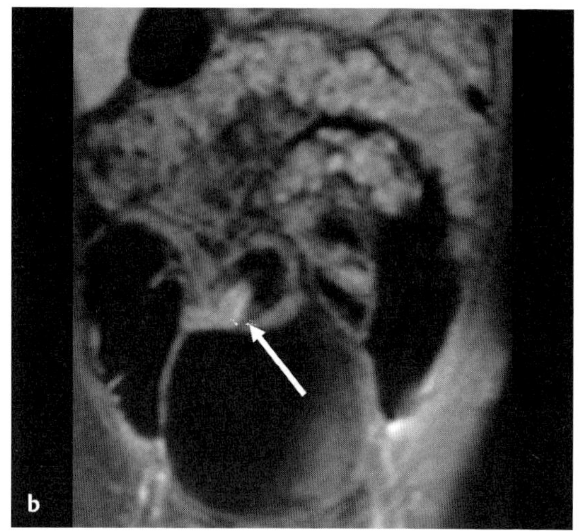

Abb. 123 a, b Perforierte Appendizitis mit Abszessbildung. MRT.
a Abszess auf dem Blasendach (Stern).
b Nach KM-Gabe Anreicherung der verdickten Appendix, die in den Abszess führt (Pfeil).

- **Therapeutische Optionen**
  Appendektomie • Bei größeren Abszessen in Einzelfällen perkutane Drainage.
- **Verlauf und Prognose**
  Bei rechtzeitiger Operation gut ohne postoperative Komplikationen.
- **Was will der Kliniker von mir wissen?**
  Appendizitis (Operationsindikation) oder andere Ursache des akuten Bauchschmerzes (die evtl. konservativ zu behandeln ist).

Differenzialdiagnose

Lymphadenitis mesenterialis	– vergrößerte Lymphknoten – leichte Verdickung der Wand des terminalen Ileums und des Zäkums
Morbus Crohn	– längere Anamnese – deutliche Verdickung der Wand des terminalen Ileums – verminderte Peristaltik des terminalen Ileums – KM-Aufnahme in die verdickte Wand
Eierstocksentzündung	– Appendix normal groß – Druckschmerz (mit Applikator) liegt in Projektion auf das weibliche Genitale
Tumor der Appendix	– chronisches Beschwerdebild – irreguläre Verdickung der Wand mit Übergreifen auf das Zäkum
Zäkumdivertikulitis	– Divertikel im Colon ascendens – peridivertikulitische Veränderungen im Fettgewebe – umschriebene Wandverdickung im Zäkum
Appendagitis	– perikolischer rundlicher Fettknoten mit umgebender Entzündung

Typische Fehler

Wertung eines Durchmessers von über 7 mm als alleiniges Zeichen für eine Appendizitis • Fehlinterpretation einer Ileumkokarde als Appendix.

Ausgewählte Literatur

Keyzer C et al. Comparison of US and unenhanced multi-detector row CT in patients suspected of having acute appendicitis. Radiology 2005; 236: 527 – 534

Pinto Leite N et al. CT evaluation of appendicitis and its complications: imaging techniques and key diagnostic findings AJR 2005; 185: 406 – 417

Rao PM et al. Helical CT for the diagnosis of appendicitis: prospective evaluation of a focused appendix CT examination. Radiology 2002; 202: 139 – 144

Adenomatöse Kolonpolypen

Kurzdefinition

Vorwölbungen der Kolonschleimhaut ins Darmlumen, die maligne entarten können.

- **Epidemiologie**
  Etwa 10% der Bevölkerung haben Polypen • Anstieg der Prävalenz im Alter.
- **Ätiologie/Pathophysiologie/Pathogenese**
  Kleinere Polypen sind häufig hyperplastische Polypen • Große Polypen (> 1 cm) sind häufiger Adenome • Etwa 90% der kolorektalen Karzinome entwickeln sich aus Adenomen (Adenom-Karzinom-Sequenz) • Karzinomrisiko der Adenome steigt mit der Größe (bei 1 cm < 1%, bei 1 – 2 cm 5 – 10%, über 2 cm bei 10 – 50%) • Weitere Kriterien für ein erhöhtes Krebsrisiko: 3 oder mehr Adenome, Grad der Dysplasie und Ausprägung villöser Anteile im Polyp • Eine Sonderform sind die seltenen flachen Adenome vom „depressed type", die schon sehr früh maligne sind und metastasieren.

Zeichen der Bildgebung

- **Methode der Wahl**
  Endoskopie • CT-Kolographie
- **Pathognomonische Befunde**
  Polypöse Schleimhautveränderungen • Gestielt oder breitbasig • Normal dicke Darmwand.
- **Endoskopie**
  Makroskopisch oft bereits Zuordnung zu histologischen Formen möglich • Biopsie und Abtragung mit der Schlinge • Bei inkompletter Endoskopie CT-Kolographie indiziert.
- **CT-Kolographie**
  Polypöse Veränderungen der Wand • Ab 3 mm nachweisbar • Adenome können KM aufnehmen.
- **MR-Kolographie**
  Polypöse Veränderungen der Wand • Ab 5 mm nachweisbar • Nehmen im Gegensatz zu hyperplastischen Polypen meist kräftig KM auf.
- **Doppelkontrast-Untersuchung**
  Spielt zur Diagnostik von Polypen keine Rolle mehr.

Klinik

- **Typische Präsentation**
  Meist symptomlos • Blut im Stuhl ist Frühzeichen.
- **Therapeutische Optionen**
  Abtragung mit der Schlinge • Große flache Polypen müssen manchmal chirurgisch entfernt werden.
- **Verlauf und Prognose**
  Bei kompletter Abtragung effektive Karzinomprävention • Bei Risikogruppen hohe Rezidivwahrscheinlichkeit.
- **Was will der Kliniker von mir wissen?**
  Nachweis eines klinisch relevanten Polypen (in der gastroenterologischen Literatur ab 1 cm, in der radiologischen Literatur ab 6 mm Größe).

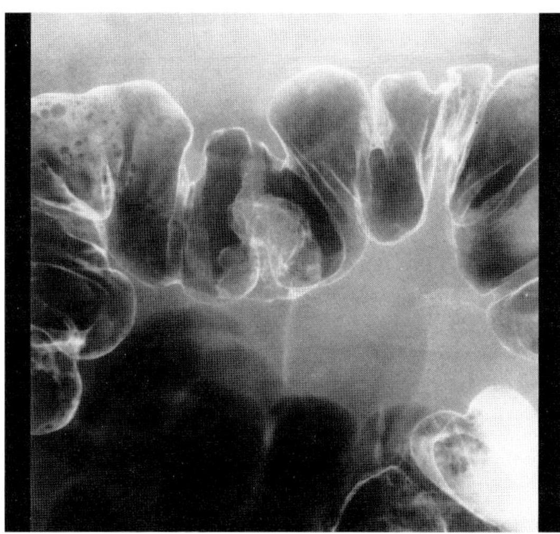

Abb. 124 Adenomatöser Kolonpolyp. Doppelkontrastdarstellung des Kolons. Im Sigma polypöser Füllungsdefekt.

Differenzialdiagnose

hyperplastischer Polyp	– meist kleiner als 1 cm – nimmt kein KM auf (MRT)
entzündlicher Pseudopolyp	– chronisch entzündliche Darmerkrankung
mesenchymaler Polyp	– oft groß – liegt intramural – oft extraintestinale Ausdehnung
Divertikel	– meist Zuordnung zu extraintestinaler Lage möglich – hyperdenser Ring im Nativbild
Stuhlreste	– enthalten Luft – wechseln Position – nehmen kein KM auf

Typische Fehler

Schlechte Vorbereitung und ungenügende Füllung des Darmlumens mit Luft oder CO_2.

Ausgewählte Literatur

Hartmann D et al. Colorectal polyps: detection with dark-lumen MR colonography versus conventional colonoscopy. Radiology 2006; 238: 143 – 149

Macari M et al. Filling defects at CT colonography: Pseudo- and diminutive lesions (the good), polyps (the bad), flat lesions, masses, and carcinomas (the ugly). RadioGraphics 2003; 23: 1073 – 1091

Mulhall BP et al. Meta-analysis. Computed tomographic colonography. Ann Intern Med 2005; 142: 635 – 650

Adenomatöse Kolonpolypen

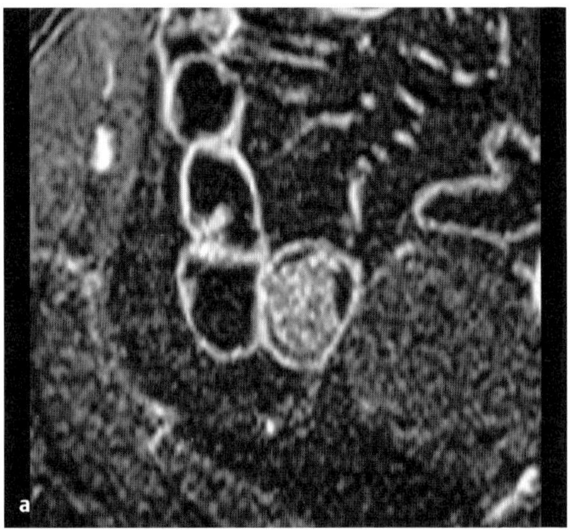

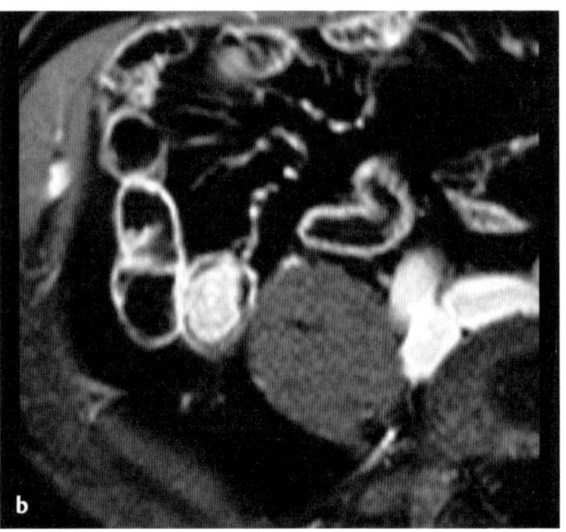

Abb. 125 a, b Lumenfüllender Polyp. MRT.
a VIBE-Sequenz.
b Nach Gabe von KM reichert der Polyp kräftig an.

Kurzdefinition

Maligner Tumor der Schleimhaut des Kolons • Verteilung: Rektum (30%), Sigma (45%), Colon descendens (10%), Colon transversum und Colon ascendens (15%) • Metastasierung in die regionären Lymphknoten und die Leber.

- **Epidemiologie**
  Inzidenz steigt mit dem Lebensalter • Die meisten Tumoren treten nach dem 5. Lebensjahrzehnt auf • Lebenszeitrisiko 6% • Zweithäufigster Tumor bei Männern und Frauen • Risikofaktoren: faserarme, fleisch- und fettreiche Kost, Übergewicht.
- **Ätiologie/Pathophysiologie/Pathogenese**
  Etwa 90% der Karzinome entwickeln sich aus adenomatösen Polypen • Die Zeit bis zur Entstehung eines Karzinoms wird auf 10 Jahre geschätzt.
  Risikoträger: Verwandte 1. Grades von Tumorträgern (doppeltes Risiko) • Anlageträger für ein hereditäres kolorektales Karzinom (familiäre adenomatöse Polyposis, Hereditäres nichtpolypöses Kolonkarzinom) • Patienten mit einer chronisch entzündlichen Darmerkrankung.

Zeichen der Bildgebung

- **Methode der Wahl**
  Endoskopie • CT
- **Pathognomonische Befunde**
  Irreguläre Schleimhautoberfläche • Konzentrisch verdickte Darmwand • Einengung des Darmlumens • Bei großen Tumoren Infiltration des umgebenden Fettgewebes • Lymphknotenmetastasen.
- **Endoskopie**
  Irreguläre Schleimhaut mit nekrotisierendem exophytischen Tumor • Möglichkeit zur Biopsie • Primäre Untersuchung und Goldstandard.
- **MRT**
  Umschrieben verdickte Kolonwand mit Lumeneinengung • Die verdickte Kolonwand nimmt teils sehr kräftig KM auf • Ebenso zeigen die befallenen Lymphknoten, die oft nicht auffällig vergrößert sind, eine starke Anreicherung (in fettunterdrückten Sequenzen).
- **Kolonkontrasteinlauf**
  Spielt kaum mehr eine Rolle • Irreguläre Schleimhautkontur • Lumeneinengung („Apfelbutzen").
- **PET oder PET-CT**
  Zur Rezidivdiagnostik • Sicherster Nachweis extraintestinaler Tumorrezidive im Narbengewebe.
- **CT-Befund**
  Umschrieben verdickte Kolonwand mit Lumeneinengung • Die verdickte Kolonwand nimmt KM auf • Bei Lymphknotenbefall häufiger multiple als vergrößerte Lymphknoten • Am aussagekräftigsten als CT-Kolographie mit i.v. KM-Gabe, z.B. im unmittelbaren Anschluss an eine inkomplette Koloskopie wegen Tumorstenose.

Kolonkarzinom

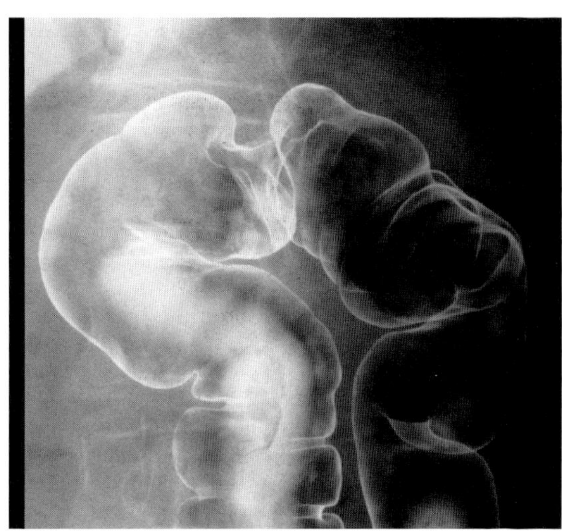

Abb. 126 Kolonkarzinom. Doppelkontrastdarstellung. Exzentrische Einengung an einer Kolonflexur durch ein Karzinom.

Klinik

- **Typische Präsentation**
  Lange symptomlos • Änderungen der Stuhlgewohnheiten • Blut im Stuhl • Anämie, Schmerzen und Gewichtsverlust sind Spätsymptome.
- **Therapeutische Optionen**
  Operation.
- **Verlauf und Prognose**
  Prognose von der Stadieneinteilung abhängig • 5-Jahres-Überlebenszeit:
  - Dukes A (T1 N0 M0): 97 – 100%
  - Dukes B1 (T2 N0 M0): 82 – 90%
  - Dukes B2 (T3 N0 M0): 73 – 80%
  - Dukes B3 (T4 N0 M0): 63 – 75%
  - Dukes C (T1–4 N1–3 M0): 26 – 74%
- **Was will der Kliniker von mir wissen?**
  Lage des Tumors • Tumorstadium • Metastasierung.

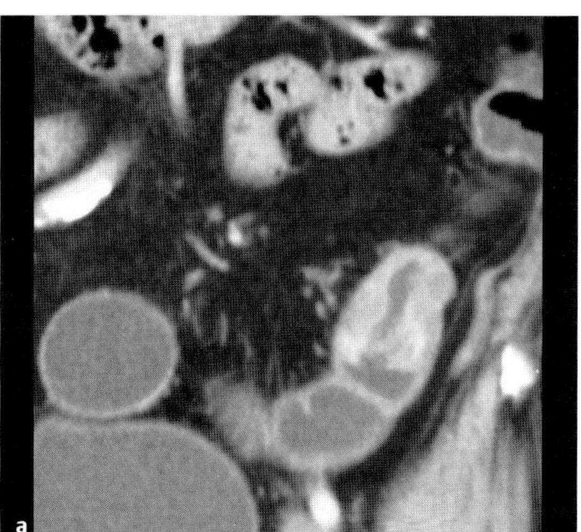

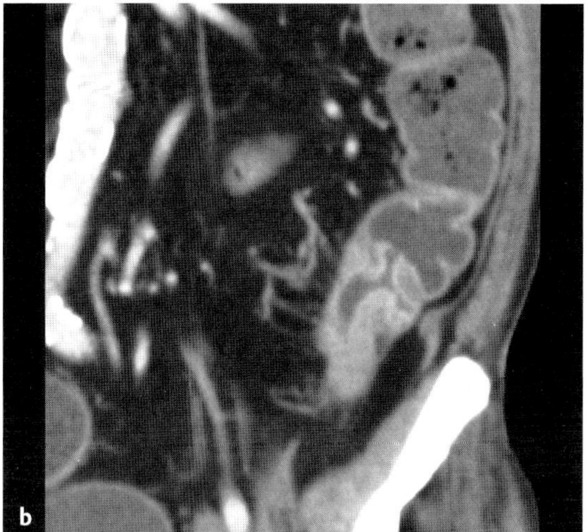

Abb. 127 a, b Kolonkarzinom. CT. Zirkuläre Wandverdickung mit vermehrter KM-Aufnahme am Übergang vom Sigma zum Colon descendens.

Differenzialdiagnose

Divertikulitis	– flächigere perikolische Infiltrate – Nachweis von Divertikeln – häufig Abszesse – verdickte Faszien
ischämische Kolitis	– langstreckige Wandverdickung – verminderte Perfusion der Wand – Verschluss oder Stenosen der zuführenden Gefäße
Colitis ulcerosa	– diffuse Ausdehnung mit Beginn im Rektum – Verlust der Haustrierung
submuköse Tumoren (GIST, Hämangiom)	– exzentrische Lumeneinengung
Endometriose	– Kompression von extern – einseitige sägezahnartige Kontur

Typische Fehler

Bei Schnittbilddiagnostik unzureichende Füllung des Dickdarms mit Wasser oder Luft.

Ausgewählte Literatur

Cohade C et al. Direct comparison of (18)F-FDG PET and PET/CT in patients with colorectal carcinoma. J Nucl Me 2003; 44: 1797 – 1803

Fenlon HM et al. Occlusive colon carcinoma: virtual colonoscopy in the preoperative evaluation of the proximal colon. Radiology 1999; 210: 423 – 428

Horton KM et al. Spiral CT of colon cancer: cross sectional imaging and role in management. RadioGraphics 2000; 20: 419 – 430

Kurzdefinition

Maligner Tumor der Schleimhaut des Rektums.

▸ **Epidemiologie**

Inzidenz steigt mit dem Lebensalter • Lebenszeitrisiko für kolorektale Karzinome 6% • Meist nach dem 5. Lebensjahrzehnt.

▸ **Ätiologie/Pathophysiologie/Pathogenese**

Etwa 90% der Karzinome entwickeln sich aus adenomatösen Polypen • Risikoträger: Verwandte 1. Grades von Tumorträgern (doppeltes Risiko), Anlageträger für ein hereditäres kolorektales Karzinom (familiäre adenomatöse Polyposis, hereditäres nichtpolypöses Kolonkarzinom) und Patienten mit einer chronisch entzündlichen Darmerkrankung • Metastierung in regionäre Lymphknoten, Lunge (primärer Metastasierungsweg) und Leber (sekundärer Metastasierungsweg).

Zeichen der Bildgebung

▸ **Methode der Wahl**

Endoskopie • MRT • Endoskopische Sonographie

▸ **Pathognomonische Befunde**

Irreguläre Schleimhautoberfläche • Konzentrisch verdickte Darmwand • Einengung des Darmlumens • Bei großen Tumoren Infiltration des Fettgewebes und des Mesorektums • Lymphknotenmetastasen sind häufig nicht vergrößert.

▸ **Endoskopie**

Primäre Untersuchung und Goldstandard • Irreguläre Schleimhaut mit nekrotisierendem exophytischen Tumor • Möglichkeit zur Biopsie.

▸ **MRT-Befund**

In T1w hypointense verdickte Kolonwand mit Einengung des Lumens • In T2w FSE-Sequenzen kann die Tumorausdehnung gut erkannt werden • Eine i. v. KM-Gabe führt im Vergleich zu fettunterdrückten Sequenzen nicht zu einer Verbesserung des lokalen Stagings • Lymphknotenmetastasen häufig klein, aber multipel • Meist ist die Beziehung des Tumors zum Mesorektum gut zu erkennen (besser als in der Endosonographie).

▸ **Endoskopische Sonographie**

Sehr präzise Abbildung der Darmschichten • Daher Methode mit der höchsten Genauigkeit bei der T-Klassifikation, die allerdings mit zunehmender Tumorausdehnung schlechter wird.

▸ **CT**

Zur der T-Klassifikation der Endosonographie deutlich unterlegen • Umschrieben verdickte Kolonwand mit Einengung des Lumens • Die verdickte Kolonwand nimmt KM auf • Bei Lymphknotenbefall häufiger multiple als vergrößerte Lymphknoten.

▸ **Kolonkontrasteinlauf**

Spielt kaum mehr eine Rolle • Irreguläre Schleimhautkontur und Einengung des Lumens („Apfelbutzen“).

▸ **PET oder PET-CT**

Bei Rezidivdiagnostik sicherster Nachweis extraintestinaler Tumorrezidive im Narbengewebe • Zeigt bei präoperativer multimodaler Therapie am besten ein Ansprechen auf die Therapie.

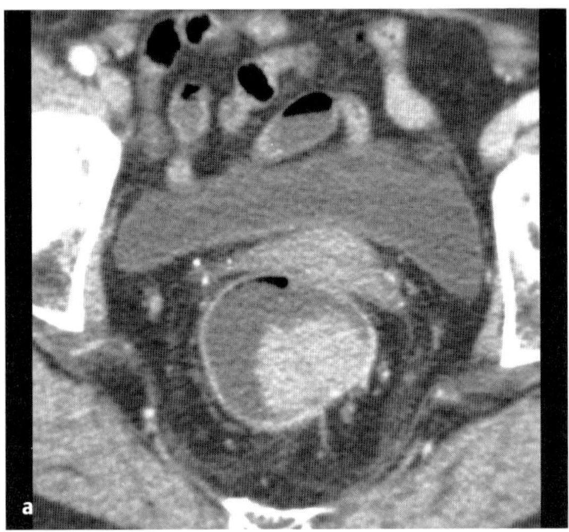

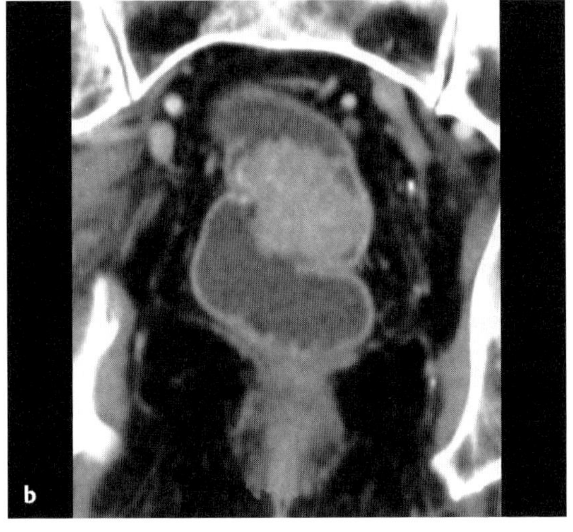

Abb. 128 a, b
Polypös wachsender maligner Tumor des Rektums. CT.
Kein wandüberschreitendes Wachstum (PT2 N0).

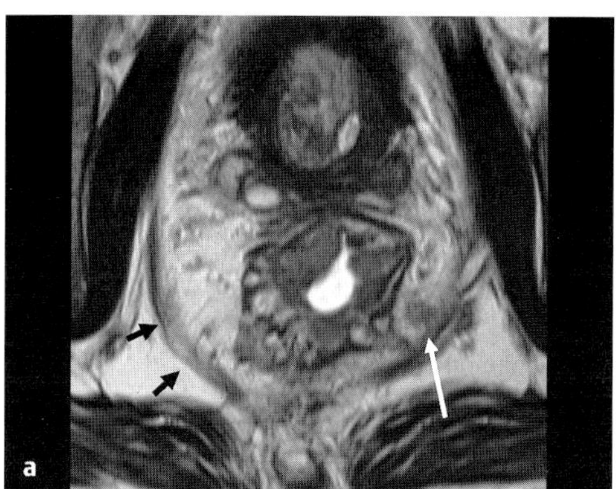

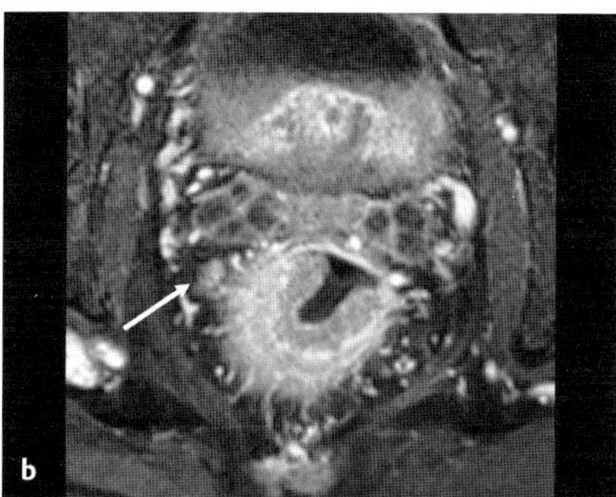

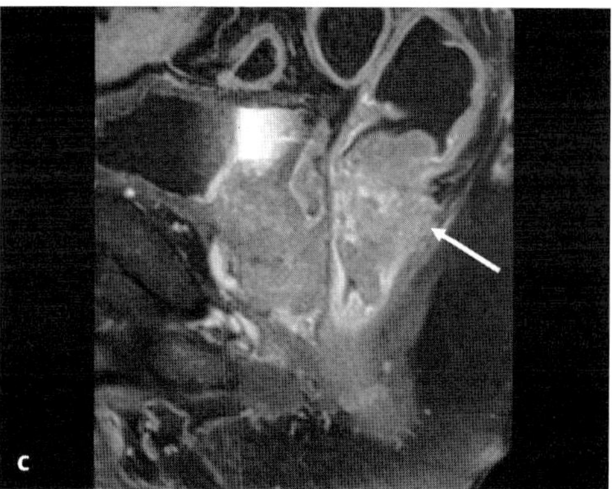

Abb. 129 a – c Rektumkarzinom mit wandüberschreitendem Wachstum (T3 N1).
a MRT, T2w. Wachstum ins mesorektale Fettgewebe (schwarze Pfeile: mesorektale Faszie), vergrößerter Lymphknoten (weißer Pfeil).
b T1w mit Fettunterdrückung ebenfalls gute Darstellung des wandüberschreitenden Wachstums und eines benachbarten vergrößerten Lymphknotens innerhalb der mesorektalen Faszie (Pfeil).
c Sagittale Projektion. Präsakral wandüberschreitendes Wachstum (Pfeil).

Klinik

- **Typische Präsentation**
  Lange symptomlos • Änderungen der Stuhlgewohnheiten • Blut im Stuhl.
- **Therapeutische Optionen**
  Resektion mit Entfernung des Mesorektums • In fortgeschrittenen Fällen adjuvante Radio- und Chemotherapie.
- **Verlauf und Prognose**
  Prognose vom Stadium und von der Beziehung des Tumors zum Mesorektum abhängig • Nach kurativer Resektion Lokalrezidivrate bis zu 30%.
- **Was will der Kliniker von mir wissen?**
  Tumorstadium • Beziehung des Tumors zum Mesorektum.

Differenzialdiagnose

Divertikulitis	– flächigere perikolische Infiltrate – Divertikel – häufig Abszesse – verdickte Faszien
ischämische Kolitis	– langstreckige Wandverdickung – verminderte Perfusion der Wand – Verschluss oder Stenosen der zuführenden Gefäße
Colitis ulcerosa	– diffuse Ausdehnung mit Beginn im Rektum – Verlust der Haustrierung
submuköse Tumoren (GIST, Hämangiom)	– exzentrische Lumeneinengung
Endometriose	– Kompression von extern – einseitige sägezahnartige Kontur

Typische Fehler

In der MRT unzureichende Füllung des Dickdarms mit Wasser • Schnittebene wird nicht dem Tumorwachstum angepasst.

Ausgewählte Literatur

Beets-Tan RGH et al. Rectal cancer: review with emphasis on MR imaging. Radiology 2004; 232: 335 – 346

Brown G et al. Techniques and trouble-shooting in high spatial resolution thin slice MRI for rectal cancer. Brit J Radiol 2005; 78: 245 – 251

Denecke T et al. Comparison of CT, MRI and FDG-PET in response prediction of patients with locally advanced rectal cancer after multimodal preoperative therapy: is there a benefit in using functional imaging? Eur Radiol 2005; 15: 1658 – 1666

Kurzdefinition

Ektope Proliferation von Endometriumgewebe auf oder in der Darmwand.

- **Epidemiologie**
  Bei 15% der menstruierenden Frauen und bei 30% der infertilen Frauen • Meist im Alter von 20–45 Jahren • Das ektope Gewebe liegt meist in unmittelbarer Nähe des Uterus.
- **Ätiologie/Pathophysiologie/Pathogenese**
  Es gibt verschiedene Hypothesen zur extrauterinen Lage des endometrialen Gewebes • Am ehesten Folge eines retrograden Transports von Endometriumgewebe (retrograde Menstruation) mit Implantaten auf den Beckenorganen und dem Peritoneum • Eine intestinale Beteiligung ist eher selten und betrifft überwiegend das Rektosigmoid (95%), die Appendix (10%) und das Ileum (5%) • Eine weitere Aussaat ist auf hämatogenem und lymphogenem Weg möglich • Das Gewebe wird – wie im Uterus – hormonell beeinflusst • Seröse Entzündungen und Infiltrationen der intestinalen Muskulatur sind möglich • Evtl. Obstruktion des befallenen Darmabschnitts • Seltene Komplikation: maligne Entartung.

Zeichen der Bildgebung

- **Methode der Wahl**
  Kolonkontrasteinlauf • MRT
- **Pathognomonische Befunde**
  Submuköse polypöse Raumforderung (sägezahnartige Impressionen) • Exzentrische Lumeneinengung • Manchmal solide Raumforderungen im Becken (1–5 cm Durchmesser) • Endometriumzysten im Ovar.
- **MRT-Befund**
  In T1w umschriebene, hypointens verdickte Kolonwand • Exzentrische Einengung des Lumens • Kleine plaqueartige Serosaimplantate sind meist nicht erkennbar • Solide, stark fibrosierende Raumforderungen im Becken haben in T1w ein intermediäres und in T2w ein niedriges Signal • Nach KM-Gabe Anreicherung • Häufig zeigen diese Knoten in T1w punktförmige Herde mit starkem Signal, die offensichtlich durch Einblutungen bedingt sind.
- **Kolonkontrasteinlauf**
  Submuköse polypoide Knoten • Evtl. sägezahnartige Kontur • Exzentrische Einengung des Lumens • Die Schleimhautstruktur ist intakt.
- **CT-Befund**
  Umschrieben verdickte Kolonwand mit exzentrischer Einengung des Lumens.
- **Endoskopische Sonographie**
  Gute Darstellung der serosalen Implantate und der Penetration in die Darmwand • Möglichkeit der gezielten transmuralen Biopsie.
- **Laparoskopie**
  Oft gelingt die Diagnose erst durch direkte Inspektion mit gezielter Biospsie.

Intestinale Endometriose

Abb. 130 a–c Intestinale Endometriose. MRT.
a Nach rektaler Füllung mit Wasser zeigt sich im Rektum eine hypodense polypöse Raumforderung, die das Lumen verlegt.
b Nach KM-Gabe und Fettunterdrückung nimmt diese Raumforderung gleichmäßig KM auf. Apikal zeigen sich noch Ausläufer der Schleimhautinfiltration.
c Im sagittalen Strahlengang polypöse Raumforderung, die von einem schmalen Saum mit normaler Schleimhaut umgeben ist, die sich leicht vermehrt hyperdens darstellt.

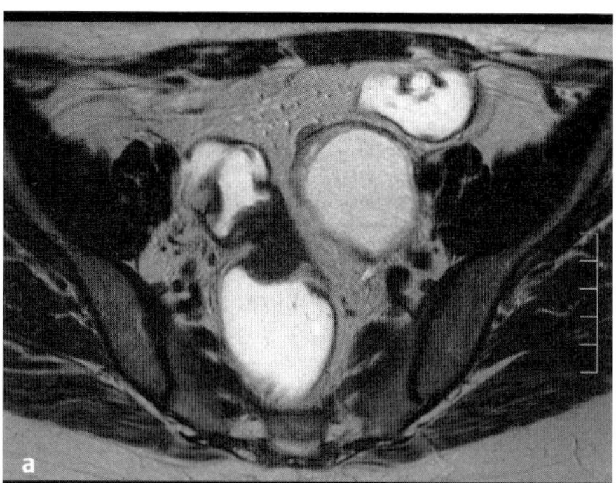

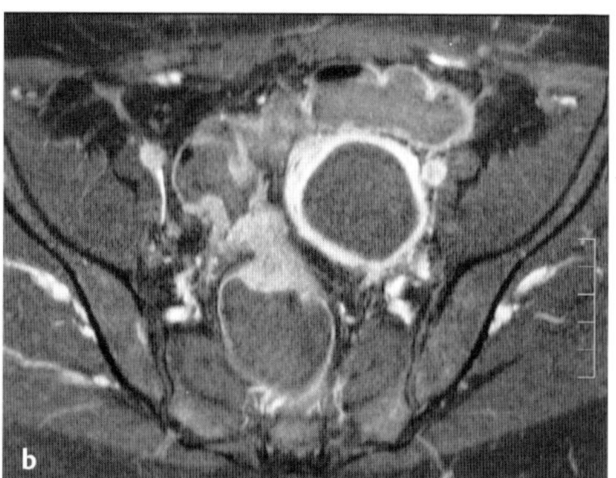

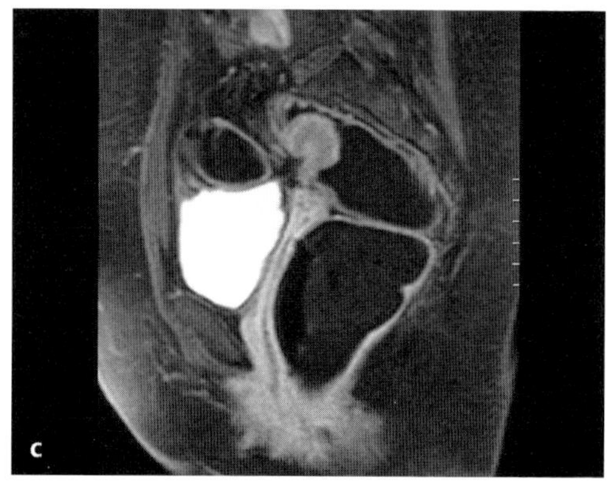

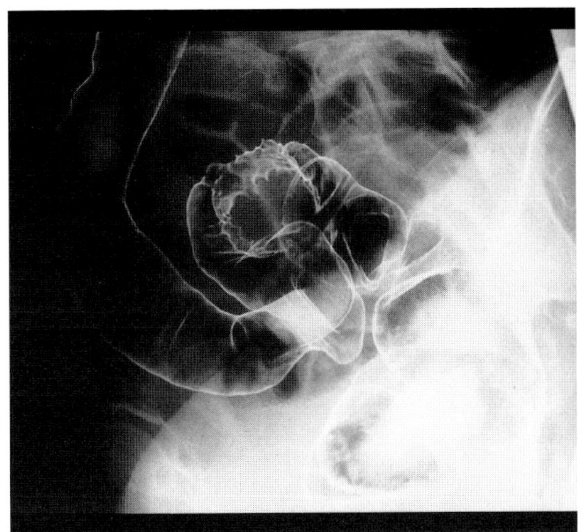

Abb. 131 Intestinale Endometriose. Doppelkontrastdarstellung von Rektum und Sigma. Impression des Darmlumens am Sigma mit Doppelkontur und sägezahnartiger Irregularität, bedingt durch eine Infiltration der Schleimhaut.

Klinik

- **Typische Präsentation**
  Häufig ohne oder nur geringe Beschwerden • Bei Implantaten auf der Serosa Spannungsgefühl im Becken • Bei Penetration in die Darmwand Obstipation oder Diarrhö und Obstruktion mit entsprechenden Schmerzen • Bei Penetration in die Mukosa evtl. Schleimhautblutungen • Beschwerden sind nur in 40% zyklusabhängig.
- **Therapeutische Optionen**
  Bei serosalen Implantaten laparoskopische Laserabtragung • Bei Penetration in die Darmwand mit Stenosierung Resektion des befallenen Darmabschnitts.
- **Verlauf und Prognose**
  Hohe Rezidivneigung.
- **Was will der Kliniker von mir wissen?**
  Ausschluss eines malignen Tumors oder einer entzündlichen Darmerkrankung.

Differenzialdiagnose

submuköse Tumoren (GIST, Hämangiom)	– exzentrische Lumeneinengung – meist große exophytische Tumoren – in höherem Alter
kolorektales Karzinom	– irreguläre Wandverdickung – konzentrische Stenosierung – in höherem Alter
Morbus Crohn/ Colitis ulcerosa	– konzentrische Wandverdickung – konzentrische Stenosierung – Verlust der Haustrierung
Divertikulitis	– Nachweis von Divertikeln – langstreckige, konzentrische Wandverdickung – peridivertikulitische Entzündung im Fettgewebe – Abszesse

Typische Fehler

In der Schnittbilddiagnostik unzureichende Füllung des Rektosigmoids mit Wasser • Untersuchung sollte prämenstruell angesetzt werden.

Ausgewählte Literatur

Bahr A et al. Endorectal ultrasonography in predicting rectal wall infiltration in patients with deep pelvic endometriosis: a modern tool for an ancient disease. Dis Colon Rectum 2006; 49: 869–875

Gordon RL et al. Double-contrast enema in pelvic endometriosis. AJR 1982; 138: 549–552

Siegelman ES et al. Solid pelvic masses caused by endometriosis: MR imaging features AJR 1994; 163: 357–361

Kurzdefinition

Chronisch eiternde Gänge mit der inneren Öffnung im Analkanal und Mündung im perianalen Bereich.

► **Epidemiologie**

Inzidenz 10 : 100 000 • Häufiger bei Männern.

► **Ätiologie/Pathophysiologie/Pathogenese**

Über 90% gehen von einer Entzündung der Proktodäaldrüsen aus, die meist intersphinktär liegen und in Höhe der Linea dentata münden • Seltenere Ursachen sind Colitis ulcerosa, Tuberkulose und HIV • Beim Morbus Crohn kann die Fistelbildung mit der Entzündung der Proktodäaldrüsen assoziiert sein, aber auch unabhängig davon aus dem anorektalen Kanal kommen • 5 – 15% der Fisteln haben eine komplexe Ausdehnung mit hufeisenförmiger Fistelung und ischiorektalen und supralevatorischen Abszedierungen.

Klassifikation nach Parks:

- oberflächlich (15%): Der Trakt verläuft zwischen Schleimhaut und Sphincter internus zur perianalen Haut und durchkreuzt die Muskulatur nicht
- intersphinktär (55%): Der Trakt durchkreuzt den Sphincter internus und verläuft zwischen Sphincter internus und externus
- transsphinktär (20%): Der Trakt durchkreuzt Sphincter internus und externus und läuft in die Fossa ischiorectalis
- suprasphinktär (5%): Der Trakt läuft intersphinktär nach apikal, macht oberhalb der Puborektalschlinge eine Schleife, durchquert den M. levator ani und verläuft in der Fossa ischiorectalis nach kaudal
- extrasphinktär (3%): Ohne Beziehung zum Analkanal und der Sphinktermuskulatur verläuft der Trakt vom Rektum zum Perineum

Zeichen der Bildgebung

► **Methode der Wahl**

MRT • Endosonographie

► **Pathognomonische Befunde**

Tubuläre Strukturen im Bereich des Analkanals (intersphinktär oder transsphinktär, infra- oder supralevatorisch, extrasphinktär) • Mit oder ohne Ausbildung von Abszessen (manchmal hufeisenförmig) • Häufig mit Narben.

► **MRT**

Methode der Wahl bei rezidivierenden Fisteln und Morbus Crohn • Ohne Instrumentierung und Narkose möglich.

Muskulatur: M. sphincter internus in T2w homogene Struktur und im Vergleich zum M. sphincter externus hyperintens • M. sphincter externus, puborektale Muskulatur und Levatorschlinge sind hypointens • Auf T1w Bildern haben die Muskeln kein unterschiedliches Signal • Nach KM-Gabe reichern die Schleimhaut und der M. sphincter internus KM an.

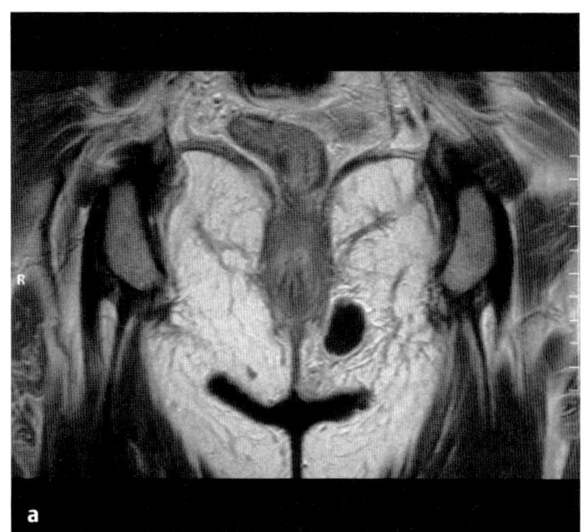

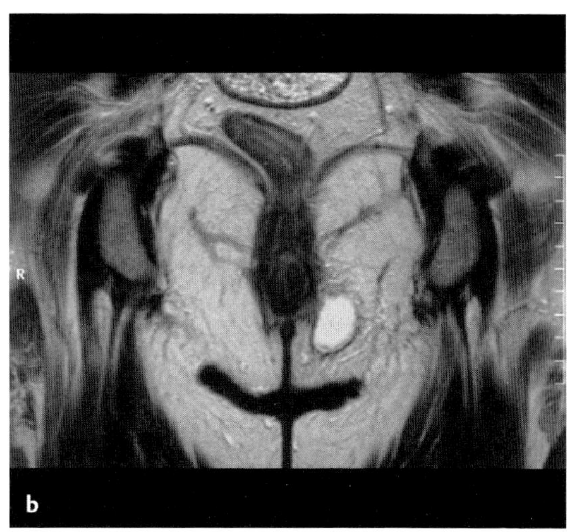

Abb. 132 a, b
Perianaler Abszess. MRT, koronar.
a T1w. Abszess in der Fossa ischiorectalis rechts, was für eine transsphinktäre Ausbreitung der Entzündung spricht.
b T2w. Der Abszess ist signalreich. Enge Beziehung der Fistel zum Sphincter externus in Höhe der Proktodäaldrüsen.

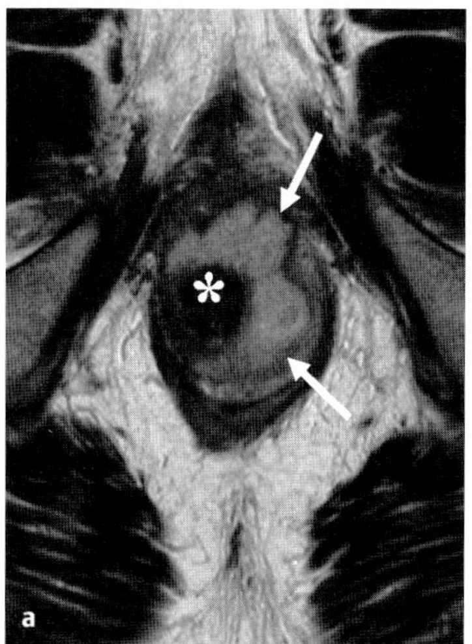

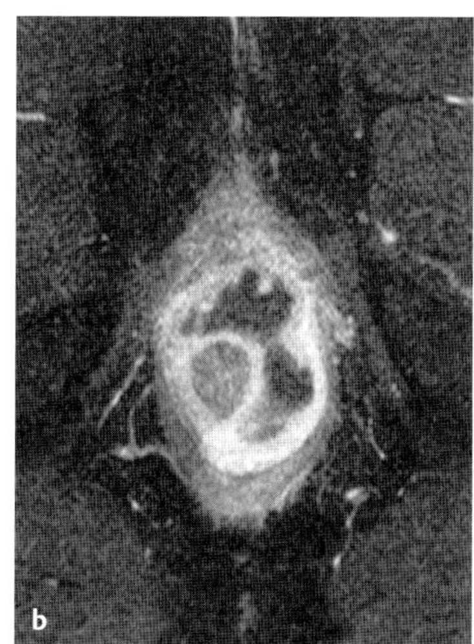

Abb. 133 a, b Perianaler Abszess. MRT, T2w axial.

a Hufeneisenförmiger Abszess, der intersphinktär verläuft (Pfeile). Der Rektumschlauch liegt dadurch exzentrisch (Stern).

b Nach KM-Gabe kräftige Kontrastierung der entzündeten Umgebung des Abszesses, der zwischen äußerem und innerem Sphinkter liegt.

Fisteln: Fisteln ohne Schleim imponieren in T2w als hypointense tubuläre Strukturen • Mit Schleim bekommen sie ein hyperintenses Zentrum, das von einem hypointensen Ring umgeben ist • Die innere Öffnung ist in den meisten Fällen (> 95%) zu identifizieren.

Abszesse: Flüssigkeitsgefüllte hyperintense Höhlen • Mit Fettsuppression kann die Entzündungsausdehnung im Fettgewebe gut abgeschätzt werden • In Einzelfällen ist auch eine KM-Gabe hilfreich, um präzisere Aussagen zur Aktivität machen zu können.

▸ **Endosonographie**

Echoarmer Fisteltrakt • Bisweilen echoreiche Einschlüsse (Gas) • Gute Darstellung der internen Fisterlöffnung (> 90%) • Bei komplexen und tief reichenden Fistelsystem ist die Eindringtiefe oft nicht ausreichend • Methode der Wahl bei einfachen Fisteln.

▸ **Fistulographie**

Komplette Füllung des Fisteltrakts sehr unzuverlässig und oft schmerzhaft • Da meist keine Beziehung des Fisteltrakts zur Sphinktermuskulatur angegeben werden kann, hat diese Untersuchung an Bedeutung verloren.

Klinik

- **Typische Präsentation**
  Anale und perianale Schmerzen • Sekretion von Eiter, Blut und Schleim.
- **Therapeutische Optionen**
  Operative Ausräumung.
- **Verlauf und Prognose**
  Häufig Rezidive, insbesondere bei komplexen Fistelsystemen und wenn präoperativ die genaue Ausdehnung der Fistel nicht exakt bestimmt wurde.
- **Was will der Kliniker von mir wissen?**
  Ausdehnung der Fisteln und Abszesse.

Differenzialdiagnose

Hidradenitis	– anogenital und inguinal – flächige Hauterkrankung mit fistelnden Abszessen – Verdickung von Haut und Unterhaut
Morbus Crohn	– Fisteln häufig ohne Bezug zu den Proktodäaldrüsen – Durchfälle – bekannte Erkrankung mit Dickdarmbefall
Venen/Hämorrhoiden	– geschlängelter Verlauf – dünnwandig – Inspektions- und Palpationsbefund
Pilonidalsinus	– ohne Beziehung zum intersphinkterischen Spalt

Typische Fehler

Falsche Achseneinstellung in der MRT.

Ausgewählte Literatur

Beets-Tan RGH et al. Preoperative MR imaging of anal fistulas: does it really help the surgeon. Radiology 2001; 218: 75 – 84

Buchanan GN et al. Clinical examination, endosonography, and MR imaging in preoperative assessment of fistulo in ano: comparison with outcome-based reference standard. Radiology 2004; 233: 674 – 681

Horsthuis K et al. MRI of perianal Crohn's disease. AJR 2004; 183: 1309 – 1315

Retrorektales zystisches Hamartom

Kurzdefinition

Entwicklungsgeschichtlich bedingte, präsakrale, zystische Raumforderung mit Neigung zu Infektionen und der Möglichkeit einer malignen Entartung.

► **Epidemiologie**
Selten, aber die häufigste Entwicklungsstörung im Retrorektalraum • Überwiegend bei Frauen im mittleren Alter.

► **Ätiologie/Pathophysiologie/Pathogenese**
Entwicklungsstörung aus dem Schwanzdarm („tailgut cyst") • 2 Typen: zystische Hamartome und Duplikationszysten • Keine Kommunikation mit dem Rektum.

Zeichen der Bildgebung

► **Methode der Wahl**
MRT • CT

► **Pathognomonische Befunde**
Gut abgegrenzte zystische Raumforderung • Eine einzelne oder mehrere große Zysten mit dünner Wand • Irreguläre Verdickung der Zystenwand mit KM-Aufnahme spricht für maligne Entartung • Knochendefekte im Os sacrum sind selten.

► **MRT-Befund**
Hypointens in T1w • Homogen hyperintens in T2w • Bei muzinösem Inhalt, nach Einblutung oder bei fettigen Bestandteilen (Dermoidzysten) in T1w hyperintens.

► **CT-Befund**
Glatt abgrenzbare zystische Raumforderung • Wasser- oder weichteiläquivalenter Inhalt • Septierungen sind schlechter zu erkennen.

► **Sonographie-Befund**
Zysten können interne Echos enthalten, insbesondere bei Infektionen.

Klinik

► **Typische Präsentation**
Häufig asymptomatisch • Evtl. Beschwerden durch raumfordernden Charakter • Obstipation • Rektales Füllungsgefühl • Schmerzhafte Defäkation • Schmerzen im Unterbauch • Dysurie • Palpabler Tumor bei rektaler Untersuchung.

► **Therapeutische Optionen**
Wegen der Gefahr der Entzündung und der Möglichkeit einer malignen Entartung möglichst operative Entfernung • Andernfalls regelmäßige Kontrollen.

► **Verlauf und Prognose**
Komplikationen: Infektion mit Fistelbildung (in 30–50%) • Blutungen • Maligne Entartung (10%).

► **Was will der Kliniker von mir wissen?**
Entzündung oder maligne Entartung • Ausdehnung und Beziehung zu den benachbarten Strukturen • Sichere Abgrenzung von Tumoren.

Retrorektales zystisches Hamartom

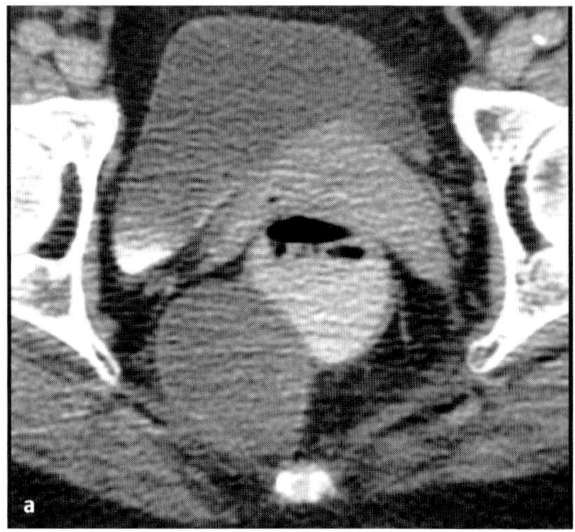

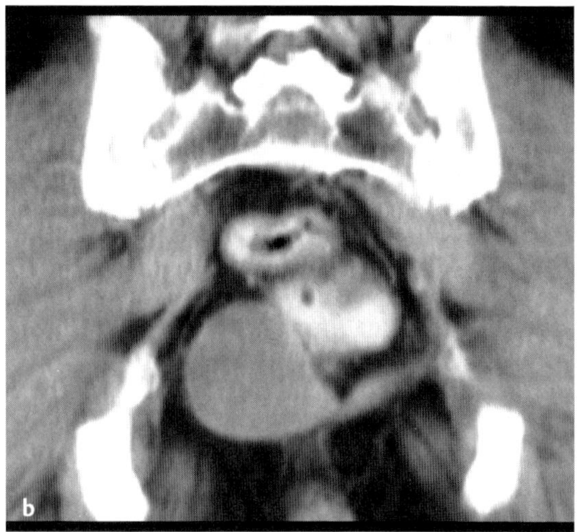

Abb. 134 a, b Retrorektales zystisches Hamartom. CT (**a, b**). Einkammerige retrorektale Zyste in direkter Nachbarschaft zum Rektum.

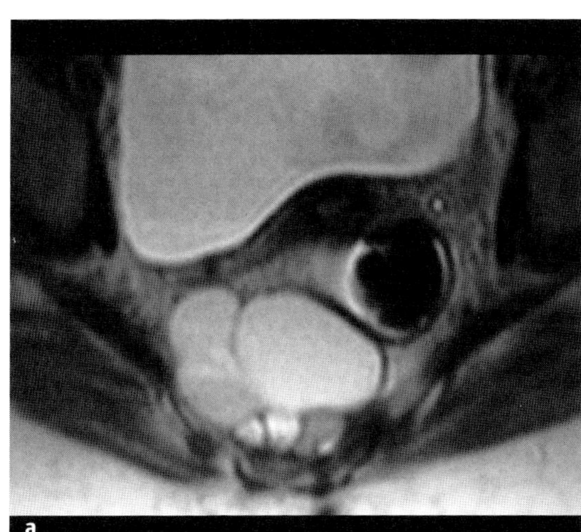

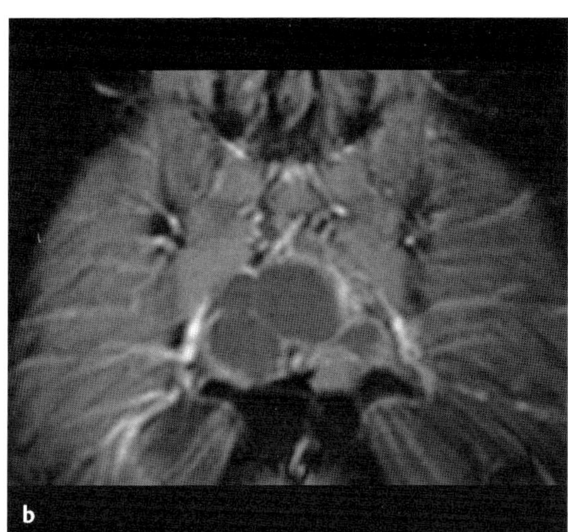

Abb. 135 a, b Retrorektales zystisches Hamartom. MRT. Mehrkammerige retrorektale Zyste.
a T2w.
b T1w nach i. v. KM-Gabe.

Differenzialdiagnose

zystisches Teratom	– in 90% bereits bei (weiblichen) Neugeborenen diagnostiziert – in der Schnittbildgebung inhomogen mit soliden und zystischen Anteilen – enthält in 50% Fett oder Verkalkungen
anteriore sakrale Meningozele	– Hernierung des Durasacks durch den knöchernen Defekt bei Agenesie eines Abschnitts des Os sacrums
zystisches Lymphangiom	– meist bei Kindern – gut abgrenzbare multizystische Raumforderung mit dünnen Wänden
Abszess	– häufig postoperativ oder bei Entzündungen (Appendizitis oder Morbus Crohn)
Leiomyosarkom des Rektum	– Verdickung der Rektumwand – häufiger bei Männern
Chordom des Sakrums	– knöcherne Destruktion des Os sacrum – überwiegend solider Tumor

Typische Fehler

Wegen Seltenheit falsche oder verzögerte Diagnose und falsche Therapie (Drainage).

Ausgewählte Literatur

Dahan H et al. Retrorectal developmental cysts in adults: clinical and radiologic-histopathologic review, differential diagnosis, and treatment. RadioGraphics 2001; 21: 575–584

Johnson AR et al. Tailgut cyst: diagnosis with CT and sonography. AJR 1986; 147: 1309–1311

Yang DM et al. Tailgut cyst: MRI evaluation. AJR 2005; 184: 1519–1523

Kurzdefinition

- **Epidemiologie**
  Häufigste maligne Erkrankung des Peritoneums.
- **Ätiologie/Pathophysiologie/Pathogenese**
  Häufigste Primärtumoren: Ovar • Magen • Kolon • Mamma • Pankreas • Lunge • Sarkome • Lymphome.
  Pseudomyxoma peritonei: Seltene Sonderform mit gelatinösen Implantaten im Peritonealraum • In 75% bei Frauen im Alter von 45–75 Jahren • Primärtumoren in der Appendix und im Ovar.

Zeichen der Bildgebung

- **Methode der Wahl**
  CT • Sonographie (bei Aszites)
- **Pathognomonische Befunde**
  Aszites, der bisweilen das kleine Becken ausspart • Peritoneale Knoten, die unterschiedlich stark KM aufnehmen • Konfluierende Knoten im Omentum („omental cake“) • Raffung und strähnige Veränderungen im Mesenterium • Die Darmschlingen schwimmen nicht mehr an der Oberfläche • Eingemauerte Darmschlingen mit prästenotischer Dilatation.
- **CT-Befund**
  Ausdehnung des Aszites, der peritonealen Implantate und des omentalen Befalls sind am besten mit CT abzuschätzen • Nach oraler und/oder rektaler Gabe von verdünntem KM sind Stenosen von Dünn- und Dickdarm am besten zu erkennen • Beurteilung von Metastasen in Leber, Lungen, Knochen und Lymphknoten.
- **MRT-Befund**
  In T1w Aszites hypointens • Peritoneale Implantate und omentaler Befall haben eine mittlere Signalintensität • In T2w hyperintenser Aszites und mittlere Signalintensität der Metastasen • KM-Anreicherung im Peritoneum.
- **Sonographie-Befund**
  Bei Aszites Metastasen im Omentum und knotige Auflagerung auf dem Peritoneum • Ohne Aszites allerdings eingeschränkte Beurteilbarkeit.

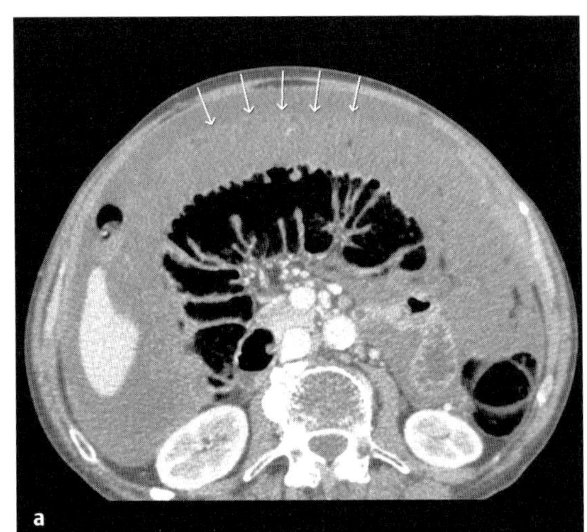

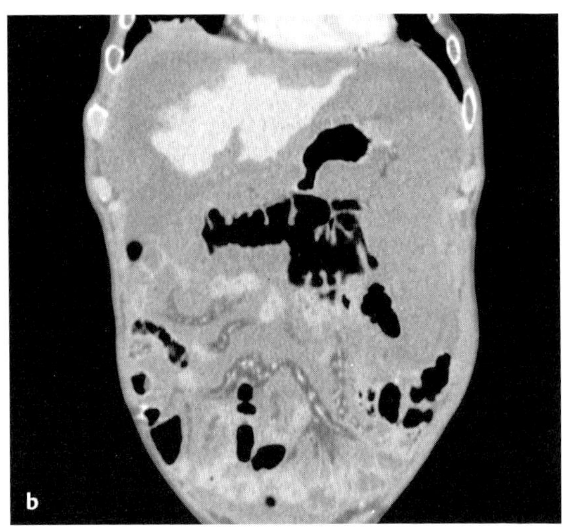

Abb. 136 a, b Pseudomyxoma peritonei. CT.
a Zwischen dem Aszites und der gerafften Dickdarmschlinge findet sich eine etwas dichtere Schicht gelatinösen Materials (Pfeile).
b Die tumorartigen Massen führen zu einer bizarren Verformung der Leberkontur.

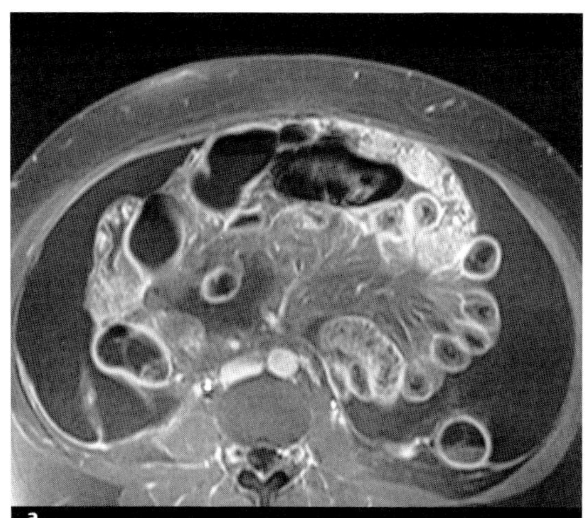

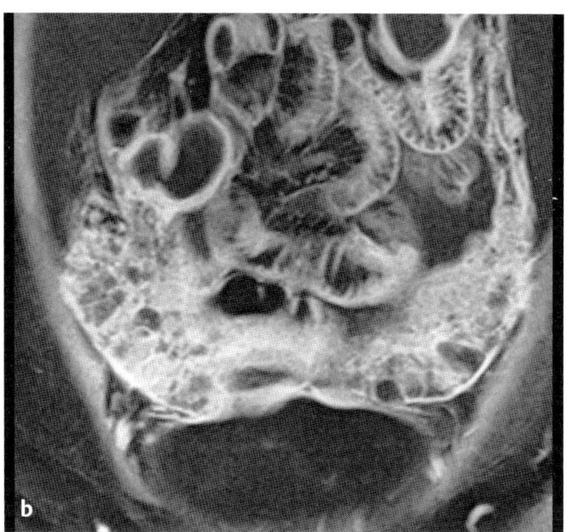

Abb. 137 a, b Peritonealkarzinose bei Ovarialkarzinom. MRT, T1w, axial (**a**) und koronar nach KM-Gabe von Gadolinium i. v. (**b**). Geraffte Dünndarmschlingen und omentale Tumormassen („omental cake") ventral im Mittel- und Unterbauch.

Klinik

- **Typische Präsentation**
  Meist bei fortgeschrittenem Tumorleiden • Meist Aszites, Gewichtsverlust und Bauchschmerzen • Kann bei Ovarialkarzinomen das erste klinische Zeichen sein.
- **Therapeutische Optionen**
  Selten chirurgische Reduktion indiziert • Intraperitoneale Chemotherapie.
- **Verlauf und Prognose**
  Meist sehr schlechte Prognose • Die meisten Patienten leben weniger als 1 Monat, 25% 3 Monate und nur 10% überleben 6 Monate • Eine Ausnahme ist das Ovarialkarzinom, bei dem chirurgisches Debulking und Chemotherapie eine deutliche Lebensverlängerung bewirken können • Rezidivierende und zunehmende Darmobstruktion.
- **Was will der Kliniker von mir wissen?**
  Ursache eines Aszites • Gefahr einer Darmobstruktion.

Differenzialdiagnose

Peritonitis	– intensive KM-Anreicherung im Peritoneum – Darmschlingen schwimmen auf dem Aszites – keine Tumorknoten
peritoneales Mesotheliom	– flächiges Tumorwachstum auf dem Peritoneum – oft Infiltration in äußere Schichten der Bauchwand – häufig nach langjähriger Asbestexposition
Leberzirrhose	– veränderte Größe, Form und Struktur der Leber – Zeichen einer portalen Hypertonie (Varizen) – Darmschlingen schwimmen auf dem Aszites
abdominale Lipomatose	– im CT und MRT fettequivalente Dichtewerte bzw. Signalgebung

Typische Fehler

Verwechslung mit Aszites bei portaler Hypertonie • Tumorknoten können sehr diskret sein.

Ausgewählte Literatur

Hanbidge AE et al. US of the peritoneum. RadioGraphics 2003; 23: 663–684

Raptopoulos V et al. Peritoneal carcinomatosis. Eur Radiol 2001; 11: 2195–2206

Sulkin TV et al. CT in pseudomyxoma peritonei: a review of 17 cases. Clin Radiol 2002; 57: 608–613

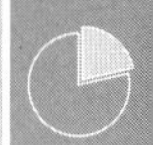

A

B

C

D

E

F

G

H

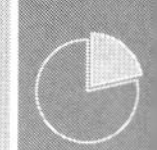

M

N

U

V

W

Z